한국식물의 고향

한국식물의 고향

이우철 지음

일조각

머리말

『국어대사전』(이희승, 1971)에 의하면 고향故鄕이란 '제가 나서 자란 곳' 또는 '제 조상이 오래 눌러 살던 곳'을 말한다. 그러므로 식물의 고향도 그 식물의 자생지를 말하는 것이다. 따라서 식물의 자생自生이란, 사람에 의하여 심어진 것이 아니고 자연 그대로 나는 것을 말하며, 자생식물이란 재배된 것이 아니라 산이나 들 또는 강이나 바다에 저절로 나는 식물들을 말하는 것이다.

이와 같은 식물의 분포란 '식물들이 어떠한 지역에서 어떻게 생활하고 있는가' 하는 상태를 말하는 것으로 여러 가지 자연환경 조건의 복합적인 인과관계에 의해서 결정되는 관계이다. 따라서 인위적으로 그어진 국경이나 행정구역과는 전혀 관계없는 것이다. 이러한 식물의 분포는 수직적인 분포와 수평적인 분포로 설명될 수 있다.

수직적인 분포란 해발고도에 따라 기온에 의한 체감현상이 생기고 이에 수반하여 식물 종에 따른 적응현상이 달라져서 생기는 것이다. 이와 같은 수직분포의 지배적인 환경요인은 온도이며 이에 따라 열대, 아열대, 난대, 온대, 아한대, 한대의 구별이 생긴다. 이 좋은 예로 제주도 식물의 분포에서 해발 500m 이하(북쪽 400m, 남쪽 600m의 평균)가 난대이고 500~1,500m가 온대이며 그 이상이 한대로 구별되는 것을 들 수 있다. 그리고 수평분포란, 이 같은 수직분포의 수평적인 범위를 말하는 것으로 편의상 인위적으로 그어진 국가나 시도의 행정구역으로 표시하지만 그것이 결코 수평분포의 결정적 요인이 될 수 없음은 위에서 언급한 바와 같다. 이와 관련된 좋은 예는 고 정태현鄭台鉉 교수와 필자가 엮은 『한국삼림식물대韓國森林植物帶 및 적지적수론適地適樹論』(1965)에서 볼 수 있다. 여기에서는 우리나라에 나는 수목들의 분포를 수평과 수직으로 구분하여 수평분포를 남에서 북에 이르는 각 지역의 대표적인 산이나 도서島嶼로 표시하고, 각각에서의 수직분포는 해발고도로 그 분포의 상한上限과 하한下限을 표시한 것이다.

위와 같은 식물의 분포가 밝혀짐으로써 알 수 있는 대표적인 것이 지역적인 특산식물과 그들의 분포역分布域이다. 특산식물이란 각 지역의 오랜 지사학적地史學的 변천 결과의 산물이라고 할 수 있다. 이의 변천요인으로는 오랜 세월에 걸친 지구의 변화와 그로 인해 기상조건의 변화에 따른 것으로 볼 수 있다. 이에 따라 식물의 분포역도 수시로 바뀌어져 왔다. 이와 같은 기록들은 각 지역 지층의 변화를 정확히 판독하는 노력에 의해 밝혀질 수가 있을 것이다. 그러나 이러한 기술은 아직 초보적인 수준일 뿐 아니라, 우리나라에서는 이 같은 연구가 거의 이루어지지 못하고 있다. 우리나라에서 식물의 수평적인 분포조사 자료를 바탕으로 각 분류군의 분포역을 밝혀보고자 시도한 것은 고 임양재任良宰 교수와 필자가 엮은 『식물지리』(2002)가 효시라고 할 수 있다.

이러한 견지에서 볼 때 고유요소 즉 특산식물은 크게 두 가지로 대별할 수 있다. 그 하나는 과거에는 널리 분포하던 것이 환경의 변화로 현재는 여기저기에 부분적으로 남아 있는 잔존성殘存性인 '고유요소'이고, 다른 하나는 과거에는 없던 것이 변화된 환경요인으로 상호교잡에 의해 새로이 형성되어 극히 한정된 지역에만 분포하는 '신고유요소'인 것이다. 그러나 위에서 언급한 바와 같이 우리나라에서 식물분포에 대한 지사학적인 연구가 거의 전무한 관계로 이를 명확히 구별할 수는 없다. 그러나 잠정적으로 지역적인 격리분포隔離分布를 보이는 것은 전자의 경우라 할 수 있고, 어느 한 지역에서만 한정분포 하는 것은 후자로 볼 수밖에 없다. 예를 들자면 함남 북청, 평남 맹산, 신흥, 강원도 양구에 나는 개느삼(*Echinosophora koreensis*)은 전자에, 금강산 비로봉 정상과 내금강의 보덕굴 근방의 바위틈에서만 나는 금강인가목(*Pentactiana rupicola*)은 후자에 속한다고 볼 수 있다.

그리고 특산식물이라는 지위는 결코 영구적인 것은 아니며 수시로 바뀔 수 있는 것이다. 그 이유에는 크게 두 가지 경우가 있다. 첫째는 조사부족으로 어느 지역에만 나는 특산요소로 발표되었던 것이 그 뒤에 많은 곳에서 분포역이 추가로 발표됨으로써 그 지위를 상실하게 되는 경우이다. 다른 하나는 학자의 견해 차이에 따른 것으로 어느 세분론적細分論的인 견해를 가진 학자가 한 종을 여러 가지 분류군으로 세분함으로써 생긴 특산요소를 그 뒤 통합론적인 견해의 학자가 넓게 통합 처리함으로써 그 위치를 상실하는 경우를 들 수 있다. 우리나라에서 전자의 대표적인 예는 새양버들속(*Chosenia*)이다. 이는 1920년에 나카이T. Nakai에 의해서 한국특산속特産屬으로 발표된 것인데 그 뒤 일본, 만주, 아무르, 우수리, 사할린, 캄차카, 몽고, 시베리아 등지에 분포하는 종으로 밝혀져 그 지위가 박탈되었으며, 후자의 예는 과거에는 분류군을 세분하는 경향이 있었으나, 최근에는 많은 것을 통합하는 경향이 있어 그 수가 부지기수이다. 그리고 식물학명의 소종명으로 coreana, coeensis, koreanus, chosenia 등등이 붙은 것 중, 현재 특산식물이 아닌 것은 모두 이런 까닭에서이다.

그러므로 한국식물의 특산식물 분류군, 종, 아종, 변종, 품종 등의 수가 학자에 따라 다른 이유는 이같이 학자들마다 견해가 다르기 때문이다. 예를 들자면 나카이T. Nakai(1952)는 한국의 관속식물 4,191분류군 중 1,118분류군을 특산요소로 보았고, 필자(1996)는 4,071분류군 중 576분류군을 특산요소로 본 것도 이러한 맥락이다. 따라서 혹자가 한국에 나는 관속식물의 수를 김 아무개는 몇 종이라고 하고, 이 아무개는 몇 종이라고 하는데 그 어느 것이 맞느냐고 질문한다면 이는 분명히 우문愚問인 것이다.

필자는 평생 동안 우리나라 고등식물의 종류조성種類組成과 분포에 관한 것을 중심으로 한국의 식물지植物誌적 연구를 해왔고, 이를 토대로 강원대학교 생물학과에서 식물분류학을 강의해왔다. 즉 나는 우리나라 고등식물의 본적(고향)을 조사하는 '호적계원'으로 봉사해왔다고 할 수 있다. 그 결과 1996년에 우리나라 고등식물의 호적부에 해당하는『한국식물명고韓國植物名考』라는 책을 만들었다. 나는 이를 바탕으로『한국식물의 고향』이라는 책을 만들어보고자 한다. 그러나 4,000여 분류군에 이르는 모든 식물을 다 취급할 수 없는 관계로 우리나라 식물의 분포를 대표할 수 있는 지역으로 한라산, 울릉도, 지리산, 속리산, 설악산, 금강산, 백두산 등을 중심으로 그 고장에서 자생하는 특산식물과 희귀식물들 중에서 그 소재를 찾아볼까 한다.

위와 같은 목적과 취지에서 이 책의 내용을 모두 9장으로 구성했다. 제

1장에서는 식물호적계원의 자질을 갖추기 위해서는 어떠한 준비가 필요한가 하는 것과 우리나라의 대표적인 호적계원을 소개하였다. 제2장에서는 한국식물 고향의 특색을 식물의 구계구분區系區分을 통해 조명하였으며, 제3~9장은 전항에서 언급한 우리나라 식물분포의 대표적인 7개 지역의 식물상을 소재로 엮어보았다.

물론 필자가 이러한 책을 만들겠다는 목표 하에 오랜 동안 일괄적으로 자료를 준비한 것이 아니고, 평생 한국식물분류학을 다루어 오면서 보고 들은 이야기와 체험한 노하우를 바탕으로 엮다보니, 각 챕터의 내용이 균질적이지 못한 점은 불가피했으며 각 지점들의 식생에 관한 기록은 그간의 환경 변천으로 상당히 달라졌을 수도 있을 것이라는 점은 시인한다. 그리고 오랜 동안 학문의 변천에 따라 식물의 학명이나 국명이 많이 변했으므로 필자의 저서인 『한국식물명고』(1996)에 기준하여 통일하다보니 학자에 따라 다른 견해가 있을 수도 있다. 이럴 경우에는 필자의 저서 『한국 식물명의 유래』(2005)를 참조한다면 바로 그 변천을 이해할 수가 있을 것이다.

끝으로 금강산댐의 담수면적을 산출해주신 강원대학교 공과대학 토목공학과의 양인태 교수와 금강산댐이 조성됨으로써 북한강 인공호의 부영양화에 관한 미발표 연구자료를 활용할 수 있게 해주신 강원대학교 자연대학 환경학과의 김범철 교수에게 감사드리며, 이 책의 출판을 맡아주신 (주)일조각의 여러분들에게 심심한 사의를 표하는 바이다.

2007년

저자 이우철

차례

1

한국식물의 대표적인 호적계원

식물의 범주에는 박테리아, 균류菌類, 조류藻類, 지의류地衣類, 선태류蘚苔類, 양치류羊齒類 및 종자식물이 들어간다. 지구상에 살고 있는 식물의 종수는 정확히 알 수 없으나 대략 하등식물을 포함하여 약 50만 종이라고 하며, 그 중 육상식물은 27만 종이라고 한다. 여기에서 육상식물이란 선태식물(2만 종), 양치식물(1만 2천 종), 나자식물(800종) 및 피자식물(23만 5천 종), 기타로 되어 있다. 이 중 약 60%인 16만 종이 열대지방에 분포하고, 나머지 40%는 전 세계에 흩어져 있다. 이 가운데 한반도에 나는 고등식물(양치식물 이상)은 4,000여 분류군(종류)이다. 이런 관계로 지역마다 생태계의 구성종이 다르고, 저마다의 특색을 가지고 있어 이를 바탕으로 우리 인류는 나름대로 다른 문화를 창조하여 왔다고 할 수가 있다.

이와 같은 식물가족植物家族의 구성과 분포를 조사함으로써, 그들의 고향을 파악하고 호적부를 작성하는 임무를 수행하는 사람들이 식물호적계원인 것이다. 이 같은 일의 아마추어가 식물애호가요, 전문가는 식물분류학자라고 해야 할 것이다. 이 임무를 수행하기 위해서는 여러 지역을 답사하여 식물의 특색을 면밀히 관찰하고 온전한 식물을 채집하여 식물의 표본을 만들어 정확한 감정을 하는 동시에 좋은 증거표본을 제작하여 영구보존하는 것이 그 첫 번째의 일이다.

1. 호적계원들의 기본임무

식물호적계원들의 기본임무 중 그 첫번째 과제는 야외에서 식물을 관찰하는 식물답사이다. 이 과정에서 식물의 특성과 분포를 파악하고, 필요한 재료를 채집하여 표본을 제작함으로써 그 계통을 밝히는 연구를 거쳐 식물호적의 원부를 만들게 된다.

따라서 식물을 관찰하고 채집하여 표본을 제작하는 것이 식물분류학의 첫 걸음이므로 대학의 생물학과에서는 봄, 가을에 합동채집회라는 명목으로 국내외로 채집여행을 함으로써 학생들에게 기초훈련을 시키고, 식물분류학자들은 연구목적에 따라 수시로 자료수집여행을 하는 것이다. 이때 좋은 결과를 올리기 위해서는 사전에 조사지에 대한 철저한 예비답사와 문헌자료를 수집하여 충분한 검토를 함으로써 종합적인 답사계획을 작성하고, 수집 조사된 자료를 바탕으로 참여자들이 모여 세미나를 통해 필요한 사항을 숙지하는 등, 관찰과 채집에 대한 준비가 철저해야 한다. 물론 이 같은 채집회에는 구성원 간의 친목을 다지는 의미도 포함되나 먹고 노는 준비에만 치중한 나머지 연구 활동을 결코 소홀히 해서는 안 된다. 필자도 현직에 있는 동안 학생들과 이 같은 행사에 많이 참석하였다.

1977년 치악산에 합동채집하러 간 날 밤에 학생들이 너무나 신나게 놀다 여관집의 구들장을 무너뜨린 적이 있고 또 언젠가는 사명산으로 채집하러 갔을 때였는데 학생들이 여관집 방의 벽을 부숴뜨려 한바탕 난리가 난 적도 있다. 졸업생들은 재학시절의 기억 중 가장 인상깊게 남는 것이 채집회의 추억이라고들 말한다.

1) 야외관찰

관찰기구의 준비

능률적으로 야외관찰을 하고 그 결과를 기재하기 위해서는 다음과 같은 관찰기구가 필요하다.

루페 | 식물의 미세한 부분을 관찰하는 데 꼭 필요하며, 이는 야외관찰에만 국한되지 않고 사용된다. 그러므로 식물을 연구하는 사람은 야외관찰 때뿐만 아니라, 언제나 호주머니 속에 루페를 가지고 다니는 것이 바람직하다. 왜냐하면, 미세한 털의 모양, 선점腺点의 유무, 작은 꽃의 구조, 꽃밥의 모양이나 붙는 방식 등은 이것이 없으면 충분히 관찰할 수 없기 때문이다. 루페는 크기가 작아 분실하기 쉬우므로, 끈에 매달아 목에 걸거나 상의의 단추 구멍에 달아둔다. 배율은 10배, 20배가 있으나 어느 것이나 좋다. 루페를 사용할 때에는 될 수 있는 한 두 눈을 뜬 채로 루페를 왼쪽 눈에 가까이 하고 또 한쪽 손으로 식물을 잡고 양 팔꿈치를 겨드랑이 밑으로 가볍게 붙여, 루페를 가진 손과 식물을 가진 손을 접촉시켜 거리를 조절하면, 흔들리지 않고 초점이 맞아서 잘 보인다. 만일 팔꿈치를 겨드랑이 밑에서 떼고, 양손을 접촉시키지 않으면 좌우의 손이 흔들려서 초점을 맞추기 어렵다. 이 습관을 빨리 몸에 익히는 것이 중요하다.

핀셋 | 핀셋은 스프링이 강하지도 않고 약하지도 않아, 관찰자가 사용하기 좋은 정도의 탄력을 가져야 하고, 끝이 가지런하며 맞물림이 좋은 것

을 선택해야 한다. 핀셋 역시 야외관찰에서는 분실하기 쉬우므로 끈을 달아 등산복 단추 구멍에 매단 후 주머니에 넣어두었다가 사용할 때만 꺼내서 활용할 수 있게 한다.

나이프 | 나이프는 연필을 깎거나 꽃이나 과실의 단면, 수목 가지의 속과 같은 것을 조사할 때 사용한다. 이도 사용에 편리하도록 잘 고정하는 것이 좋다.

야장野帳 | 야장이란 야외에서의 조사결과나 조사에 관련된 모든 사항을 기재하는 것이다. 이것도 가급적 휴대나 사용이 편리한 것이 좋고, 잃어버릴 우려가 있으므로 끈으로 어딘가에 달아두는 것이 좋으며 잃어버릴 때를 대비하여 야장에는 자기의 주소와 성명을 반드시 적어둘 필요가 있다.

필기용구 | 연필이나 볼펜이다. 연필은 B 또는 2B 정도의 것이 좋으며, 일반 볼펜을 사용하면 비를 맞았을 때 잉크가 번져 글자를 보기가 어려우므로 비에 젖어도 번지지 않는 특수한 노트와 볼펜을 사용하는 것이 좋다. 필기용구도 끈으로 적당한 곳에 고정하는 것이 편리하다.

위성항법장치(GPS) | 인공위성을 이용하여 자신의 현 위치와 관찰 장소, 조사지점과 그 지점의 해발고도를 알 수 있어, 지도상에 장소와 지점을 표시하는 데 꼭 필요하다. 또한 조사경로를 표시할 수 있어 뒤에 그 지점을 다시 찾아가는 데 아주 편리하다. 그리고 최근에는 주요한 산들의 탐방코스를 안내하는 프로그램이 개발되어 있어 이를 활용하면 처음 가는 채집지도 꼼꼼히 조사할 수 있다.

카메라 | 식물의 모양이나 생태를 촬영함으로써 식물을 채집하지 않고도 그 특성을 소상히 기록으로 남길 수 있고, 주로 디지털카메라를 사용한다. 이렇게 만든 영상은 노트북에 넣어 화면을 키워가며 면밀한 관찰을

할 수도 있다. 채집을 하지 않고 사진기만을 활용할 때는 전체와 특색을 보여주는 부분의 사진 즉 부속도를 만들어 활용할 필요가 있다.

관찰장소와 관찰코스

관찰은 자기가 살고 있는 주변에서부터 시작하여 점차로 멀리 발을 뻗치는 것이 원칙이다. 발밑도 보지 못하고 멀리 달리는 사람도 있으나, 가까운 곳의 것을 어느 정도 안 뒤에 점차 먼 곳으로 나가도록 하는 것이 좋다. 물론 분포나 개체의 변이를 알기 위해서는 많은 곳의 표본이 필요하다.

필자는 이러한 지도교수의 권고에 따라 학사학위논문은 서울 근교의 도봉산의 식물을 조사하여 「도봉산식물조사연구道峰山植物調査硏究」(1957)라는 논문을 썼다. 석사학위논문으로는 충청북도의 식물상을 조사연구하여 「충북식물조사연구忠北植物調査硏究」(1961)를 발표했고, 박사학위논문으로는 우리나라 전체의 식물분포를 조사하여 「한반도 관속식물의 분포에 관한 연구」(1978)를 썼다.

식생의 관찰이라든가 채집이라고 하면, 바로 산으로 가는 것을 떠올리나, 산뿐 아니라 여러 가지 식물의 생육장소로 찾아 가야만 다른(틀리는) 종류의 식물을 관찰하고 식생의 차이를 조사할 수가 있는 것이다. 다시 말하면 교외의 논밭, 초원, 바닷가의 사구砂丘나 염습지鹽濕地, 산지의 계곡, 능선, 아고산이나 고산 등 다양한 코스를 잡아서 넓게 관찰할 필요가 있다. 단, 채집 금지구역에 대해서는 충분히 주의하지 않으면 안 된다. 채집해서는 안 되는 곳은 나라에 따라서 다소 다르지만, 일반적으로 자연보존지역이나 국립공원 같은 곳에서는 채집할 수 없다. 그러나 전문학자, 식물을 전공하는 대학생, 생물을 담당하는 교사, 박물관의 학예원 등은 관할관청에 신청하여 허가를 받으면 채집이 가능하다. 물론 소정의 절차를 밟아서 허가를 취득했다 해도 관광지에서는 관광객이 보는 데서 채집할 수 없도록 되어 있는 것이 보통이다.

식물은 그 종류에 따라 각각 정해진 생활형生活型을 가지고 있어, 사계절에 따라 그 모습이 변하는 것으로 같은 장소라도 한 달에 1회 이상, 1년간을 통해서 관찰함으로써, 그 식물이 나타내는 변화를 관찰하는 것이 중요하다. 물론 가까운 곳이라면 관찰하러 자주 나갈 수가 있으나, 원거리는 어렵다 해서 어느 시기에 1회 관찰한 결과만으로 그 지역의 목록을 작성하는 것은 문제가 있다. 그러므로 원거리일지라도 가능하면 봄, 여름, 가을에 각각 1회씩, 최소 3회의 관찰은 이루어져야 그 지역의 식물상을 올바르게 파악할 수가 있는 것이다. 이는 마치 사람이 서로 친하다면, 멀리서 걸어가는 뒷모습만 보고도 누구인지 알고 밖에서 부르는 목소리만 듣고도 식별할 수 있듯이, 식물과도 친해지려면 어린 개체나 성장기에 있는 것이든, 꽃이 피고 져서 열매를 맺은 것이든, 그 상태만 보고도 알 수 있어야 하기 때문이다. 그러기 위해서는 많은 관찰을 통해서 그들이 지닌 시기별 특색을 올바르게 파악해야 한다.

관찰계절

야외관찰을 하는데 좋은 계절이 따로 있을 수는 없다. 한국과 같이 사계절의 구분이 뚜렷한 온대지방의 식물은 봄, 여름, 가을, 겨울에 여러 가지 꽃이 핀다. 기후변화에 따라 식물의 생활형이 변하기 때문에, 개개의 식물 일생을 관찰하는 데도 군락의 계절적 천이遷移를 보는 데도 계속하여 관찰하지 않으면 안 되므로 언제가 좋다든가 나쁘다고 말할 수는 없다. 그러나 일반적으로 고등식물을 공부하기에는 꽃이나 과실이 많은 계절이 좋다고 할 수 있다. 온대지방에서는 1년 중 꽃이 피는 식물의 종류가 가장 많은 계절은 여름이고 그 다음으로 봄, 가을 순이지만, 여름에 피는 것들은 일반적으로 꽃이 작고 풀 속에 들어 있어서 잘 보이지 않는다. 반면 봄의 4~5월과 가을의 9~10월에는 꽃이 많아 보인다. 특히 봄에 꽃이 많이 피는 것 같이 느껴지는 것은 진달래, 벚나무나 목련과 같이 잎이 나오기 전에 꽃이 피는 '목본성'이 봄에 많이 피기 때문이다. 수목은 이른 봄에서 초여름까지 피는 것이 많고, 가을은 대체로 초목의 과실이 익는 계절이므로 과실이나 종자의 구조를 조사하거나 그 산포방식을 관찰하는 데 좋은 계절이다. 늦가을에서 초겨울에는 단풍, 낙엽, 겨울눈을 관찰하기 좋고, 다년생초본식물에서는 지하부의 뿌리나 땅속줄기(지하경地下莖)를 파서 월동하는 모습 같은 것을 공부할 수도 있다.

부들, 흑삼릉, 가래, 순채, 수련, 개연꽃, 노랑어리연꽃 같은 못이나 늪의 수초는 대체로 장마철에서 여름 사이에 꽃이 피는 것이 많이 관찰하기 좋다.

고산에서는 7~8월 사이에 많은 식물이 집중적으로 개화하여, 소위 5색의 아름다운 꽃밭이 출현해 장관을 이룬다. 우리나라에서는 백두산 정상 부근이나 개마고원의 꽃밭이 유명하다. 식물은 과科나 속屬에 따라 꽃피는 계절이 집중하는 수가 있다. 봄에는 제비꽃과, 십자화과와 버들과, 가을에는 여뀌과, 벼과, 사초과 식물들이 많이 피나 사초과 중에서도 사초속만은 초여름에 집중되고 있다. 또 국화과, 꿀풀과, 용담과, 미나리아재비과와 백합과 등은 봄에서 가을까지 여러 가지 꽃이 순서대로 피지만, 속에 따라 꽃이 피는 시기가 대체로 정해진 계절에 모이는 경향이 있다.

초본 중에 금창초, 제비꽃, 양지꽃과 같이 봄과 여름에 잎의 모양이나 크기가 현저히 달라서 처음으로 보았을 때는 도저히 동일종으로 생각할 수 없는 것들이 있다. 이들을 같은 종이라고 감정하려면 역시 야외에서 계속 관찰하여 축적한 노하우가 있어야 한다. 양치식물을 관찰할 때는 가을부터 겨울에 걸쳐 하는 것이 좋다. 양치류에는 상록의 것이 많이 있어, 여름 동안에는 무성하던 주변의 다른 풀들이 말라서 발견하기 쉽기 때문이고 또 이 계절에는 생식기관인 포자가 잘 성숙하여 연구에 좋은 재료가 얻어지기 때문이기도 하다.

관찰방법

야외에서 식물의 특징을 관찰할 때 어떤 점에 주의해야 할까? 뿌리, 줄기, 잎, 꽃, 과실, 종자 및 이들에 나는 털 같은 것에 대하여 그 착안점을 알아보면 다음과 같다.

뿌리(根) | 주근과 측근의 상태는 어떤지, 수염뿌리인지, 1년생 또는 다년생인지를 관찰한다. 또한 월동아越冬芽(겨울을 넘긴 싹)의 유무와 그의 위치, 저장근의 유무, 폭지(기는 줄기)의 유무, 뿌리혹의 유무에도 주의하며 뿌리와 다른 땅속줄기는 다음 항을 참조한다.

줄기(莖) | 줄기란 잎, 눈, 마디만 있으면 그것이 지상, 땅속, 물속 어디에 있든 무관하다. 착안점은 높이가 어느 정도인가, 풀이라면 하부의 목질화木質化 여부, 횡단면의 상태 즉 둥근지, 모가 지는지(4각형 또는 3각형), 속이 차 있는지, 비어 있는지 등등 그리고 줄기의 촉감이 매끈매끈한가 거칠거칠한가 등도 잘 살핀다. 줄기는 직립형 이외에 기어오르는 것, 지상을 기는 것, 다른 물체에 감겨 올라가는 것이 있고, 감기는 것은 좌로 감기는가(예 : 인동덩굴, 도고로마), 우로 감기는가(예 : 나팔꽃, 참마, 으름덩굴)에 주의한다. 또 뿌리의 곁에서 지상을 기는 포복지가 나는 것(예 : 애기골무꽃, 털쉽싸리, 쥐오줌풀)도 있기 때문에 주의해야 한다. 만일 땅속줄기가 있다면 덩이

줄기인지 비늘줄기인지도 잘 살펴본다.

잎(葉) | 잎이란 식물의 녹말 제조공장이다. 착안점은 잎몸(葉身), 잎자루(葉柄) 및 턱잎(탁엽)이 다 있는 완전엽인지, 그 일부분이 없는 불완전엽인지를 살펴야 하며 잎은 단엽과 복엽으로 대별된다. 단엽은 잎몸의 모양에 변화가 많으므로, 선형, 피침형, 광피침형, 타원형 광타원형, 난형, 난상타원형, 광난형, 난원형, 원형, 신장형, 심장형, 도피침형, 도난형 등등의 어느 것인가, 잎몸은 잎끝(葉先), 잎밑(葉底), 잎가장자리(葉緣), 잎맥(葉脈)으로 구별되는데 이들 각 부위의 모양과 변이는 어떠한가를 살핀다. 복엽은 잎자루, 엽축 및 소엽으로 구성되어 있으며 크게 우상복엽, 장상복엽 및 3출엽으로 구별되는데, 이들의 모양과 변이는 어떠한가에 주의한다. 잎이 줄기에 붙는 순서를 잎차례(葉序)라고 한다. 잎차례는 어긋나기(互生), 마주나기(對生), 돌려나기(輪生)로 대별되며, 돌려나기의 경우 잎이 몇 장 정도인가를 먼저 살피고 마주나기일 때는 교호대생交互對生의 여부를 관찰하며, 어긋나기일 경우는 직렬선直列線을 바탕으로 잎의 각(葉角)을 계산하여 엽서가 1/2엽서인지(예 : 옥수수, 꽃창포), 1/3엽서인지(예 : 사초속), 2/5엽서인지(예 : 장미, 떡갈나무), 3/8엽서인지(예 : 초오), 5/13엽서인지(예 : 옻나무) 등등을 관찰한다.

꽃(花) | 꽃은 생식기관으로 형질 중 변이가 가장 적은 것으로 중요하다. 꽃의 구조에서 수술(雄蕊)과 암술(雌蕊)은 종자를 만드는 데 꼭 필요한 긴요기관緊要器官이며, 꽃잎(花瓣)과 꽃받침(萼)은 긴요기관을 보호하는 보호기관, 화탁花托과 꽃대(花梗)는 부속기관으로 대별할 수가 있다. 긴요기관의 수술과 암술이 같이 있는 양성화인지 이들이 각각 따로따로 있는 단성화(수꽃과 암꽃)인지를 살피고, 양성화 또는 단성화들이 같은 그루에 있는 자웅동주인지, 암수가 다른 개체에 있는 자웅이주인지를 관찰한다. 또

한 암술의 심피와 수술의 꽃실(花絲)의 각각의 유합여부와 상태 및 자방의 위치가 꽃받침보다 위에 있는가(자방상위), 밑에 있는가(자방하위)를 확인한다. 보호기관인 꽃잎과 꽃받침이 구별되는지, 구별이 안 되는 화피花被인지, 꽃잎이 통꽃을 이루는지 갈래꽃을 이루는지를 살피고, 꽃받침의 유합상태와 숙존성 여부, 그들의 모양이나 색채를 관찰한다. 그리고 수술, 암술, 꽃잎, 꽃받침의 수에 따라 3수성, 4수성 또는 5수성의 꽃 중 어느 것인지를 판단해 본다.

꽃이 붙는 상태를 꽃차례(花序)라고 한다. 꽃이 꽃차례의 하부에서 피기 시작하는지(무한꽃차례), 위에서부터 피기 시작하는지(유한꽃차례)를 살피는 동시에 꽃차례가 수상화서, 총상화서, 산방화서, 산형화서, 기산화서, 두상화서, 육수화서 가운데 어디에 속하는지를 확인해 본다.

종자種子 | 크기, 모양, 색 등을 본다. 광택의 유무도 중요하다. 종류에 따라서는 금싸라기 같은 돌기가 있는 것, 종발種髮을 가진 것, 가종피가 있는 것, 종침種枕이 있는 것에도 주의한다. 씨젖(배유胚乳)의 유무를 조사하는 것도 중요하다. 그리고 종자에 따라 산포양식이 다르다. 산포양식은 자동산포(예 : 제비꽃)와 타동산포로 대별하고 타동산포에는 물에 의한 수산포(예 : 수생식물), 바람에 의한 풍산포(예 : 단풍나무), 동물산포(예 : 도꼬마리), 중력산포(예 : 참나무류) 등이 있으므로 그 어디에 속하는가를 주의하여 관찰한다.

털(毛) | 털은 식물의 모든 기관에 있으며, 그 형질은 변화가 많아 종류를 구분하는 것은 중요하지만, 그 변이가 심하여 세심한 주의가 필요하다. 털의 구분은 단단한 느낌에 따라 조모, 강모, 연모, 융모, 주지모, 길이에 따라 장모, 단모, 미모, 나는 방식에 따라 소모, 밀모, 털의 방향에 따라 사상모, 개출모, 하향모, 복모, 구부러지는 방법에 따라 축모, 굴모, 분비물

을 분비하는 선모腺毛, 세포의 수에 의해 단세포모, 다세포모, 그 밖의 모양으로 성상모, 인편모 등 다양하므로 관찰대상의 털이 어느 종류에 속하는지를 판단하여 본다.

2) 식물의 채집

식물을 효율적으로 관찰하고 채집하기 위해서는 산행하며 일행과 서로 이야기하고 필요한 것을 채집하며 필요한 사항들을 기록하면서도 눈은 360° 회전시켜 원거리에 있는 식물까지도 찾아낼 수 있도록 몸을 300% 활용할 수 있는 훈련이 필요하다. 이를 위해서는 철저한 준비가 필요하다.

채집준비

복장 | 산야를 걷는 데는 경쾌하고 활동하기 편리하며, 부상을 방지할 수 있는 복장이어야 한다. 특히 채집에 필요한 물건들은 사용하기에 편리하도록 적당한 곳에 고정시키고, 그렇지 않은 것은 배낭이나 어깨에 멜 수 있는 것에 넣어 양손을 자유롭게 사용할 수 있도록 한다. 그러므로 복장은 주머니가 많을수록 좋다. 여름에는 아무리 더워도 반드시 긴팔셔츠와 긴바지를 착용해야 하며, 반소매셔츠와 반바지의 착용은 금물이다. 이는 채집 중에 나무나 풀에 긁히거나 억새 잎에 스치거나 가시에 찔리고 벌에 쏘이는 것을 방지하기 위함이다.

신발 | 물이 스며들지 않는 등산화가 이상적이며 단화나 샌들은 금물이다. 우기에는 우화가 편리하며 늪이나 그 언저리에서 활동할 때는 고무장화가 좋다. 물론 호수의 수생식물을 채집할 때는 특수한 복장을 착용하기도 한다.

모자 | 겨울에도 반드시 쓰는 것이 좋다. 여름에는 직사광선을 피하거나

덤불을 빠져나갈 때 상처를 입지 않도록 하는 데 필요하다. 또 마른 가지나 거미줄 같은 것을 헤치고 가는 데도 필요하다. 모자는 목줄이 달린 것이 사용에 편리하다. 특히 여름에 헬멧모자를 쓰면 덥지 않고 튼튼하여 잠시 앉아서 쉴 때 깔개로도 사용할 수 있다. 우리나라에서 1950년대에는 폐휴지를 활용하여 만든 헬멧을 많이 사용하기도 했다. 물론 사막과 같은 곳에서는 광선뿐 아니라 모래바람을 방지하기 위하여 특수한 모자가 필요하다.

장갑 | 목장갑을 사용한다. 뿌리를 팔 때, 엉겅퀴나 장미와 같은 가시가 있는 식물을 채집할 때, 바위를 기어오르거나 내려 올 때에 나무나 돌을 잡는 데 손에 상처를 방지하기 위하여 낀다.

우비 | 기상예보란 빗나가는 수가 흔히 있으므로 판초와 우산은 늘 배낭 속에 있어야 한다. 물론 커다란 비닐보자기가 한 장 준비되어 있으면 적은 양의 비를 막을 수도 있다. 이 밖에도 비를 대비해서는 야장이나 지갑을 위시하여 모든 휴대품을 갈무리할 수 있는 크고 작은 여러 종류의 비닐주머니를 준비할 필요가 있다.

채집에 필요한 기구

채집 여행 시에도 위에서 언급한 야외관찰용 기구가 모두 필요하다. 여기에서는 그 밖에 직접 채집에 활용하는 기구를 추가로 소개한다.

뿌리삽 | 지하부의 관찰이나 채집에 사용하는 도구이다. 일반적으로 현재 과학재료상에서 시판되고 있는, 철제로 된 삽이 튼튼해서 사용하기 편리하고 가지고 다니기도 좋다. 원예용의 모종삽은 폭이 넓어, 가지고 다니는 데도 불편할 뿐만 아니라, 목이 가늘어서 부러지기 쉬운 결점이 있다. 뿌리삽과 전지가위는 채집과정에 분실하기 쉬우므로 탄탄한 끈으로

양쪽 끝에 삽과 가위를 묶어서 목에 걸고 다니다가 삽이 필요하면 삽을 당겨서 쓰고, 가위가 필요할 때는 가위를 당겨서 사용하면 종일 목에 걸려 있어 분실할 우려가 없어서 좋다.

전지가위 | 채집에 빠뜨려서는 안 되는 도구 중의 하나이다. 과수원용의 전지가위가 적당하다. 국산품으로도 충분하나 독일의 소링겐이나 헹게르 회사 제품은 느낌이 좋고 사용하기 좋아 이상적이다. 이를 케이스에 넣어 허리에 차는 것이 편리하나, 분실을 방지하기 위해서는 전항에서 언급한 바와 같이 삽과 함께 끈으로 묶어서 목에 거는 것이 좋다.

갈고리 | 높아서 손이 닿지 않는 곳에 있는 식물을 채취하는 데 사용한다. 접는 낚시대와 같이 만들고 끝에 작은 갈고리 같은 낫이 달려 있는 것이다. 이것이 없으면 좋은 꽃이나 열매를 보고도 채집을 할 수가 없다. 물론 없을 경우에는 사람이 나무에 오르거나 휴대용 지팡이를 대용할 수밖에 없다.

채집통 | 함석이나 양철의 판으로 만든 가방과 같은 것으로 채집한 식물을 넣는 용기로 어깨에 멜 수 있도록 끈이 달려 있다. 외면은 검푸른 에나멜로 칠하여져 있다. 그러나 고급품은 듀랄루민(알루미늄 합금)을 사용하고 도장하지 않는다. 다소 고가이나 가볍고 튼튼하며 녹도 나지 않고, 빛의 반사도 강하므로 내부의 온도가 그다지 올라갈 걱정이 없어 채집품을 보호하는 데 이상적이다. 채집통의 크기, 외형, 뚜껑의 위치 등에 따라 가격의 기준이 있으나 일반적으로 뚜껑이 측면에 달려 횡단면이 작은 판 모양의 것이 흔히 사용되고 있다. 이 밖에 하부가 넓게 된 것, 뚜껑이 상부에 달린 것 등이 있다. 어느 것이나 뚜껑이 가급적 큰 것이 채집품을 넣고 빼는 데 편리하고 식물에게도 상처를 입히지 않아 좋다. 시판되는 규격은 대, 중, 소가 있으며 필요에 따라서 선택한다. 최근에는 채집통 대신에 비

닐주머니나 면포대주머니를 사용하는 경우가 많다. 그러나 비닐주머니는 채집품이 내뿜는 호흡수로 꽃 같은 것이 적셔져서 망가지는 것이 결점이다.

야책野冊 | 야책이란 야외에서 채집한 식물을 끼워 넣는 도구이다. 야책은 두 가지 종류가 있는데 하나는 메고 다니며 야책 사이에 있는 4절 신문지 묶음 사이사이에 채집한 식물을 끼워 넣고 이것이 가득 차면 묶어서 배낭이나 포터가 지고 다니는 고리에 넣은 뒤 다른 신문지 묶음을 끼워서 사용하는 것이다. 다른 하나는 휴대하고 다니다가 채집한 식물이 채집통에 가득 차면 4절 신문지 사이에 정리하여 야책을 상하에 대고 묶어서 가지고 다니는 것이다. 전자는 장거리 대량채집 때 사용하는 채집용 야책이고, 후자는 단거리에 시간적 여유가 있을 때에 흔히 사용하는 휴대용 야책이다. 필자의 경험으로는 장거리든 단거리든 안전하고 좋은 표본을 만들기 위해서는 메는 채집용야책을 사용하여 야외에서 채집한 식물을 저녁에 숙소에서 휴대용 야책에 정리하고 돌아와서 건조기에 넣어 건조하는 것이 가장 이상적인 방법이다.

야책은 대나무나 베니어판 또는 철사로 엮어서 만든다. 휴대용은 신문 4절지 크기의 대나무로 엮어 만든 것이나 베니어판으로 만든 것도 좋으나, 메고 다니는 것은 신문지 4절 크기로 두 개를 철사로 엮어 만들어(골조는 굵은 철사로 하고 그 사이는 가는 철사를 사용) 천으로 싸고(의복의 파손을 방지), 각각 상하에 좌우로 고리를 만들어 끈을 꿰여 멜 수 있게 만든다. 이때 두 짝의 아래 양쪽 고리를 약 10~15cm 정도로 벌어지도록 끈으로 고정해서 신문지가 밑으로 처지지 않게 해야 한다. 야책 사이에 끼우는 신문지를 반을 잘라 20~30매씩 포개서 반을 접어 4절지 크기로 다발을 만들어 사용한다. 채집을 갈 때에는 이 같은 신문지 다발을 여러 개 만들어

가지고 가며, 사용할 때는 각 신문지 사이에 식물을 한 종씩 넣는 것이 원칙이나 작은 것은 여러 종 넣어도 무방하다.

채집방법

식물표본을 채집(사진 1)하는 목적은 연구재료나 교육재료를 만들기 위한 것이다. 연구재료란 성분을 분석하는 실험이나 세포분류학적인 연구를 위한 재료 및 분자생물학적인 실험에 필요한 시료 등 여러 가지가 있으나, 많은 경우는 식물의 형태를 비교함으로써 종의 변이를 관찰하고 분포를 조사하여 식물지적植物誌的 연구나 계통분류학적 연구에 활용하게 된다. 채집에 있어 '완전표본'이라는 것은 잎, 줄기, 뿌리, 꽃이나 열매의 네 가지 또는 다섯 가지의 부분을 고루 갖춘 것을 말한다. 그러나 이것은 초본식물에 한한 것이며, 목본식물의 경우는 잎, 가지 및 꽃이나 열매를 갖춘 것이면 된다. 이러한 구체적인 설명을 하지 않고 학생들에게 표본수집의 숙제를 낸다면 학생들은 산에 가서 완전표본에 가까운 것을 찾다보니 목본식물의 경우 씨앗에서 발아한 지 얼마 되지 않는 어린 개체만을 골라서 채집하는 촌극이 벌어지는 것이다. 채집의 마음가짐은 무엇보다도 자연자원을 사랑하는 마음자세가 중요하다. 아무리 희귀식물이라도 발견된 전부를 채집해서는 안 되며, 나무의 가지를 자를 때도 순을 잘라서는 안 되고 잘 보이지 않는 곳에서 꼭 필요한 양만을 취해야 한다. 그리고 산행할 때는 코스를 다양하게 변화시켜 여러 가지 식물의 서식지를 찾아다니며 채집을 해야 한다. 채집하는 수량은 같은 장소에서는 최소한으로 한정하지 않으면 안 되나, 표본을 전문가에게 보내서 감정을 받을 경우나, 다른 연구자와 교환할 필요가 있을 때는 필요한 양만큼 채집한다. 양치식물의 채집에는 생식기관인 포자낭이 달린 성숙한 잎을 선별한다.

사진 1 | 식물표본제작과정

식물을 채집하여 정리, 건조, 동정하여 표본을 제작하고 계통적으로 분류하여 식물표본장에 진열, 저장하는 과정을 표시한다(광릉수목원 제공).

포자엽과 영양엽의 구별이 있는 것은 양쪽 다 채집하지 않으면 안 되며, 가급적 땅속줄기를 붙여서 채집한다. 양치식물의 자료를 수집할 때 특히 중요한 것은 엽병에 달린 백색, 흑색이나 갈색의 인편이 떨어지지 않게 주의하는 것이다.

식물을 채집할 때 목본식물은 필요한 양만큼을 전지가위로 자르고, 초본식물은 개체 전체를 채집하되 큰 것은 4절 신문지에 들어갈 수 있는 크기로 접어서 야책이나 채집통 및 비닐주머니나 자루 속에 넣어야 한다. 식물을 접을 때는 꺾을 부분을 손톱으로 자근자근 눌러서 구부림으로써 완전히 잘라지지 않게 주의해야 한다. 특히 다음과 같은 식물을 채집할 때는 메는 야책을 사용하는 것이 좋다.

① 잎이 수면운동睡眠運動으로 닫히는 식물(예 : 자귀나무, 자귀풀, 차풀, 미모사 등)

② 꽃잎이 떨어지기 쉬운 식물(예 : 찔레나무, 양지꽃, 물참대, 큰개불알풀, 쥐손이풀 등)

③ 채집통 속에서 꽃이 다칠 수 있는 식물(예 : 용담, 산자고, 민들레 등)

④ 채집통 속에서 옆으로 된 줄기가 배지성운동背地性運動을 일으켜, 귀가시에는 끝이 구부러져버리는 식물(예 : 미나리냉이, 겨자냉이, 갯무, 자주괴불주머니, 쥐오줌풀 등)

⑤ 연약하여 파손되기 쉬운 식물(예 : 올미, 물달개비, 물질경이, 붕어마름 등)

⑥ 크기가 작아 채집통 속에서 분실되기 쉬운 식물(예 : 큰벼룩아재비, 벼룩아재비, 별이끼, 물별, 개구리밥, 좀개구리밥 등)

3) 식물표본제작

식물표본을 만드는 이유는 사람의 눈은 매우 부정확하므로 종을 아무리 정확히 기재한다 해도 실물과 꼭 같이 할 수는 없기 때문이다. 따라서 그 증거품을 남길 필요가 있어 신종新種을 기재할 때는 기준표본(Type specimen)을 만들어 보존하는 것이다. 그리고 생육장소에 따라 변이가 생겨 식물의 개체변이가 다양하므로 이를 비교, 관찰하는 동시에 그의 분포를 조사하기 위하여 같은 종의 표본을 여러 곳에서 채집하여 많이 만들게 되는 것이다. 식물체를 눌러서 건조시킨 다음 대지에 부착한 건조식물표본을 처음 만든 사람은 이탈리아 볼로냐Bologna대학의 식물학 교수 루카 기니Luca Ghini(1490~1556)이다. 이 방법은 그 후 유럽 전체에 전파되었으며, 린네시대에는 건조표본제작법이 일반화했다. 식물표본을 일정한 장소에 수집하여 모아 두거나 교환하고 판매하는 행위도 또한 이때에 일반화했다. 식물표본을 만드는 순서는 채집한 식물을 정리하여 건조하고, 건조한 식물을 정밀히 검사하여 정확한 학명을 부여하여 보존하기 위한 영구표본을 제작하고, 필요에 따라 여러 가지 부속표본을 제작하면 된다.

채집품의 정리

채집된 식물을 정리하기 위해서는 정리해야 할 채집품의 수만큼 또는 그의 두 배(흡수지가 없을 경우)에 해당하는 분량의 4절 신문지를 준비하고, 준비된 4절 신문지의 안쪽 여백에 각각 기재사항(채집장소, 채집일자, 채집자의 이름 등)을 정확히 기재한다. 단 두 배를 준비한 경우는 그중 반에만 기재한다. 정리는 야책의 한 장을 밑에 깔고 그 위에 기재사항을 기재하지 않은 4절 신문지나 흡수지를 간지로 한 장 놓고, 그 위에 기재사항이 기재된 신문지를 펴놓고 그곳에 채집한 식물을 하나씩 정리하며, 그 위에 다시 간지를 놓고 또 그 위에 다른 기재사항을 기재한 신문지를 놓아 다른 식물을 정리하며 그 위에 간지를 다시 놓는 식으로 차례차례 정리하고 적당한 부피가 되면 맨 위에 야책을 한 장 덮어 묶는다. 이때에 유의할 사항은 아래와 같다.

① 비닐봉지나 자루에 넣은 채집품은 비닐이나 자루의 아귀를 뒤로 말아서 식물을 꺼내기 좋게 하고, 채집한 반대의 순서로 하나씩 들어내서 정리한다. 이는 일시에 무리하게 꺼내면 채집품이 파손될 우려가 있기

때문이다.

② 채집품 각각을 정리하기 전에 식물표본 번호(채집자에 따른 일련번호)를 부여하고 그 번호를 정리용 신문의 기재사항 란에 꼭 기재해야 한다.

③ 한 장의 신문에 들어갈 수 없는 크기의 개체는 몇 개로 갈라서 동일번호를 주어 정리하고, 건조표본으로 만들기 어려운 뿌리, 과실 및 종자가 있을 경우는 부속표본을 만들 수 있도록 조치한다.

④ 식물을 정리할 때는 각 기관을 잘 관찰할 수 있도록 세심한 주의를 한다. 즉 잎은 앞뒤를 관찰할 수 있도록 하고 생식기관은 잎에 가려지지 않게 해야 한다.

⑤ 채집 즉시 누르면 파손될 우려가 있는 것(예 : 백합)은 하룻밤 밖에 두어 시들게 한 뒤에 정리하는 것이 좋다.

⑥ 다육식물(예 : 쇠비름)이나 건조 도중 잎이 잘 떨어지는 것(예 : 겨우살이)은 끓는 물에 살짝 데쳐서 숨을 죽인 뒤에 수생식물 건조법에 따라 정리한다(단, 건조기를 사용할 때는 불필요하다).

표본건조

식물표본의 건조작업은 옛날에는 전적으로 수작업에 의존했으나 요즈음은 전부 건조기를 사용한다. 건조기의 형태는 사용기관에 따라 여러 가지 고안되어 있으나, 표본 사이에 골판지를 끼워넣어 그 구멍으로 뜨거운 공기를 대류시켜 표본의 습기를 제거함으로써 건조시키는 원리는 다 같다. 건조기가 준비되어 있다고 해도 채집 여행 시에는 건조기를 휴대할 수가 없어 부득이 수작업을 할 수밖에 없다. 물론 장거리 채집에서 다량 채집할 경우에는 알코올이나 포르말린으로 처리하고 밀봉하여 연구실로 후송한다.

필자는 1977년 여름 국내에서 약 1개월간 연속해서 여러 곳으로 채집을 다닌 적이 있다. 이때 두 지역에서 채집 한 표본을 한 학생이 가지고 학교로 돌아가서 건조기에 넣도록 먼저 보내고, 그 다음 두 지역에서 채집한 표본을 다음 학생이 가지고 가도록 계획을 세워 큰 불편 없이 목적을 달성할 수 있었다. 그런데 예정된 인원 중 1명이 불참하여 마지막 채집지인 전남 임자도에는 필자 혼자 들어갔다가 나의 초라한 행색을 수상히 여긴 초등학생이 경찰에 신고하여 간첩으로 오인되었던 일은 지금 생각하여도 황당했다. 그러나 필자는 만일의 일을 예상하여 도착하자마자 파출소에 신고했던 관계로 무사했다. 표본 건조 시에는 아래사항을 유의한다.

① 끝까지 수작업을 할 수밖에 없을 경우에는 약 10일간 매일 잘 말린 신문이나 흡수지로 표본 사이에 있는 간지를 갈아주면 된다. 이때 식물이 들어 있는 신문이 축축하다고 그 신문 자체를 갈아서는 안 된다. 왜냐하면 신문을 가는 동안에 표본이 손상을 입을 수가 있고, 4절지 안쪽에 있는 기재사항을 누락시킬 위험성이 있기 때문이다.

② 표본을 누른 후 흡수지를 한 두 번 갈면서 잘못 눌린 부분을 바로잡는 동시에 식물체의 습기를 일부 제거한 다음 건조기에 넣으면 식물이 누렇게 뜨는 것을 방지할 수 있다.

③ 골판지는 상하로 골판의 구멍이 오도록 제작하여 뜨거운 공기가 잘 대류 되어 빠지게 하며, 표본의 다발을 너무 세게 묶어 골판지의 구멍이 찌그러지는 일이 없도록 한다.

④ 건조 후 표본을 뺄 때는 일정기간 묶은 대로 두어 약간 누글누글해진 뒤에 뽑아야 표본의 파손을 방지할 수 있다.

⑤ 원거리에서 채집되어, 수송 중 부패를 방지하기 위해 공업용 알코올

(60~80%)로 처리하여 수송되어 온 것은 포장을 풀어 알코올을 충분히 증발시킨 뒤에 건조기에 넣도록 한다.

⑥ 채집품이 포르말린으로 처리되어 수송되어 온 것이라면, 악취 때문에 야외에 마련된 건조기에서 건조하여야 한다.

⑦ 건조에 적당한 온도는 35~45°C 내외가 알맞다. 온도는 건조기의 스위치로 조절한다.

식물표본의 감정

감정작업은 가능한 한 대지작업 전에 하는 것이 좋다. 그 이유는 현미경관찰, 생식기 해부, 잎의 관찰이 용이하기 때문이다. 감정된 식물명은 식물이 내장된 4절 신문지의 기재사항란에 기재한다. 감정은 비전문가의 경우와 전문가의 경우로 나누어서 생각할 수 있다. 비전문가가 채집한 표본의 정확한 이름을 알기 위해 전문가에게 감정을 의뢰하고 싶다면, 감정이 필요한 식물의 경우 채집할 때부터 복수로 채집을 하여 표본을 만들고 같은 채집 번호를 부여해둔다. 동일번호가 붙여진 표본들을 한 카피씩 모아서 전문가에게 감정을 위촉한다. 이 때 감정을 의뢰했던 표본을 감정이 끝난 뒤 그곳에 기증할 것을 제의한다. 전문가는 감정한 뒤에 번호순서대로 식물의 학명과 국명을 기재하여 감정 의뢰인에게 회신하고, 채집자의 명의로 표본을 정리하여 표본실에 수장한다. 이렇게 하면 표본감정을 의뢰한 사람은 표본을 기증함으로써 감정에 대한 사례를 하니 부담이 없을 뿐 아니라 자기의 명의로 정리된 표본이 유명 표본실에 영구저장 되니 좋으며, 감정을 한 전문가는 손쉽게 새로운 표본을 기증받아 연구재료로 활용하게 되니, 누이 좋고 매부 좋은 식이 된다. 그리고 감정 중 신식물이 나올 때는 전문가가 신식물을 발표할 때 채집자의 공로를 인정하는 관례에 따라 처리한다. 즉 채집자의 이름을 신식물의 속명이나 종소명에 넣는 것을 말 한다. 예를 들면 금강초롱꽃(*Hanabusaya asiatica* Nakai)과 제주큰물통이(*Pilea taquetii* Nakai)의 학명 같은 것이다. 다시 말하면 금강초롱꽃의 속명 *Hanabusaya*는 이 식물을 최초로 채집한 하나부사Hanabusa를 기념하기 위하여 넣은 것이고, 제주큰물통이의 종소명 *taquetii*는 이 식물을 최초로 채집한 타크Taquet를 기념하기 위하여 넣은 것이다. 학명과 실명의 어미가 다른 것은 영어를 명명규약의 정하는 바에 따라 라틴어화 했기 때문이다.

분류학의 초창기에는 대체로 한 사람이 모든 것을 다 감정했으나 학문의 발전에 따라 과科별 전문가가 생기게 되어, 전문가가 채집한 것이라도 식물을 과별로 분류하여 자기의 전문인 것만을 제외하고, 나머지는 각각 전문가에게 보내서 정확한 감정을 받아 표본을 제작한다. 감정을 위촉받은 전문가는 감정한 뒤에 중복되는 표본이 있을 경우는 종별로 한 장씩 나누어서 양쪽 표본실에 분산 저장하며, 감정하는 도중 신식물이나 미기록 식물이 나왔을 때는 채집한 학자와 공동명의로 발표하는 것이 관례이다.

전문가가 식물을 감정할 때는 분류검색표를 활용한다. 검색표에는 잘 변하지 않는 좋은 형질인 꽃이나 종자와 같이 생식기관의 형질을 중심으로 만든 '자연검색표'와 변이가 많은 형질이지만 언제나 볼 수 있는 잎, 줄기, 뿌리 같은 영양형질을 중심으로 사용하여 만든 편의적인 '인위검색표'가 있다. 전자는 주로 학문적인 연구논문에 사용되고 교육용으로는 생식형질과 영양형질을 적당히 조합하여 만든 반인위적 검색표를 주로 사용한다.

검색표의 형식에는 평행검색표와 톱니바퀴검색표가 있다.

전자는 관련 기재가 분리되어 있어 보기는 불편하나 지면이 절약되는 장점이 있어 주로 연구논문에 활용되며, 후자는 지면의 소비는 많으나 관련 기재들이 모여 있어 사용하기가 편리하므로 교과서용으로 많이 사용된다.

검색표에 활용되는 형질 가운데 가장 공통성이 높은 중요한 형질을 제1분류형질로 하고, 형질의 경중에 따라 차례차례 사용하며, 형질은 분명한 대조적인 형질을 사용한다.

영구표본제작

• 준비물

대지 | 지질은 100% 면섬유로 된 종이가 바람직하나 중성화된 화학펄프지를 사용할 수도 있다. 단 대지의 앞뒤 색이 같은 것이어야 한다. 그렇지 않으면 거친 쪽으로 대지가 말려 표본이 파손된다. 두께는 한쪽 끝에서 들었을 때 수평을 유지하는 정도의 강도를 지닌 것이면 좋고, 크기는 미국(42×29cm), 영국 런던 큐왕립식물원(Kew Gardens) 및 유럽(42×26cm), 일부 기관(44×29cm)에 따라 조금씩 규격이 다르나 우리나라에서는 미국의 규격을 많이 사용한다.

유산지 | 표본을 보호하기 위하여 대지 위에 덧씌운다. 크기는 길이만 대지보다 2cm 정도 길게 하여 그 긴 부분을 활용하여 뒤로 덧붙인다. 여분의 파지는 종자나 떨어진 꽃과 잎, 화분 채취를 위한 어린 꽃봉오리 등을 보관할 때 사용하는 투명봉투 또는 오래된 표본이나 꽃차례(화서花序)가 잘 떨어지는 벼과 식물의 표본을 보호하기 위한 투명지로 활용한다.

접착제 | 밀녹말이나 쌀녹말에 방부제 티몰thymol을 첨가하여 만든 녹말풀과 PVA접착제polyvinyl acetate가 있다. 대부분의 표본관에서는 후자를 많이 사용한다. 접착제는 수용성이어서 필요에 따라 제거하기 쉬운 것이

좋다.

접착테이프 | 테이프는 중성인 접착제를 처리하여 만든 것이 좋고 주로 초본성 표본 고정에 사용한다. 단 스카치테이프를 사용해서는 안 된다. 그 이유는 스카치테이프는 오래되면 녹아서 떨어지고, 녹은 접착제가 흘러 표본을 오염시키기 때문이다.

바늘과 실(면섬유) **및 가위 |** 주로 목본성 표본 고정에 사용한다.

라벨 | 라벨의 형식은 각 기관에서 특색 있게 제작한다. 그러나 내용은 과명科名, 학명學名, 표본번호, 채집장소, 채집자, 감정자, 생육지의 상태, 비고 등등의 난이 만들어진다.

필기구 | 식물표본이 내재한 4절 신문지 안쪽 기재사항란에 있는 사항들을 대지 우측하단에 옮겨 적는 데 사용한다.

• 대지작업

대지에 올리지 않은 표본은 관찰하기는 좋으나 마른 표본의 경우 잘 부스러지므로 보호하기 위하여 대지에 올린다. 대지작업은 가능한 한 완전표본을 하는 것을 원칙으로 하나, 꽃과 잎이 같은 계절에 피지 않는 것이나 맹아萌芽 등에 나타나는 이형엽異形葉 및 기록으로만 알려진 식물이 처음 발견된 것 등 예외적인 것도 있다. 대지는 작업 전에 유산지를 덧씌워서 사용하는 것이 편리하다.

표본의 고정작업은 실 고정, 테이프 고정, 전면접착 고정의 방법이 있다. 실 고정은 주로 목본식물 고정에 사용하나 초본식물의 경우도 단단한 부분에는 사용한다. 단, 실의 매듭은 한 곳마다 대지 뒤쪽에 지어서 끊는다. 실을 연속적으로 사용하면 작업은 쉬우나 뒤에 표본을 활용할 때 걸려서 끊어질 염려가 있다. 테이프 고정은 주로 초본식물에 사용하며 목본의 경우도 부분 고정에 사용할 수 있다. 실 고정이나 테이프 고정은 표본의 뒷면을 관찰하기 쉽고 표본에서 시료를 채취하기 쉬우며, 열 처리나 초저온 냉동처리에 영향을 받지 않는 이점이 있는 반면에 운송 중 파손될 가능성이 있고 불법적으로 시료를 채취할 가능성이 많으며, 표본을 고정하는 데 상대적으로 작업량이 많다는 결점이 있다.

전면접착 고정은 표본의 일면 전체에 접착제를 칠하여 대지에 완전히 고정하는 방법이다. 이 방법은 꽃잎이나 잎이 접착제에 포함된 물기를 흡수해 말리는 경우가 있어 이를 피하기 위하여 줄기에만 접착제를 칠하는 경우도 있다. 이 방법은 운송 중 표본이 파손될 위험이 없고 불법적으로 시료 채집이 불가능한 이점이 있으나, 최 저온 처리에 접착제의 수축으로 표본이 손상 받을 우려가 있고 수용성 접착제를 사용한 경우에만 표본 뒷면의 관찰이 가능하다는 결점이 있다.

• 대지작업의 유의사항

① 대지의 우측하단, 라벨을 붙일 장소에, 채집된 식물이 내재하는 4절 신문지 내측에 있는 기재사항(식물표본번호, 채집장소, 채집년월일, 채집자명 및 감정된 식물명)들을 필히 옮겨 적은 뒤에 작업을 시작해야 한다. 여기에서 실수가 생기면 지금까지 한 일들이 전부 무의미하게 되므로 유의해야 한다.

② 가능한 한 많은 형질을 관찰할 수 있는 쪽을 위로 향하게 배열하되 반드시 우측하단에 라벨을 부착할 장소를 비워 둔다.

③ 각 표본마다 부속표본의 유무를 확인하고, 부속표본이 있으면 원표본과 동일 번호를 주어 상호연계가 되도록 처리한다.

④ 덩이로 뭉쳐 있는 표본은 하나씩 분리하여 부착하고 뿌리에 붙은 흙을 제거하며, 2개체 이상의 식물을 같은 대지에 붙일 때는 한 방향으로 배열하고 크고 무거운 것은 아래쪽에 둔다.

⑤ 열매나 꽃을 가리고 있는 잎이나 잎 뒤를 관찰하는 데 필요한 잎은 따서 종이봉투에 넣어 대지 상단 공란에 부착한다.

⑥ 큰 잎이 한 장만 있을 경우(예 : 가시연꽃) 일부분을 잘라내서 뒤집어 놓거나 종이봉투에 넣어 대지 상단에 부착하며, 꽃은 앞뒤가 다 보이도록 배열한다.

⑦ 큰 꽃이 하나만 있는 표본은 꽃을 고정하지 말고, 투명한 종이를 이용하여 창을 덮어 필요할 때는 관찰이 가능하도록 한다.

⑧ 부스러지기 쉬운 화서가 있는 표본은 표본 전체를 비닐봉투에 넣어 보관한다.

⑨ 라벨을 부착할 때에는 라벨 뒷면 전체에 풀칠을 하지 말고, 라벨 상단 뒤쪽에만 풀칠을 하여 대지에 옮겨 적은 기재사항 위에 덧붙임으로써 기재사항들이 증거로 남도록 한다. 재감정 결과 이름이 달라져 새로 만든 라벨도 종전의 라벨 위에 덧붙임으로써 증거로 보존한다.

부속표본의 제작

부속표본은 부피가 큰 열매나 종자, 육질로 된 꽃, 부피가 큰 식물체, 덩이뿌리(塊根) 및 덩이줄기(塊莖) 등 건조표본의 일부로 만들 수 없는 형질에 대한 보충 자료로서, 필요한 재료는 식물을 채집할 때 별도로 수집보관 해야 한다. 제작방법은 액침표본법과 건조부속표본법이 있다.

액침표본의 대상에는 건조표본에서 화기花器가 찌그러져 형태가 변형되는 식물(예 : 난초과나 박주가리과의 일부)이나 다육식물, 상하기 쉬운 푸른 열매(예 : 수박, 참외, 오이 등)나 찌그러지기 쉬운 열매, 복잡한 구조를 가진 꽃들이 있다. 보존시약의 용액은 90% 메틸알코올과 유산동용액 등을 많이 사용하며, 액침표본은 유리병에 하는 것이 가장 좋으며, 병목은 넓어야 하고, 유리 뚜껑으로 밀봉하여 철제로 된 선반 위에 번호순으로 배열한다. 액침표본의 저장상 유의사항은 아래와 같다.

① 액침표본의 저장은 건조표본실과 분리하여 독립된 별실에서 하는 것이 좋다.

② 액침표본실은 화재예방 차원에서 통풍장치 등이 있어 환기가 잘 되도록 하는 것이 필수사항이며, 표본실 내 공기 중의 알코올이나 포름알데히드의 함량을 감시할 수 있는 장비가 설치되어야 하고 알코올 등의 휘발을 막기 위하여 12°C 정도의 낮은 온도를 유지하는 것이 필요하다.

③ 표본병에 고정액이나 저장액을 넣을 때 안전을 유지하기 위하여 소독상자 안에 권총 형태의 펌프를 장치하여 활용토록 하여야 한다.

④ 액침표본용 라벨은 보존액에 용해되지 않는 잉크로 제작하며 원본은 표본병에 넣고 복사본은 병 외측에 부착한다.

⑤ 모든 표본의 일련번호를 확인하여 찾을 수 있도록 건조표본과 교차확인이 되도록 한다.

건조부속표본의 대상은 줄기, 수피, 대형화서, 뿌리 또는 덩이뿌리, 덩이줄기, 대형과실이나 종자 등이며 제작 및 저장상의 유의사항은 아래와 같다.

① 열매는 종이봉투 또는 그물망에 넣어 건조시키며, 곰팡이가 생길 우려가 있을 때는 알코올이나 살균제로 처리한다.

② 대형열매는 건조시켜 중성지로 만든 상자에 넣어 보관한다. 가능하면 종횡을 절단 또는 절편의 표본도 같이 제작한다.

③ 시간이 경과하면 열매가 흐트러져 원형을 확인하기 어려운 것은 실로 묶어 두거나 꼭 맞는 투명한 튜브에 넣어 보관한다.

④ 건조부속표본은 주표본과 분리 보관하지만 각 과별로 건조표본과 가

까운 곳에 위치하는 것이 활용하기에 좋다.

⑤ 모든 건조표본은 원표본과 연계될 수 있도록 항상 교차확인이 가능하도록 되어 있어야 한다.

특수표본 제작법

① 수생식물은 연약하고 식물체에서 점액질을 분비하므로 일반식물과 같이 신문 사이에 넣어서 정리하여 건조하면 신문에 착 달라붙어 떼기가 어렵고, 억지로 떼다 보면 떼는 도중 잎이 파손될 우려가 크다. 그러므로 수생식물을 정리할 때는 잎 밑에 양지를 깔아 접착을 방지하고, 정리한 식물 위에 수분을 잘 흡수하는, 적당한 크기의 천(마전하지 않은 광목)을 덮으며, 이를 자주 교체함으로써 부패를 막고 빨리 건조되게 한다.

② 목재표본은 종류에 따라 적당한 굵기의 목재를 전시 목적에 따라 일정한 크기로 잘라, 길이의 상반분을 세로로 자르고 그 면을 잘 다듬어 식물의 목리木理를 관찰하게 하고, 하반부는 그대로 두어 수피를 관찰할 수 있도록 만들며, 상부면에 라벨을 부착한다.

③ 기타 화분표본, 염색체표본, 조직표본 등등 많은 것이 있으나 이들은 생략한다.

2. 식물애호가

식물호적계원의 아마추어를 통틀어서 식물애호가라고 말할 수 있으나, 이 범주에는 각종 사명을 띠고 들어온 탐험가, 선교사, 돈을 받고 식물을 채집하는, 외국의 박물관이나 연구기관에 속해있는 전속채집인, 식물에 관심이 있는 관광객 등이 다 여기에 속한다. 우리나라 식물분류학의 초창기(1854~1910)에는 위와 같은 식물애호가들에 의해 우리나라 식물이 채집되어 외국에 있는 학자들에게 보내져 연구되었다고 한다(정영호, 1986). 1854년 4월 러시아의 군함 팔라다Pallada호는 부산항에서 동해안을 따라 원산만, 영흥만 등 해안의 현저한 지형을 측량한 바 있고, 이에 탑승했던 러시아의 해군제독 슈리펜바흐B. A. Schlippenbach가, 버들과, 장미과, 인동과, 철쭉과 등을 포함하여 봄에 꽃피는 목본식물로서, 해안지방에 생육하는 많은 식물을 채집하여 러시아의 식물분류학자 막시모비치C. J. Maximowicz에게 보냈는데, 이것이 연구재료로 제공된 최초의 한국식물이다. 영국 큐왕립식물원의 전속채집인인 윌포드C. Wilford(1860)는 동아시아의 연안을 측량하는 미국의 액티온Acteon호 편으로 류큐琉球와 중국을 거쳐 한국으로 와서 부산, 전남 거문도, 경기 인천에서 100여 종류의 식물을 채집하여 서구의 학계로 보내기도 했다. 또한 영국의 올드햄R. Oldham(1863)은 스왈로Swallow호 편으로 중국과 일본을 거쳐 한국으로 와서 남해의 거문도를 비롯한 도서 지방에서 다양한 종류의 식물을 채집하여 서구의 전문가에게 보내기도 했다.

이와 같이 탐험가나 전속채집인의 채집품들은 네덜란드의 미켈F. A. W. Miquel(1811~1871), 러시아의 막시모비치C. J. Maximowicz(1827~1891), 스웨덴의 안데르손N. J. Andersson(1821~1880) 등의 식물분류학자에게 보내져 연구재료로 활용되어 그 결과 철쭉(*Rhododendron schlippenbachii* Maximowicz), 버드나무(*Salix koreensis* Andersson) 등을 위시하여 많은 신식물들이 발표됨으로써 한국식물이 국제학계에 관심을 불러일으키는 계기가 되었다.

이 밖에도 지질학자로서 일본에 초빙된 바 있는 고트셰C. Gottsche(1883~1884)는 서울과 인천 등 중부지방 및 압록강 주변의 식물을 채집한 표본들을 베를린박물관으로 보냈고, 주한일본공사이던 하나부사Y. Hanabusa(花房義質, 1883~1884)는 그의 재직기간 중 각처에서 채취한 식물표본을 도쿄대학의 마스무라J. Matumura(松村任三) 교수에게 보냈으며, 영국인 카레스A. W. Carles(1885)는 서울, 부산, 인천 등지의 식물을 채집하여 본국의 대영박물관과 큐왕립식물원으로 보낸 바 있다. 러시아인 칼리노브스키J. Kalinowsky(1986)는 서울 근교의 식물을 채집한 바 있는데 이는 뒤에 레닌그라드 식물원 표본관으로 보내졌다고 한다. 독일인 바르부르크O. Warburg(1887)는 인천, 부산 등의 항구와 서울, 청주, 공주, 대구 등 내륙지방에서 양치식물과 나자식물을 위주로 많은 식물을 수집했다고 하고, 러시아 출신인 손타크A. Sontag(1893~1895)는 서울과 경기도 일원에서 많은 식물을 수집했으며 이들도 모두 레닌그라드 식물원 표본실로 보내졌다고 한다(J. W. Palibin, 1898).

그리고 이 시기에 우리나라의 식물을 다량으로 채집하여 외국에 있는 분류학자들에게 보낸 대표적인 인물로 프랑스 신부인 포리R. P. U. Faurie (1847~1915)와 타크E. J. Taquet(1873~1952)가 있다. 포리Faurie신부는 일본 아오모리Aomori(青森)에 주재하고 선교 사업을 하면서, 1900~1910년 사이에 제주 한라산, 전남 목포, 경남 부산, 경기 인천, 수원, 서울, 강원 금강산, 평남 평양, 진남포, 함남 원산 등 거의 한반도 전역에 걸쳐 채집활동을 벌였다. 특히 1906~1907년 사이에는 타크Taquet신부와 함께 활발한 식물채집활동을 전개하여 수집한 수만점의 표본을, 덴마크의 크리스텐센C. F. A. Christensen(1872~1942), 스위스의 크리스트K. H Christ(1833~1933)와 드 뷰시외H. de Boissieu(1875~1912), 프랑스의 르베유A. A. H Leveille(1863~1918), 독일의 쿠켄탈G. Kukenthal(1864~1956), 오스트리아의 하켈E. Hackel(1850~1916) 등등 세계의 많은 전문가에게 보내져 연구,

발표되었다.

옛말에 산을 좋아하는 사람은 산에 가서 죽고, 들을 좋아하는 사람은 들에 나가 죽는다는 말이 있듯이 실제로 포리Faurie신부는 그 뒤 대만에서 채집활동 중 거머리가 호흡기로 들어가서 1915년에 사망했다고 한다.

한국명이 엄택기嚴宅基인 타크Taquet신부는 1873년에 프랑스 노르드Nord주에서 출생하여, 파리에서 신학대학(1892~1897)을 졸업하고 신부로 임명됨과 동시에 1897년 10월 28일 서울에 도착한 이래 평생을 한국에서 포교활동을 하였으며, 주로 제주 홍로에 주재하여 포교를 하던 1902~1915년 사이에 제주식물을 중심으로 많은 식물을 채집하여, 위에서 말한 르베유Leveille, 크리스텐센Christensen, 크리스트Christ 이외에 프랑스의 피네트A. E. Finet(1863~1913), 독일의 슈나이더C. K. Schneider(1876~1951), 일본의 나카이T. Nakai(1882~1952) 등등의 많은 석학들에게 보내져 연구에 사용되었으며, 식물표본을 보내준 대가로 받은 돈은 포교활동 비용으로 충당된 듯하다. 이와 같은 그의 업적을 인정하고 공로를 기려 뽕피나무(*Tilia taquetii* Schneider) 등 많은 식물의 종소명에 신부의 이름이 붙여져 있다. 그가 채집한 많은 표본들은 세계의 유명한 표본관에 보존되고 있으며 그 일부가 포리 신부에게 보내져 교토대학에 함께 남아 있으나, 국내에는 전혀 없다. 그 이유는 신부가 대구 대건고등학교의 일우一隅에서 은거하다 1952년 심장마비로 영면한 뒤, 그의 유물(많은 표본과 관련 문헌들)이 대구 천주교 주교관 내 도서실에 보존되어 있었으나 불행히도 1964년 12월 15일 화재로 인해 전부 소실되었기 때문이다(오수영, 1976).

20세기에 접어들면서 특히 일본사람의 활약이 두드러졌다. 그 중에도 도쿄대학 부속식물원의 전속채집인인 우치야마T. Uchiyama(內産富太郎)

의 2차에 걸친 채집을 들 수 있다. 그 1차(1900) 채집은 목포 부근과 서울 근교의 북한산, 남산, 청량리, 오류동, 경기 인천, 풍도, 고양 및 부산 등지에서 이루어졌으며 2차(1902)에는 부산으로 상륙하여 채집하면서 걸어서 서울까지 도착했고, 강원도로 들어가 금강산까지 채집을 했으며, 다시 서울로 돌아와서 황해도 장연을 거쳐 평양까지 걸어가며 식물을 채집하고 인천을 거쳐 배를 타고 일본으로 돌아갔다(T. Nakai, 1927). 이같이 우치야마Uchiyama는 한반도의 넓은 지역을 망라하여 많은 양의 채집을 하였으며, 이 재료들은 후일 나카이T. Nakai의 한국식물 연구에 귀중한 재료로 활용되었다.

3. 전문가(식물분류학자)

우리나라의 식물상적植物相的인 연구에 대한 시대구분은 1910년을 기점으로 크게 전기와 후기로 나뉜다. 1910년 이전, 식물애호가들이 국내에 들어와서 수집한 재료들이 외국에 있는 학자들에게 보내져서 연구된 시기를 전기前期라고 하고, 1910년 이후 국내외학자들이 직접 조사연구에 참여한 시기를 후기後期라고 한다. 여기에서 1910년을 경계로 시대구분을 한 것은 우리나라 사람으로 정태현이 이때 처음으로 식물을 채집했기 때문이다. 전기에 한국 식물목록(식물상)의 작성을 최초로 시도한 사람은 네덜란드의 미켈F. A. W. Miquel이라고 한다(J. W. Palibin, 1898). 그 뒤 일본의 마스무라J. Matumura(1886)가 하나부사Y. Hanabusa의 채집품을 중심으로 47과 148종의 목록을 발표한 바 있으며, 러시아의 팔리빈J. W. Palibin(1898~1901)이 '한국식물관견韓國植物管見'이라는 제목으로 3회에 나누어서 그때까지 발표된 자료들을 총 정리하여(103과 393속 20변종, 총

635종) 한국산식물의 목록을 발표한 바 있다. 또 일본의 나카이T. Nakai(1909)가 도쿄대학 식물표본실에 소장되어 있는 한국산식물을 중심으로 연구하여 '한국식물상韓國植物相 I'이라는 제목으로 종 검색표를 곁들인 목록을 그의 석사학위논문으로 발표한 것들이 그 대표적인 예라고 할 수 있다. 물론 다른 지역과 같이 부분적인 목록으로 발표된 것은 많을 것이다. 그리고 후기에 한국식물을 연구한 전문가는 수없이 많으므로 그 중 한국식물연구의 개척자라고 불 수 있는 국내외의 대표적인 학자 중에서, 외국인으로 나카이T. Nakai(中井猛之進)와 내국인으로는 정태현을 소상히 소개하고자 한다.

1) 나카이 다케노신T. Nakai(中井猛之進, 1882~1952)

나카이T. Nakai는 1882년에 일본 기후Gihu(岐阜)시에서 출생하였으며, 부친 나카이 세이타로우S. Nakai(中井誠太郎)가 농학을 전공했기 때문에 그 영향으로 어릴 때부터 식물에 취미를 가지게 되었고, 도쿄대학 부속식물원小石川植物園의 사무장으로 근무하던 아버지의 권고로 식물분류학을 전공한 듯하다(H. Hara, 1942). 1913년에 결혼을 하여 슬하에 3남 2녀를 두었으나 뒤를 이어 식물학을 공부한 자녀는 없었으며, 장남은 1945년에 행방불명되었다고 한다. 그러나 두 딸의 남편인, 사위들은 모두 그의 제자로 유명한 식물분류학자다. 큰 사위인 마에카와F. Maekawa(前川文夫)는 도쿄대학 식물형태학교실의 교수였다. 그가 장인의 후계자로 식물분류학교실의 교수가 되지 못한 것은 당시 제자 중에 작위를 가진 일본 귀족 출신인 하라H. Hara(原 寬)가 있었기 때문이 아닌가 생각된다. 둘째 사위는 만주의 대륙과학원大陸科學院에서 만주식물을 많이 연구한 기타가와M. Kitagawa(北川政夫)이다.

나카이T. Nakai는 1907년에 도쿄대학 이학부 식물학과를 졸업하고 동 대학원에 진학하여 마스무라J. Matumura(松村任三, 1856~1928) 교수의 지도로 식물분류학을 전공했다. 동대 부속 제1임시교원양성소의 박물학 강사로 근무하다가, 1917년에 모교의 강사, 1922년에 조교수, 1927년에 교수가 되어 1942년까지 35년간 도쿄대학에 봉직하면서, 주도면밀하게 독자적인 식물분류계통학을 강의하여 유수한 학자를 훈육, 지도하는 동시에 특히 동아식물東亞植物의 분류학적 연구에 전념하였다. 특히 관심을 가지고 연구한 분야는 투구꽃속(*Aconitum*), 제비꽃속(*Viola*), 싸리속(*Lespedeza*), 천남성속(*Arisaema*), 월귤속(*Vaccinium*), 사철나무속(*Euonymus*), 동백나무속(*Camellia*), 여뀌과(Polygonaceae), 인동과(Caprifoliaceae), 대나무과(Bambusaceae), 양치식물(Pteridophyta) 등이다. 그가 도쿄대학을 퇴임할 때까지 발표한 논문의 수가 500편 이상에 이르고 발표한 신식물과 학명을 개정한 것을 합치면 4,000여 개에 달한다(H. Hara. 1942, 1953). 또한 제자들이 그의 도쿄대학 퇴임이자 회갑을 기념하기 위해 '중정박사공적기념사업회' 를 결성하고 이때까지(1907~1942) 그가 이룬 연구결과를 모아 『나카이 교수저작논문中井教授著作論文 및 신식물명총목록新植物名總目錄』(1943)이라는 기념책자(pp.256)를 발간했다. 퇴임 후 육군사정장관陸軍司政長官으로 임명되어 자바군정감軍政監으로 활동했으며, 1947년에 도쿄대학의 명예교수로 되는 동시에 도쿄과학박물관(훗날 일본국립과학박물관으로 개칭)의 관장으로 있으면서 죽을 때(1952)까지 왕성한 학술활동을 하였다.

나카이T. Nakai가 한국식물 연구에 관심을 가지게 된 것은 그가 1907년 대학원에 입학한 뒤, 그의 지도교수 마스무라J. Matumura가 대만식물을 연구하여 훌륭한 분류학자가 된 하야타B. Hayata(早田文藏, 1874~1934)

를 예로 들면서 한국식물을 연구할 것을 권고한 데서 비롯되었다고 한다. 그리하여 그는 이학석사와 이학박사의 학위논문으로 「한국식물상(Flora Koreana) Ⅰ, Ⅱ」(1909, 1911)를 발표하여 1914년에 이학박사학위를 받았다. 이 중 Ⅰ은 우치야마Uchiyama, 하나부사Hanabusa, 이마가와Imagawa, 미시마Mishima 등이 채집한 표본을 가지고 연구하였으나, 그들의 채집품은 주로 평양 이남의 것이므로 부족한 북부의 자료를 수집하기 위하여, 나카이T. Nakai는 1909년에 함경도 원산으로 상륙하여 원산, 성진, 청진 등지에서 500여 종의 식물을 채집하여 한국식물상Ⅰ을 보완하여 Ⅱ를 완성시켰다. 이 연구로 인해 우리나라의 유관속식물은 신 식물 1속(금강초롱꽃속) 36종 27변종을 포함하여 19과 111속 547종 105변종이 추가되어, 149과 661속 1,971종 183변종으로 보고됨으로써 그 개략적인 윤곽이 밝혀지게 되었다. 여기에서는 이 밖에도 한국산 여뀌과식물, 한국산 현삼과 중 꽃며느리밥풀속, 한국과 일본산 쥐손이풀과 중 쥐손이풀속, 한국과 일본산 사초과 식물 중 사초아과, 일본과 한국산 국화과 식물 중 엉거시속의 분류를 소상히 연구하여 보고하고 있다.

나카이T. Nakai가 한국식물을 본격적으로 연구하게 된 것은, 1913년부터이다. 당시 한국에 와서 서울 조선호텔에 묵었는데, 일본공사이던 하나부사Y. Hanabusa(花房義質)의 초청으로 식사를 함께 한 일이 하나의 계기가 되었다. 그 때 총독이 말하기를 자기 취임식 때에 보니 진열된 꽃들이 전부 일본 온실에서 볼 수 있는 것들뿐이었는데 조선에는 그다지도 아름다운 꽃이 없느냐고 하니, 나카이T. Nakai는 "아닙니다. 조선에도 참으로 아름다운 꽃이 많습니다." 라고 대답했다. 그리고 창가에 장식으로 놓인 은방울꽃을 가리키며, "저기 창가의 은방울꽃을 보십시요! 얼마나 예쁩니까!" 라고 말했다. 이 말을 들은 총독은 그럼, 당신이 조선(한국)의 식물자원을 계속 연구해보지 않겠느냐는 제의를 했고, 나카이T. Nakai가 이를 수락함으로써 1914년 조선총독부로부터 조선식물 조사에 대한 촉탁(1914~1942)으로 임명되었다. 당시 청량리 중앙임업시험장에 근무하던 정태현을 통역 및 조수로 대동하고 조선총독부에서 비용을 받아 전국방방곡곡의 식물을 조사할 수 있는 기회가 주어짐으로써 비롯되었다. 그 후부터 학기 중에는 도쿄대학에서 강의하며 수집한 자료를 연구했고, 여름방학에는 한국에 와서 청량리 중앙임업시험장에 정태현 선생이 사는 관사의 한 방을 빌려 같이 생활하며, 어려움과 위험을 무릅쓰고 각지로 채집을 다녔다고 한다. 이때에 수집된 식물표본들은 복수로 채집하여, 확실히 감정되는 것은 그 일부를 시험장 표본실에 수장하고 감정된 일부와 미감정분 전부를 도쿄대학 표본실로 보냈다고 한다. 이와 같이하여 임업시험장에는 약 8만점 이상의 식물표본이 축적되었으나 유감스럽게도 6.25동란(1950) 때 전부 소실되었고, 일본으로 간 것은 현재에도 잘 보관되고 있다.

1913년 이후 나카이T. Nakai가 조사연구 한 한국식물에 대한 결과는 크게 세 가지 유형으로 발표되었다. 첫째는 지역의 식물조사 보고서로, 제주도 및 완도(1914), 지리산(1915), 노봉(1916), 금강산(1918), 백두산(1918), 울릉도(1919), 광릉(1932) 등의 식물상이 발표되었고, 둘째는 한국의 삼림자원森林資源을 조사한 결과를 연차적으로 과별로 정리한 것으로 『조선삼림식물편朝鮮森林植物編』 1~22집(1915~1939)을 발표했다. 이는 일어와 라틴어로 속屬, 종種의 검색표와 정확한 종기재를 하는 동시에 실물 크기의 정밀한 분류군별 그림이 첨부되어 있는, 세계적으로 널리 알려진 유명한 저서로 많은 신식물들이 보고되고 있다. 셋째는 그때 그때에 얻어진 단편적인 연구결과들을 학회지를 통해서 시리즈로 발표한 것으로, 일본식물학회에서 발간하는 「식물학잡지植物學雜誌」에 1911～1935년까지 '일선식물관견日鮮植物管見'이라는 제목으로 48회에 걸쳐 1,268건에서 약 1,300여 종의 한국식물을 포함한 동아식물東亞植物을 소개했다. 또 스무라Tsumura(津村)연구소에서 발간하는 「식물연구잡지植物硏究雜誌」에 1937～1950년까지 '동아식물습유東亞植物拾遺'라는 제목으로 35회에 걸쳐 484건에서 신지견新知見을 발표하는 가운데 많은 한국식물을 검토했다. 위와 같은 연구 결과로서 한국식물을 자료로 새로 기재된 신속新屬식물들은 금강초롱꽃속(*Hanabusaya*, 1911), 금강인가목속(*Pentactina*, 1917), 미선나무속(*Abeliophyllum*, 1919), 새양버들속(*Chosenia*, 1920), 개느삼속(*Echinosophora*, 1920), 매미꽃속(*Coreanomecon*, 1935) 등이 있으며, 이들은 대부분 한국특산속식물韓國特産屬植物들이다. 그밖에도 단행본으로 『조선식물朝鮮植物』(1914) 상권에서 573종의 한국산식물을 해설하는 동시에 새로운 분류군들을 많이 소개했으며, 동아식물(1935) 중에서는 '조선의 식물'이라는 항에서 한국식물의 분포 특성을 소상히 소개하고 있다. 나카이T. Nakai는 이와 같은 한국식물 연구의 공로가 인정되어 일본학사원日本學士院(1927)에서 계공작기념상桂公爵記念賞(상금 일천엔)을 수상한 바 있다(H. Hara, 1942).

나카이T. Nakai는 45년간(1907～1952)에 걸쳐 평생 한국식물을 연구한 총결산을 국립과학박물관연구보고 제31호(1952)에 '조선식물지경개朝鮮植物誌梗槪(A Synoptical of Korean Flora)'라는 제목으로 총 정리해 발표함으로써 새로운 분류체계를 확립했다. 이로써 한국에 나는 유관속식물은 11속 642종 402변종 74품종의 특산식물을 포함하여 223과 968속 3,176종 841변종 174품종으로 총 4,191분류군으로 밝혀졌다. 그러나 11속의 특산속식물 중 *Distaenia*, *Homopteryx*, *Patis*, *Terauchia* 등 4속은 이미 다른 속에 통폐합 처리된 것이며, 분류군을 너무 세분하는 경향이 있어 이 분류체계는 정태현이 무비판적으로 받아들여 『한국식물도감韓國植物圖鑑』 상(1957), 하(1956)를 편찬함으로써 한국에서 사용되었을 뿐 세계의 다른 어느 나라에서도 받아들이는 곳이 없다. 그리고 이 논문을 발표한 그 해 12월 6일 죽은 관계로 후속 논문이 발표된 바 없어, 이 목록에 나오는 많은 새로운 나명裸名들의 내용과 출처를 알 길이 없는 아쉬움을 남겼다.

2) 정태현鄭台鉉(1882~1971)

하은霞隱 정태현은 이조 말 고종 18년(1882)에 경기도 용인에서 태어났다. 본관이 하동河東이고 세종대왕 때에 훈민정음 창제에 공이 컸던 거유巨儒 정인지鄭麟趾의 25대손이다. 한학을 배우며 부모의 뒤를 이어 농업에 종사하다 자신이 갈 길은 이것이 아니라고 생각하고, 1905년(24세)에 무작정 상경하여 단발斷髮(상투를 자름)을 하고 낮에는 염색소染色所에서 일하면서 밤에는 광무학교光武學校라는 일어강습소에서 공부했다. 양잠학교에 들어가 1년간 양잠기술을 배우고, 고향으로 내려와 뽕나무를 심어 누에를 길러 약간의 돈을 마련해 다시 상경하여 3개월간 일어강습소에서 재충전하고, 1907년에 오늘의 서울대학교 농과대학의 전신이자 농상공학교農商工學校의 후신인 수원농림학교 임학속성과農學速成科에 2회로 입학하였다. 당시 수원농림학교는 학생들의 기숙사비, 제복, 학용품의 일체비용이 관비로 지급되는 학교로, 졸업 후 관비 지급 일수의 2배를 의무연한으로 국가기관에 근무해야 하는 교육기관이었다. 당시 제복을 입고 사각모를 쓴 농림학교 학생들은 많은 사람들의 선망의 대상이 되기도 했다. 농학속성과는 모범조림사업模範造林事業을 위한 기술양성을 목적으로 만들어진 1년 과정의 학과로 2회에 걸쳐 19명을 배출하고 폐과되었으며, 졸업생의 대부분은 각 도의 수묘양성소樹苗養成所에 취업했다. 이때 하은은 구한국舊韓國 농상공부 수원임업사무소의 기수技手로 발령을 받아 수원묘포장水原苗圃場에서 묘포를 설치하고 조림사업을 개시했는데, 이것이 그가 식물학을 공부하게 되는 첫걸음이 되었다.

하은은 1911년에 12세 연하인 장을봉張乙鳳(세례명 장경은) 여사와 결혼하여 3남 4녀를 두어 다복한 가정을 이루었으나 선생과 같은 길을 걸은 자녀는 하나도 없으며, 차남이 약학을 공부하여 약품무역을 하였을 뿐이다. 장남은 행방불명이며, 차남과 3남은 일찍 세상을 떠났다. 하은이 1968년 월간지 『세대世代』 8월호에 '갈채속의 이력서'라는 칼럼에 「식물채집 일평생」이라는 제목의 투고에서 "오직 살아온 내 반평생은 산 속이나 들을 찾아 진기한 식물만을 찾아 헤매었고 또 앞으로도 이 생활로 일관될 나에게는 남달리 화려한 이력이 있을 리 없고, 세상에 내놓고 자랑할 만한, 그래서 많은 사람으로부터 갈채를 받을 만한 경력은 더더구나 없다."라고 피력한 글에서 알 수 있듯이, 한국의 전형적인 선비이며 학문에만 평생의 정열을 쏟으신 식물학의 개척자임을 잘 엿볼 수 있다. 그리고 박만규朴萬奎가 1974년 잡지 『새 교육』의 '선비론'이라는 칼럼에서 "하은 정태현 선생은 인자하고 겸손하며 친절하고 자상한 할아버지로 이름이 났으며 얼굴에는 항상 다사로움이 풍기는 지덕을 겸비한 군자로서 존경을 받는 분이였으나, 학문상으로 의견차이가 있을 때에는 자기 소신을 굽히지 않아 옹고집쟁이로 통하는 분이었다."라고 쓴 것은 하은을 단적으로 잘 표현한 글이다. 한 예로 1980년대에 한국식물학회가 주관이 되어 한국식물의 학명과 국명을 총정리하는 동시에 분류체계를 정리하고자 할 때, 국명은 하은의 『한국식물도감』에 따르고 분류체계는, 다른 어느 나라에서도 사용되고 있지 않은 나카이T. Nakai의 체계를 따를 필요가 없이 엥글러Engler의 분류방식으로 환원시키자는 주장이 지배적이었으나, 하은은 끝까지 나카이T. Nakai체계를 고집했으며, 급기야 눈물로 호소하는 바람에 이 사업자체가 무산되어버린 유명한 일화가 있다(이우철, 1994).

1910년 이전의 하은霞隱은 조림기술요원造林技術要員에 불과했으나 이후 조선총독부 산림국 산림과에 근무하면서부터 임학자 또는 식물분류학자로서 수학修學의 길을 밟게 되었다. 그는 우리나라 사람으로는 최초로 식물표본을 만든 사람이기도 하다. 하은이 본격적으로 식물분류학을 공부하게 된 것은 나카이T. Nakai(中井猛之進)가 조선총독부로부터 한국식물조사연구의 촉탁으로 위촉받아 하은과 같이 전국방방곡곡을 다니며 식물을 조사하기 시작한 1914년부터였다고 할 수 있다. 나카이T. Nakai는 야망이 크고 냉정한 사람이었다. 그래서 한국을 자기의 독무대로 생각해 다른 어느 누구도 손 댈 수 없는 불가침의 영역으로 생각했다. 그러므로 제자들이 이상한 식물을 채집해 가지고 가면 "두고 가라." 하고는 말 한마디 없이 자기이름으로 발표해버리는 것이었다. 재미있는 일은 그의 제자로 경성전문학교(오늘의 서울대학교의 전신)에 있던 모리T. Mori(森爲三)라는 교수가 있었는데, 처음에는 식물을 연구하였으나 나카이T. Nakai의 그늘에서는 빛을 볼 수 없다고 생각하고 중도에 동물로 전공을 바꿔 담수어(민물고기)를 연구하게 되었다고 한다. 뿐만 아니라 여름방학에 그가 한국에 나오면 당시 서울 시내의 박물학교유博物學教論(과학교사)들이 무엇을 좀 배워 볼까하고 줄을 지어 그를 따라다녔으나 묻는 말에도 잘 대답해 주지 않을 뿐만 아니라 하루 종일 동행해도 한마디도 일러주는 법이 없었다고 한다. 그러나 하은에게만은 예외였다. 다시 말하면 하은은 식물분류학의 대가 나카이T Nakai를 독선생으로 모시고 공부한 셈이다. 그래서 하은은 그때그때마다 새로운 식물이 발견되면 그 특색이 되는 일부를 모아 건조하여 두터운 노트에 붙이고 그 이름과 특징을 기록하여 실물도감實物圖鑑을 만들어가며 공부를 했다고 한다. 이렇게 만든 것이 무려 일곱 책이나 되었는데 이것도 6.25때 한 줌의 재로 변하고 말았다고 하여, 훗날에도 몹시 애석해하곤 했다.

이와 같이 하은은 나카이T Nakai를 그림자같이 따라 다니며 도왔고 한국의 식물들과 열심히 낯을 익혔다. 나카이T. Nakai는 이러한 하은의 공로를 인정하여 하은이 충북 단양에서 발견한 줄댕강나무(*Abelia tyaihyoni Nakai*, 1921) 학명의 종소명에 태현이라는 이름을 붙여 발표하면서 그 설명문에 "정태현 씨는 내가 총독부 촉탁이 된 뒤 지금까지(1914~1919) 나의 통역 겸 조수로서 나를 수행했고, 그간 나와 같이 조선의 산야 중 가장 험난한 곳을 답사한 것이 1천 수백 리이며 생사의 역域을 출입한 일이 여러 차례이다. 백두산에서는 호기심에서 만주땅을 잠시 통과함으로써 마적의 피습을 피하기도 했고, 금강산에서는 전인미답의 대장봉大長峰 벼랑으로 추락할 위기에서 나를 구해주었고, 몽매한 인부들을 부려 식물채집품의 건조, 물자의 운반, 보급품의 구매 등에 힘써 조선식물조사 진행에 공이 지대했다. 그러므로 1905년 만국식물학회가 정한 바에 따라 채집자인 나의 채집을 많이 도와준 충실한 정태현 씨의 공로를 기려 후세에 남기기 위하여 학명에 그의 이름을 붙인다."라고 한 것을 보면 그들의 관계를 잘 알 수 있다. 그러면서도 나카이T. Nakai는 격格을 분명히 하는 매서운 면도 있었다. 하은이 이북 맹산孟山에서 채집한 어떤 식물을 임업시험장에서 재배하며 관찰한 결과, 신종임이 분명하다고 생각해 나카이T. Nakai에게 이것을 당신의 이름으로 발표해 달라고 당부하여 댕강나무

(*Abelia mosanensis* Chung ex Nakai, 1926)가 발표된 일이 있다. 그런데 그 뒤(1937) 기록에 따르면 "이것은 정 군鄭君이 자기의 이름을 하나 붙이기를 원함으로 붙여준다."라고 못을 박았다.

하은에게는 산림과 시절(1911~1922)이 수학기修學期였다고 한다면, 임업시험장 시절(1923~1950)은 결실기라고 볼 수 있다. 하은의 첫 수확은 이시도야B. Ishidoya(石戸谷勉)와 공동으로 저술한 『조선삼림수목감요朝鮮森林樹木鑑要』(1923)이다. 이것은 그간에 발표된 임학에 대한 참고문헌들을 바탕으로 우리나라에 나는 수목을 과별로 검색할 수 있도록 만든, 임업에 종사하는 사람들을 위한 교과서로 당시 이 분야에서는 성경과 같이 읽혀졌다고 한다. 새로 창설된 임업시험장林業試驗場의 첫 역점사업의 하나는 한국산 수목의 조림 적지적수適地適樹에 대한 조사(1923~1926)였다. 여기에서 '적지'라 함은 수목 자체가 충분히 생육할 수 있는 입지立地를 말하며, '적수'란 우리가 실제 조림상 선택할 수종을 의미하는 것이다. 즉 어떤 산에 무슨 나무를 조림해야 좋을까를 알기 위한 조사였다. 이야말로 수목의 분포 조사뿐 아니라 조림에 대한 기초자료 수집에 긴요한 일이었다. 이 조사는 전국 각지에 걸쳐 약 1,000m 이상의 산 50개소를 선정하여 각 지역별로 해발 100m 또는 200m를 구간으로 하여 그 사이에 분포된 수목을 흉고직경과 함께 조사하여 전국적인 자료를 종합해 수종별로 수직분포의 상한과 하한을 표시해 정리하는 방대한 작업이었다. 이 조사결과의 일부는 조선수목朝鮮樹木, 죽류분포도竹類分布圖(1929)에 이용되었으며, 뒤에 하은의 『조선삼림식물도설』(1942)의 수종 수직분포 자료로 사용되었으나 당시의 조사자료는 6.25사변때 전부 소실되었으며, 그 중 수직 및 수평 분포표만이 하은에 의해 보관되고 있었다. 필자는 이를 기초자료로 하여 주요 조림수종 34종에 대한 적지적소를 정리하는 한편 수목전체에 대한 수직 및 수평분포를 부록으로 첨부해 『한국삼림식물대 및 적지적수론』(정 · 이, 1965)이라는 제목으로 발표했다. 그 밖에 『조선야생약용식물朝鮮野生藥用植物』(1936), 『만선실용임업편람滿鮮實用林業便覽』(1939), 『조선야생식용식물朝鮮野生食用植物』(1942)을 하야시Hayashi(林泰治)와 공저로 발표했으며, 이들은 모두 당시의 임학도, 식물학도 및 약학도들의 귀중한 보물이었다.

동시대의 하은의 업적으로 빼 놓을 수 없는 것은 『조선식물향명집朝鮮植物鄕名集』(1937)과 『조선삼림수목도설朝鮮森林樹木圖說』(1942)이다. 『조선식물향명집』은 하은이 서울에 있는 중등학교 박물학교유(과학교사)들과 힘을 합쳐 발족시킨 조선박물연구회朝鮮博物硏究會(1933)가 주요 역점사업으로 진행한 것으로써 조선산 생물의 조선명조사정리朝鮮名調査整理 사업의 일환으로 추진된 것이다.

식물은 정태현, 도봉섭都逢涉, 이덕봉李德鳳, 이휘재李徽載를 주축으로, 이미 발표된 자료들을 중심으로, 수집한 자료를 3년간 100회에 걸쳐 작업을 하여 2,000여종의 우리말 이름을 제정하여 4인 공저로 발표한 것이다. 이때가 조선어학회사건이 있었던 무렵이어서 내선일체內鮮一體로 일본과 조선이 한 나라인데 조선명을 새로 만들 필요가 어디 있느냐고 당국의 심한 제재가 있었으나, 당시 농촌에는 일본어를 모르는 사람들이 많으므로 이들을 교육하기 위해 일본말을 번역하는 것이라고 무마시켰다고 한다. 이것은 우리나라의 식물명이 총정리된 효시라고 할 수 있다. 『조선삼림수목도설』도 조선박물연구회에서 펴낸 것으로, 우리나라 삼림식물(목본식물) 84과 269속 1,096종류(473변종 66품종 포함)를 집대성한 것인데 이는 하은이 임업시험장에서 연구한 것의 총결산이었다. 이 책에는 1,023개의 실물도實物圖와 341개의 분포도가 수록되어 있으며, 이 중에는 7종 33변종의 새로운 식물이 기재되어 있다. 이것은 하은이 새로 발견한 2종 1변종과 이 책을 만들기 위하여 도쿄대학 표본실에서 가져온 표본 가운데 미발표된 5종 32변종이 있었기 때문이다. 이때의 분류체계는 당시 널리 쓰인 엥글러Engler의 방식을 채택했다. 이때 하은이 새로 발견한 것은 충남 안면도에서 발견된 먹넌출(왕곰버들, *Berchemia kunitageana*)과 경기 강화도에서 발견된 강화산닥나무(*Diplomorpha insularis*) 및 충남 보은에서 발견된 보은대추나무(*Zizyphus jujuba* v. *hoonensis*)이다.

하은은 구한국-미군정-대한민국을 통한 한국식물분류학 발달초기의 증인인 동시에 초석을 놓은 분이다. 특히 대한민국 시절(1950~1971)은 하은의 황금기라고 할 수 있다. 이 시기는 동란 이후 안양 고아원孤兒院에 계시던 하은을, 수원의 후배인 전남대학교 농과대학장으로 있던 송재철宋在哲이, 동 대학의 임학과 주임교수(1952)로 모셔갔고, 당시 전남대학교의 최상채崔相彩 총장과 송재철 학장은 하은의 공로를 인정하여 동대학 명예박사1호로 명예이학박사학위를 수여(1953)하는 동시에 기성회비에서 특별지출로 『한국식물도감』 출판비 400만원을 부상으로 받게 됨으로써 열리기 시작하였다. 『한국식물도감韓國植物圖鑑』의 출판은 선생의 평생 숙원사업으로, 계농생약연구소桂農生藥研究所의 지원을 받아 서울 약대 교수이던 도봉섭과 공저로 출판하기로 하고, 원고와 그림이 완성되었다. 그러나 6 · 25동란으로 계농생약연구소가 문을 닫고 도봉섭이 납북됨에 따라 실의에 빠져있던 하은에게 성균관대학교의 조복성曺福成으로부터 그 그림과 원고가 도봉섭의 부인이 전란 중 천장에 잘 갈무려 두었다는 소식이 전해져 출판비를 걱정하고 있던 하은에게 전남대학은 천혜의 은인이 아닐 수 없었다. 그 뒤 하은은 도감출판의 큰 꿈을 안고 성균관대 생물과로 자리를 옮겼고(1954), 도봉섭의 부인인 정찬영鄭燦英이 소중히 보관하고 있던 원고와 그림을, 조복성이 다방면으로 설득한 끝에 하은의 손으로 넘어오게 되어 출판의 길이 열리게 된 것이다. 상권(목본, 1957)에는 앞에서 언급한 『조선삼림식물도설』의 번역본이지만 그 가운데 일부 수정하여 식물 1,097종류와 1,013개의 그림이 실려 있고, 하권(초본, 1956)에는 2,050종류가 그림과 같이 수록되어 있다. 초본편(하권)에는 하은이 새로 발견하여 명명한 것이 11종 2변종이 들어 있으며 그 중 큰톱풀, 큰다닥냉이, 애기송이풀, 지리강활을 책의 서두에 원색으로 실었다.

하은은 이 공로로 1956년 우리나라 최고의 명예로운 상인 학술원상學術院賞 본상(저작상)을 받게 되었으며, 1959년에는 학술원의 종신회원으로 추대되었다. 그 뒤 『한국식물도감』의 기재문에 한문 용어가 많아 일반인이나 학생들이 보기가 어려우므로 이를 번역 보완하는 동시에 대표적인 종을 채색하고 나머지는 흑백도로 사용하고 상하권을 통합편집統合編輯하여 『한국동식물도감』 제5권 식물편(목초본류)(1965)으로 재판을 냈다. 하은의 마지막 작품은 서울대학교 표본실에 소장되어 있는 도봉섭의 표본을 비롯한 옛날 식물표본을 조사하여 얻은 112과 355종류(미기록 34종과 신종 13종이 포함)를 『한국동식물도감』 제5권 식물편의 증보판(1970)으로 낸 것이다. 그러나 이들은 대부분 문헌조사 불충분으로 오판되었거나 재검토되어야 할 것이 많다(이우철, 1982).

하은이 남긴 또 하나의 금자탑은 하은생물학상霞隱生物學賞제도이다. 이는 하은이 5 · 16민족대상(1968) 상금(200만원)으로 받은 것의 일부로, 1969년에 기초과학의 진흥을 목적으로 생물학계의 우수한 연구자를 격려한다는 취지로 만들어진, 한국 생물학계에서 가장 역사가 오랜 유명한 시상제도이다. 1968년에 정관이 제정되고 이사회가 구성되었으며 하은을 이사장으로 출발하여, 1회(1969)에 박만규朴萬奎에게 상금 30만원을 수상한 이래 1996년까지는 매년 시상이 되었다. 그러나 하은생물학상의 재단은 법인화되지 못했고, 하은이 떠난 후 재정이 어렵게 되어 성균관대 생물학과 동문과 그간의 수상자들이 중심이 되어 새롭게 기금을 조성하였다. 현재는 상금 500만원에 격년으로 시상하고 있으며, 그간의 수상자는 모두 33명이다.

2
한국식물 고향의 특성

식물의 분포란 오랜 동안 그 식물이 주어진 환경조건에 적응진화適應進化된 결과이기 때문에 입지조건에 따라 그 나름대로의 특성을 지니게 되는 것이므로 인위적으로 그어진 행정구역과는 전혀 무관하다. 따라서 한국식물 고향의 특성도 인위적으로 그은 한국의 국경과는 무관하며, 오랜 동안 한반도의 지사적 변천에 따라 만들어진 것이다.

현화식물顯花植物이 지구에 나타난 초기시대에는 지구상에 습기가 많고 기후도 지금보다 훨씬 균일하였다고 한다. 따라서 식물도 보다 균등하게 분포했으나, 시간이 흐를수록 기후적인 구분 즉 건조한 곳, 더운 곳, 따뜻한 곳, 추운 곳이 만들어짐에 따라 그에 적응하기 위하여 식물지리구분植物地理區分이 생기게 되었다. 따라서 각 지역의 생물상生物相을 비교하고, 그 결과를 토대로 세계를 몇 개의 생물구계로 구분하는 것을 주목적으로 하는 연구를 '구계생물지리학區系生物地理學'이라고 하며, 식물의 종, 속 등의 분포에 관한 구획을 '식물구계植物區系'라고 하고, 그 내용을 밝히는 것을 주목적으로 하는 분야를 '구계식물지리학區系植物地理學'이라고 한다. 그리고 구계를 가를 때에는 높은 단위로부터 계界, 구區, 아구亞區, 지구地區라는 4단계를 사용한다. 이러한 구분은 무엇을 기준으로 하는가가 문제인데 일반적으로 그 지역의 고유종固有種을 보아 구분한다. 이것은 주관적인 방법이기 때문에 그 결과는 연구자에 따라 세부적인 부분에 이견이 있었으나, 어쨌든 모든 생물지리학자들은 공통적으로 이러한 구분에 동의해왔다. 그런데 보다 낮은 단계, 즉 지구(province)를 세분할 필요성이 있는 경우가 많다. 그러므로 필자는 우리나라 식물 고향의 특성을 이해하는 데 도움이 되도록, 우리나라 식물의 분포를 세계의 구계 구분의 견지에서 그 특성을 살펴보고, 지금까지 논의되어 온 한국의 구계 구분의 역사를 더듬어보는 동시에 그간 필자가 정리한 관속식물의 분포 자료를 바탕으로 새로운 구분을 시도한 것을 소개하고자 한다(이 · 임, 2002).

1. 세계의 구계구분

식물상으로 보아 지구의 공간을 구분하는 일은 스쵸우Schouw(1822) 이래 여러 연구자들이 시도했으나 서로 일치하는 점은 극히 적었다. 계급분류階級分類의 원리, 즉 식물구계계植物區系界, 식물구계구植物區系區, 식물지역植物地域, 식물지구植物地區 등으로 구성되는 점은 서로 일치한다. 그러나 식물구계구 하나하나의 명명으로 들어가면 벌써 연구자에 따라 차이가 생긴다. 많이 쓰이는 다음 두 가지의 구계구분 방식을 소개한다.

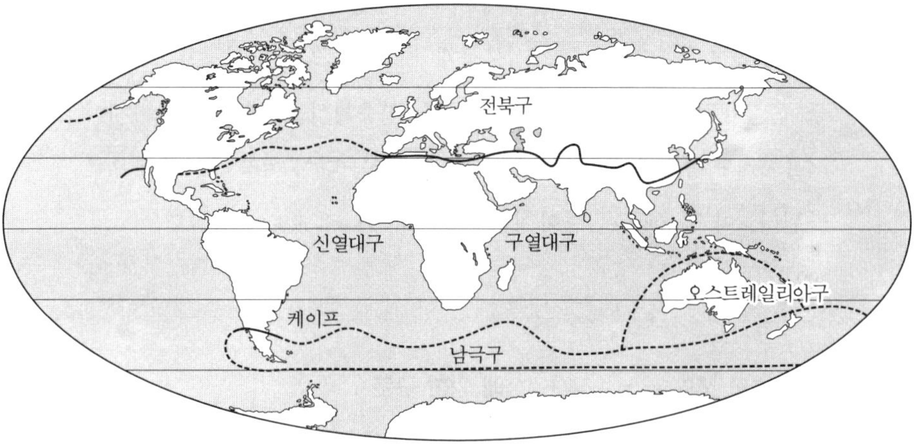

그림 1 | **슈미트위젠**Schmithüsen(1961)**에 의한 구분**
세계의 식물분포를 6개의 식물구계계로 구분한다.

1) 슈미트위젠Schmithüsen(1961)에 의한 구분

슈미트위젠Schmithüsen(1961)의 구분은 엥글러Engler, 드루데Drude 및 딜스Diels에 의하여 구축된 기초에 따른 것으로, ① 전북구 또는 전북식물구계계 ② 신열대구 또는 신열대식물구계계 ③ 구열대구 또는 구열대식물구계계 ④ 오스트레일리아구 또는 오스트레일리아식물구계계 ⑤ 케이프구 또는 케이프식물구계계 ⑥ 남극구 또는 남극식물구계계 등 6개의 식물구계계(그림 1)로 구분되며, 한국의 식물은 그중 전북구에 속한다.

전북구全北區는 북반구의 대부분을 차지하고, 그 남쪽 경계는 캘리포니아 반도의 저지대와 플로리다 남부를 가로지르며 또 이 경계는 카리브 제도를 싸고 사하라 사막과 아라비아 사막을 가로질러 이란 고지의 남단을 지나 히말라야를 따라 중국 복건성福建省의 북경北境, 양자강 하구의 중간에 이른다. 태평양에서 이 경계는 북위 30도선 부근을 통과한다. 따라서 류큐 열도琉球列島, 오가사와라小笠原 및 하와이 군도는 전북구 밖에 있다.

이는 다시 북극-아북극식물구계구, 북방식물구계구, 동아식물구계구, 북아메리카 태평양안太平洋岸식물구계구, 북아메리카 대서양안식물구계구, 중부유럽-시베리아남부식물구계구, 지중해식물구계구, 중앙아시아식물구계구 등 8개의 구계구로 세분되고, 이는 다시 여러 하위 구분으로 나뉜다. 이 중 한국은 동아식물구계구東亞植物區系區에 속한다(이 · 임, 2002).

2) 로널드 굿Ronald Good(1947)에 의한 구분

다른 하나는 로널드 굿Ronald Good(1947)에 의한 세계의 식물구계구분이다. 이는 세계의 식물을 ① 북극 및 아북극식물구계 ② 구주시베리아식물구계 ③ 일화식물구계 ④ 서 및 중앙아시아식물구계 ⑤ 지중해연안식물구계 ⑥ 미크로네시아이행移行식물구계 ⑦ 북미대서양안식물구계 ⑧ 북미태평양안식물구계 ⑨ 북아프리카인도사막식물구계 ⑩ 슨다파크스텝식물구계 ⑪ 동북아프리카고원 및 스텝식물구계 ⑫ 서아프리카강우림식물구계 ⑬ 동아프리카스텝식물구계 ⑭ 남아프리카이행식물구계 ⑮ 남아프리카도서식물구계 ⑯ 아슨시온 · 세인트헤레나식물구계 ⑰ 인도식물구계 ⑱ 동남아시아식물구계 ⑲ 마레이군도식물구계 ⑳ 하와이식물구계 ㉑ 뉴칼레도니아식물구계 ㉒ 멜라네시아 · 미크로네시아식물구계 ㉓ 폴리네시아식물구계 ㉔ 케리비안식물구계 ㉕ 베네주엘라 · 가나식물구계 ㉖ 아마존식물구계 ㉗ 남부브라질식물구계 ㉘ 안데스식물구계 ㉙ 팜파스식물구계 ㉚ 쥬안 · 훼로난데스식물구계 ㉛ 케이프식물구계 ㉜ 북 및 동오스트레일리아식물구계 ㉝ 남서오스트레일리아식물구계 ㉞ 중앙오스트레일리아식물구계 ㉟ 뉴질랜드식물구계 ㊱ 파다고니아식물구계 ㊲ 남온대南溫帶대양도식물구계 등 37개 식물구계植物區系로 구분하였으

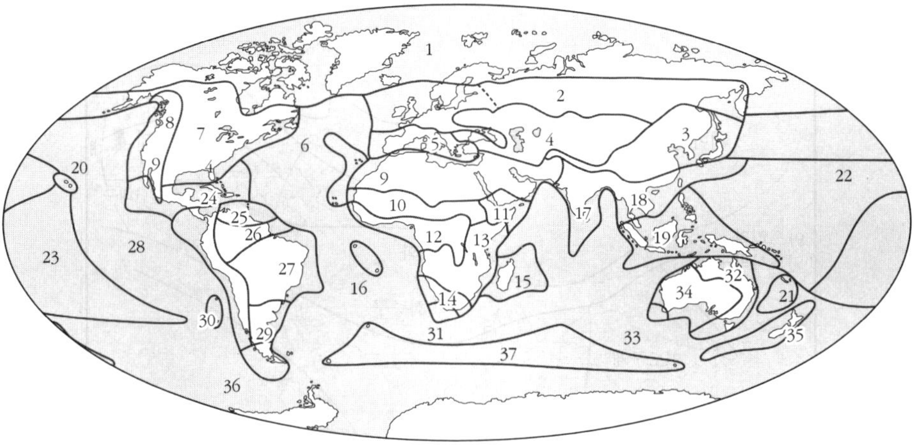

그림 2 | **로널드 굿Ronald Good(1947)에 의한 구분**
세계의 식물분포를 37개의 구계로 구분한다.

며(그림 2), 그중 한국은 일화식물구계日華植物區系에 속한다. 일반적으로 로널드 굿Ronald Good의 구분방식을 많은 학자들이 받아들이는 경향이 있으므로 이를 좀 더 소상히 소개하기로 한다.

일화식물구계Sino-japonica Region는 그림에서 보는 바와 같이 한국, 일본, 중국(남부제외), 만주의 동부와 히말라야 산계山系가 이에 속하며, 이는 다시 난대아구계와 온대아구계로 나뉜다. 전자는 한일난대구와 화중구로 구분되며, 후자는 화북구, 만주구, 한국구, 일본온대남부구, 남화태남천도북해도구, 중국서남부구 및 히말라야온대구로 세분된다. 이 중 우리나라는 남부다도해를 포함한 해안 일대와 제주도, 울릉도가 난대아구계의 한일난대구韓日暖帶區에 들어가며, 나머지는 모두 온대아구계의 한국구와 만주구에 속한다(그림 3). 일화구계가 다른 구계에 비해 식물의 종수가 많은 이유는 이 지역이 비교적 다우기후多雨氣候여서 식생이 잘 발달할 수 있고, 서부를 제외한 동서에 높은 산맥이 횡으로 없어 남북으로 식

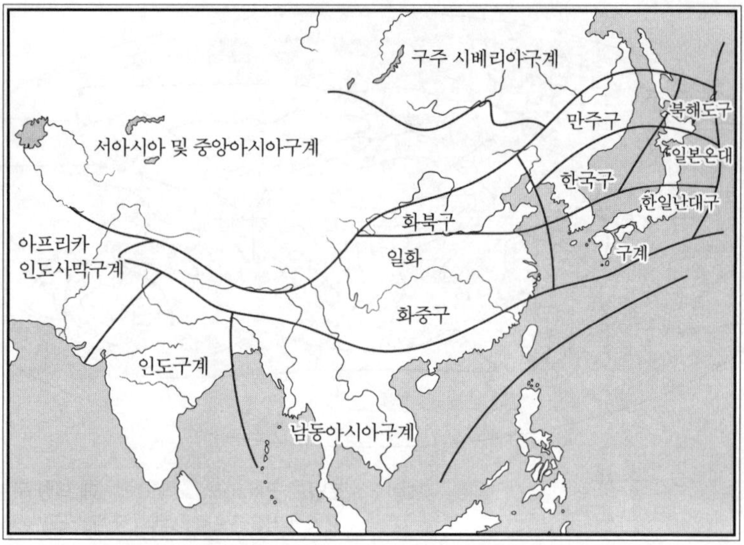

그림 3 | 일화식물구계
일화식물구계를 2개의 아구계로 나누고 다시 세분한 지도이다(S. Kitamura ect., 1984).

물의 이동이 가능했으며 과거의 유럽주와 같은 심한 한랭이 없었다는 점을 들 수 있다(S. Kitamura ect., 1984).

제3기 말부터 한랭한 시대와 온난한 시대가 있었으며 이때 식물의 이동이 생겼던 결과 오늘의 고산식물이 형성되었다. 우리나라 한라산에 한대성 식물이 있는 것도 그 예의 하나이며, 우리나라 북부 고산에 나는 시로미나 암매 같은 식물이 이곳 1,800m 이상에 나는 것도 좋은 증거라 할 수 있다. 이러한 까닭에 식생과 식물상은 일치하지 않는다. 다시 말하면 식생은 생태적으로 본 것으로 종속과는 관계없이 식물의 생육상태만 가지고 구분하는 것이어서 주로 기후의 지배를 받는다. 그러므로 일화식물구계에서는 우량에 현저한 차이가 없고 온도의 차이가 있어 난대, 온대, 한대(고산)의 구분이 된다. 한편 식물상은 야생하고 있는 종속種屬을 대상으로 하기 때문에 식생과 과거의 지구 역사가 조합된 것이므로 복잡하다. 이것은 식생과 그곳의 지구 역사가 조합되어 있기 때문이다. 그러나 많은 현화식물은 백악기白堊期로부터 오늘에 이르기까지 지사적인 변동을 많이 가지고 있으므로 식생과 식물상의 불일치점이 생기는 것이다.

일화식물구계 중 난대아구계는 일본의 북위 38도선 이남과 한국의 남부 다도해를 포함한 해안 일대와 제주도, 울릉도 및 중국의 준하淮河와 진령秦嶺을 연결하는 선의 이남이 이에 속한다. 제주도, 대마해협, 일본 난대를 포함한 지역이 한일난대구이다. 이 지역의 공통종은 동백나무이며 송악, 후박나무, 참식나무, 북가시나무, 참가시나무, 메밀잣밤나무, 구실잣밤나무, 개산초나무 같은 상록수가 주림목을 이룬다. 그리고 온대아구계는 난대에 격리분포 되어 있는 지역, 즉 난대에 싸여 있는 온대가 있는 까닭에 복잡하다. 남쪽의 산지식물은 난대 속에 격리되어 있으나, 그 일부가 연해져 있는 경우가 있다. 이것은 온대식물의 통로가 되며 히말라야 산계가 바로 그것이다. 우리나라 제주도 한라산의 500m에서 1500m 사이에 분포하고 있는 온대식물도 격리분포의 예이다. 한국과 만주의 온대식물은 한반도와 제주도를 거쳐 일본의 온대로 건너갔다. 이 같은 예로는 뻉쑥, 넓은외잎쑥, 개미취, 삽주, 금불초, 산비장이, 모시대, 소경불알, 참꽃마리, 노랑제비꽃, 앵초, 퉁둥굴레 등등 많은 식물이 있다(S. Kitamura ect., 1984). 이는 과거 한반도와 일본이 연결되어 있던, 보다 한랭했던 시대에 들어간 것으로 보여진다. 이 같은 온대의 식생은 너도밤나무속(*Fagus*) 식물이 표식종이며 낙엽활엽수림을 형성한다.

온대의 표식종標式種인 너도밤나무가 우리나라 반도에서는 멸망하고 울릉도에만 남아 있다. 물론 반도에도 과거에 있었던 것은 경상북도 영일만과 황해도 재령에서 너도밤나무 잎의 화석이 출토됨으로 증명이 되었다. 그렇다면 언제 무슨 이유로 반도에서 멸망했는가 하는 점은 아직 정확히는 알려져 있지 않으나, 반도의 1만 년 전 지층까지에서는 너도밤나무속 식물의 화분화석花粉化石이 발견되지 않으며, 울릉도가 우리나라에서 눈비가 가장 많이 오는 지역이라는 점에서 약 1만 년 전에 적설량의 감소로 멸망한 것이 아닌가 추측할 뿐이다(제4장 참조).

일화식물구계의 온대와 난대 속에 격리분포되어 있는 한대는 제3기의 한랭했던 시대의 잔재라고 할 수 있다. 우리나라에서 한대라 함은 평지대에서는 볼 수 없으며, 온대북부의 고산지대에서 볼 수 있다. 즉 남부 한라산의 표고 1,500m 이상, 중부 금강산의 약 1,200m 이상, 북부의 약 900m 이상의 지역이 이에 속하며 평북 낭림산의 표고 1,200m 이상, 함경북도 백두산의 2,000m 이상의 지대는 준초본대準草本帶라고 볼 수 있다. 이 지역에는 가문비나무, 분비나무, 눈잣나무와 같은 상록침엽수들이 침엽교목대針葉喬木帶를 형성하고 있다. 우리나라에는 진정한 초본대草本帶는 없다.

2. 한국의 구계구분

우리나라 식물분포의 구계구분은 나카이T. Nakai(1919, 1935)에서 비롯되었다고 볼 수 있다. 그러나 그의 구분은 오늘의 견지에서 본다면 수긍할 수 없는 면이 많다. 그래서 오수영(1977)은 이런 점을 고려하여 자신의 구계구분을 제안했다. 그 뒤 이우철 · 임양재(1978) 또한 새로운 구계구분을 제안했는데 그들의 논문에서 주목되는 것은 최초로 과科, 속屬, 종種 수준의 분류군의 분포역分布域을 취급했다는 점이다.

우리나라에서는 전통적으로 엥글러Engler의 분류체계를 사용해왔다.

그러나 같은 분류체계를 따르더라도 연구자에 따라 다소의 견해차가 있다. 이를테면 종 또는 종 이하의 수준인 아종亞種, 변종變種 또는 품종品種의 동정이나 생태학적 해석에서 상당한 견해차이가 있는 경우가 있다. 이 때문에 최근의 분류 경향에 따라 여기에서는 종의 세분화를 지양하고, 필자의 『한국식물명고韓國植物名考』(1996)에 준하여 분포와 분포역을 다루었다.

1) 나카이Nakai에 의한 구분

나카이T. Nakai(1919)의 구분에 따르면, 한반도는 남북으로 놓여 있는 반도이고, 난류와 한류의 관계가 동서에서 같기 때문에 해안 지방 식물분포상황은 반도의 동서가 거의 같다. 그러면서 척량산맥脊梁山脈인 태백산맥이 동쪽으로 치우쳐 있어 내륙의 식물분포는 한대성인 분자가 동으로 치우쳐 있다는 생각에서 평양과 원산만을 잇는 선과 인천과 영일만을 잇는 선과의 두 선으로 한반도를 북부, 중부, 남부의 3부로 나누고, 제주도와 울릉도를 더하여 한국에는 5개의 다른 식물구가 있음을 지적했다. 그 후(1935) 한반도는 한난류의 영향이 동해와 황해 양쪽이 거의 같기 때문에 동안東岸과 서안의 식물분포는 거의 평행한 상태를 보이며, 식물대에 있어 동서의 구별이 없다는 생각에서, 평양-원산선은 원산-장산곶선으로, 인천-영일만선은 태안반도-영일만선으로 수정, 제안했다(그림 4).

나카이T. Nakai는 오랫동안 그가 한반도 식물의 분류학적 조사를 한 경험을 통하여 식물상의 분포구분을 한반도의 지형과 특산식물분류군 또는 종의 공통성 여부를 보아 위와 같은 선을 그을 수 있음을 지적하고, 각 구별區別로 식물의 분포를 논하고는 있으나, 그 구획선이 어느 특정의 분류군에 의한 것인지 또는 그러한 분류군들의 조합에 의한 것인지를 명확히 하고 있지를 않았고, 구획선이 지도상에 명시되어 있지도 않아 구획선 자체가 분명하지 않다. 다시 말하면 이들 경계선에 대한 구획 근거가 명확히 제시되어 있지 않아, 이에 대한 심도 있는 논의를 할 수가 없다.

2) 오수영에 의한 구분

오수영吳修榮(1977)은 나카이T. Nakai 이후의 국내 조사 자료를 보완하여 종의 분포를 근거로 나카이T. Nakai에 의한 구분을 검토하여 자신의 구계구분을 제시하고 있다. 즉 전국분포형, 제주분포형, 울릉도분포형, 백두산분포형, 북부분포형(강화도와 금강산을 잇는 선 이북), 중남부분포형, 남해안도서분포형(부산과 목포를 잇는 선이남)의 7개 분포형이 있음을 인정하고 구계로서는 북부, 중남부, 남해안도서, 제주, 울릉구로 구분하였다(그림 4). 다시 말하면 오수영은 나카이T. Nakai의 중부와 남부의 경계선(태안반도-영일만선)을 인정하지 않고, 부산-목포선을 새로 설정하는 동시에, 인천과 금강산(장전)을 잇는 선을 설정하여 한반도를 북부, 중남부, 남해안도서지역의 셋으로 구분했다. 전자는 난온대성식물의 분포 북한선에 근거했고, 후자는 많은 조엽수림대照葉樹林帶 식물의 분포 북한선에 근거한 듯하다. 그러나 그는 식물군의 분포역을 명확히 제시하지 않았다. 인천-장전선은 남북 간 조사 자료의 불균형이 있는 점과 남방계식물의 분포 북한선이 평양과 함흥까지인 경우가 많고, 중부 내륙지방에서는 이들 두 곳보다 훨씬 남쪽으로 처져 있으므로 이 선에 대해서는 논의의 여지가 남아 있다. 또 오수영은 백두산 일대에 북방계식물이 많음을 지적하고 이를 독립적인 분포형으로 상정하고 있으나, 백두산 북측에 대한 고찰이 전혀 없다.

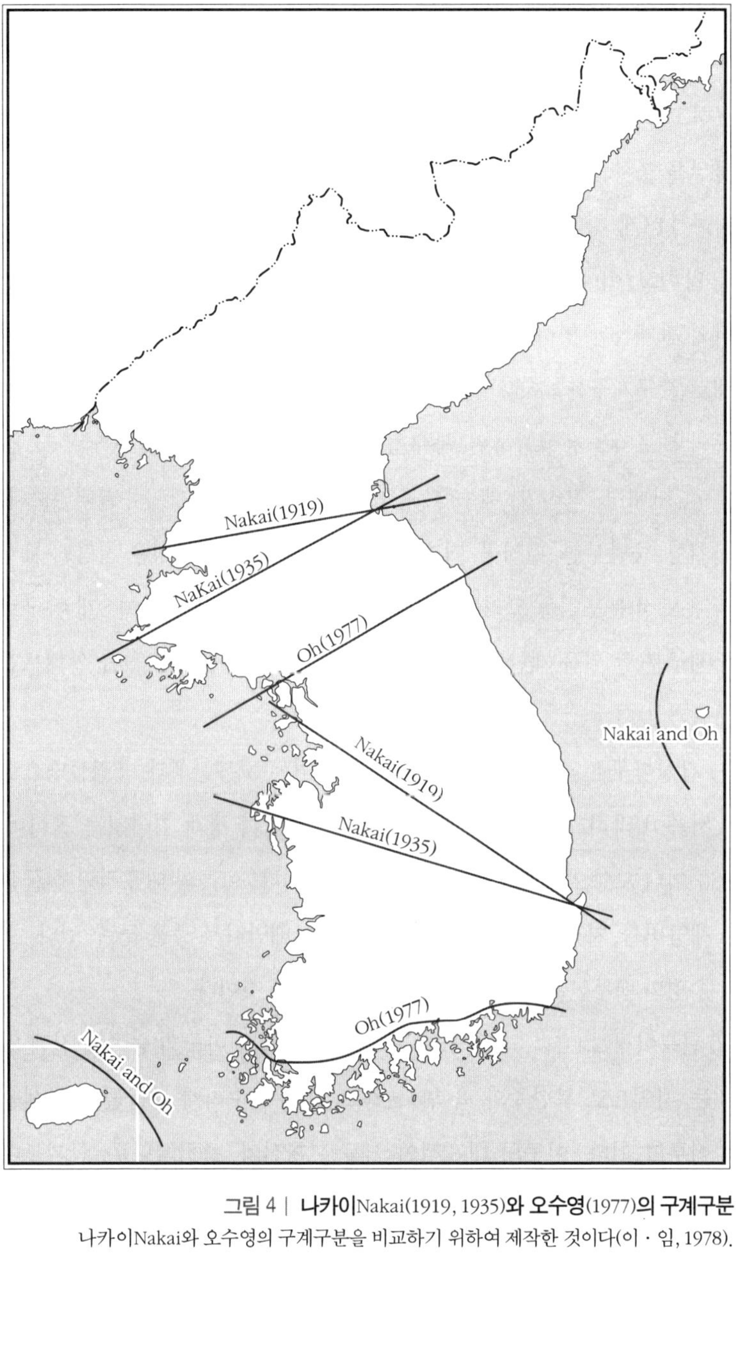

그림 4 | **나카이**Nakai(1919, 1935)**와 오수영**(1977)**의 구계구분**

나카이Nakai와 오수영의 구계구분을 비교하기 위하여 제작한 것이다(이 · 임, 1978).

3) 이우철 · 임양재에 의한 구분

이우철 · 임양재(1978)는 남한 전 지역을 북위와 동경의 각 1도를 2등분하고, 그 각 구에서 하나 또는 둘 이상의 지점을 선정한, 105개소의 식물상을 조사 기록하여 얻은 자료와 북한에서 이미 조사된 8개 지역을 포함한 113개 지역의 관속식물 분포자료를 바탕으로 각 분류군의 분포역을 밝히고, 이에 입각하여 종래의 구계구분의 검토, 구계구분과 생태분포와의 관계를 규명하고 세계각지의 각 분류군의 분포역을 비교 검토하여 새로운 구계구분區系區分을 시도했다. 이들이 조사한 관속식물의 과, 속, 종의 분포역을 유형화하면, 북부형, 산지형, 평지형, 중부형, 중남부형, 남부형, 난대형, 격리형, 제주형, 울릉형 등 10개의 형으로 유별되었으나, 산지형, 중남부형, 평지형, 격리형을 제외한 6형 중 북부형은 지형적 사실과 온도적 분포역을 고려해서 관서, 갑산, 관북으로 구분하여 8개 아구로 구계구분 할 것을 제안했다(이 · 임, 1978)(그림 5). 이들 아구들을 살펴보면 다음과 같다.

① 갑산아구甲山亞區 : 신설구이다. 이 지역은 노봉산맥과 낭림산맥으로 서쪽이 막히고, 청산령두로봉산맥으로 동쪽이 경계 지어지는 곳이며, 주머니 모양으로 함입陷入한 만주식물대이다. 이곳의 대표적인 식물은 새양버들, 자작나무, 잎갈나무, 종비나무, 배암나무 등을 들 수 있다. 오수영의 백두산분포형은 이에 포함되어야 할 것이다.

② 관북아구關北亞區 : 신설구이다. 이 지역은 갑산아구의 동쪽에 접해 있는 지역으로 북만주와 육속陸續하고 있어 우수리계 식물들이 특색을 이루고 있다. 이곳의 대표적인 식물은 황산차, 좀참꽃나무, 암괴불나무, 매자잎버들 같은 것이 있다.

③ 관서아구關西亞區 : 신설구이다. 이 지역은 갑산아구의 서편인 평안북

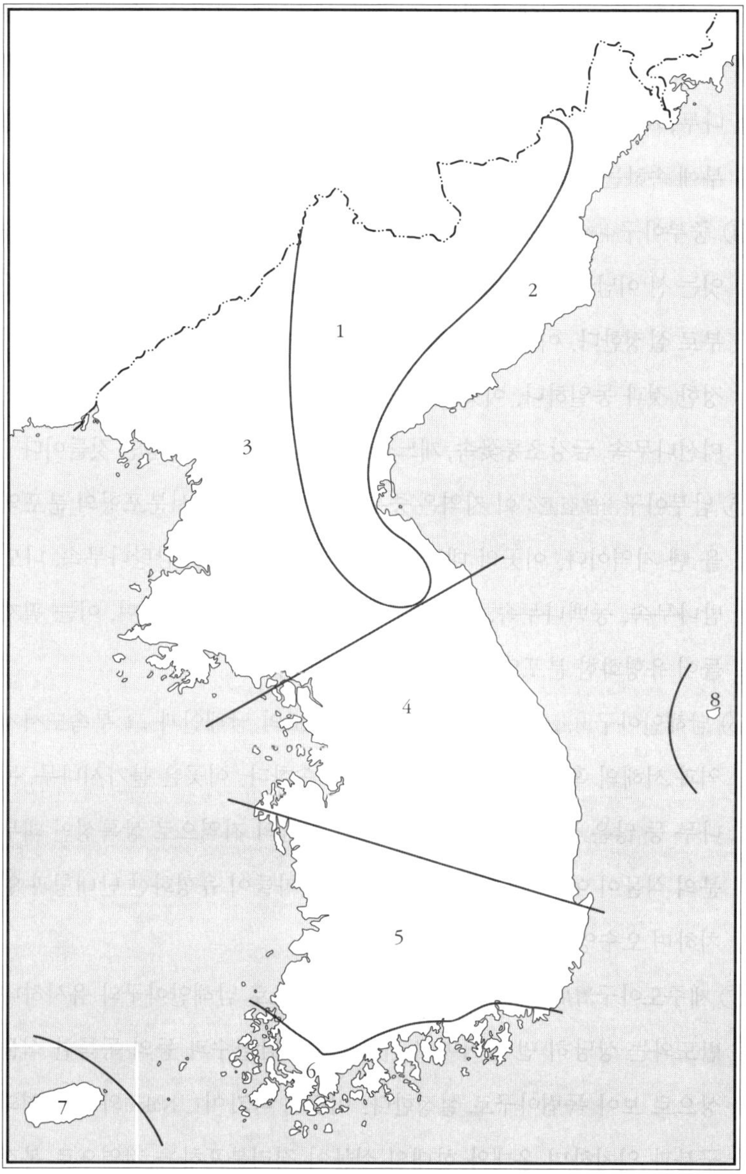

그림 5 | **이우철 · 임양재**(1978)**의 구계구분**

1 : 갑산아구, 2 : 관북아구, 3 : 관서아구, 4 : 중부아구, 5 : 남부아구, 6 : 남해안아구, 7 : 제주도아구, 8 : 울릉도아구(이 · 임, 1978)

도와 황해도가 이에 속하며, 이곳의 식물상은 남만주, 즉 요동반도와 불가분의 관계가 있다. 대표적인 식물은 만주흑송, 수수꽃다리, 몽고뽕나무, 지모 등을 들 수 있다. 이상의 3개 아구들은 나카이T. Nakai의 북부에 속하는 지역이다.

④ 중부아구中部亞區 : 이 지역은 인천-춘천-거진(탱자나무속 생육북한)을 잇는 선 이남과 태안반도-영일만(감탕나무속의 북한)을 잇는 선까지를 중부로 설정한다. 이 지역은 경계선의 변화는 있으나 나카이T. Nakai가 인정한 것과 동일하다. 이곳의 대표적인 것은 모데미풀속, 금강인가목속, 미선나무속, 금강초롱꽃속, 개느삼속 같은 한반도 고유형인 것들이다.

⑤ 남부아구南部亞區 : 이 지역은 중부아구와 남해안도서분포형의 분포역을 뺀 지역이다. 이곳의 대표적인 것은 비자나무속, 감탕나무속, 나도밤나무속, 동백나무속, 노각나무속, 마삭줄속 같은 것이며, 이는 필자들이 유형화한 분포역인 남부형과 일치한다.

⑥ 남해안아구南海岸亞區 : 이 지역은 한반도의 남해안과 그 부속도서지역과 서해의 흑산도 등 여러 섬이 이에 속한다. 이곳은 불가시나무, 돈나무 등 많은 식물들의 분포북한인 선 이남의 지역으로 상록성인 대부분의 식물이 여기에 속한다. 이 아구는 필자들이 유형화한 난대형과 일치하며 오수영과도 거의 일치한다.

⑦ 제주도아구濟州道亞區 : 이 지역은 본질적으로 남해안아구와 유사하나 반도와는 상당히 먼 섬이며 소귀나무과나 담팔수과 등의 독특한 식물상으로 보아 독립아구로 설정한다. 이것은 나카이T. Nakai와 오수영의 구분과 일치하며 온대와 한대의 식물이 격리분포하는 지역으로 복잡하다.

⑧ 울릉도아구鬱陵島亞區 : 이 지역은 비록 작은 섬이나 많은 연구자가 지

적했듯이 특산식물과 독특한 식물상 때문에 독립아구로 인정한다. 필자들의 조사로는 과의 단위로는 남해안아구와 구별이 안 되나 속이나 종의 분포유형으로는 분명히 구별이 된다. 이 또한 나카이T. Nakai와 오수영의 구분과 일치한다.

위의 고찰에서 우리나라에는 특산속식물特産屬植物이 모데미풀속, 금강인가목속, 미선나무속, 금강초롱꽃속, 개느삼속, 매미꽃속, 제주고사리삼속 등 7속이 있는데, 이 중 매미꽃속과 제주고사리삼속을 제외한 5속이 우리나라 중부아구에 집중 분포하는 까닭은 무엇 때문인가 하는 의문이 생긴다. 이 해답은 특산식물의 지사학적地史學的 연구가 완벽하게 되어 있어야 하나, 현재 우리나라에서는 이 방면의 연구가 거의 되어 있지 못하므로 정확한 답을 구할 수는 없다. 그러므로 필자는 잠정적으로, 아무르, 우수리, 소비에트, 만주의 북방계식물요소들이 고지대를 타고 남하해 와서, 저지대를 따라 북상한 남방계식물요소들과 마주치는 곳이 한반도의 중부지방이기 때문이라고 생각하는 것이다. 다시 말하면 북방계와 남방계의 이질적인 식물들이 한반도 중부에서 만나 오랫동안 상호교잡相互交雜에 의해 많은 특산요소들이 형성된 곳이 바로 중부아구가 아닌가 생각하는 것이다.

4) 새로운 구계구분

이우철 · 임양재(2002)는 주요식물군의 분포역을 보다 명확히 밝히고, 구계의 경계선을 좀 더 분명히 함으로써 필자의 1978년 구계구분의 객관성을 높이고자 다음과 같은 새로운 시도를 기획하였다. 이때 구계구분에 사용된 자료는, 필자가 그간 직접 조사한 자료를 포함하여 2000년까지 조사된 모든 논문자료들을 종합하여 377개소의 식물상을 정리한 것이다(그림 6). 이 중 북한의 45개 지역 중 37개소는 1984~1985년에 필자가 작성한 일본 도쿄대학東京大學, 교토대학京都大學 및 일본국립과학박물관日本國立科學博物館에 소장되어 있는 한국산식물표본의 대장을 근거로 만든 것이다. 위의 분포자료를 근간으로 주요 식물종의 분포유형으로 보아 특히 의미가 있다고 생각되는 경계선을 검토해보면 다음과 같다.

담팔수는 서귀포 이남에 분포하며, 쓰시마對馬島에 분포하고, 온량지수 WI = 115°C month 이상에 분포한다. 이 선은 제주도 남부(서귀포)를 연결하는 선으로서 의미가 있다. 남해안의 좁은 대帶와 제주도 및 울릉도는 난대상록활엽수림을 이루며, 그 북한계선은 분명히 뚜렷한 구계구분의 경계가 된다. 제주도와 울릉도는 고유종의 차이가 있으므로 세분하게 되면, 상관相觀은 유사하지만 구분할 수 있다. 원산元山 또는 함흥지역과 장산곶을 잇는 선은 분류군에 따라 N39°의 직선을 경계로 남북으로 갈라지기도 하고, 동서해안이 북상하여 凹형을 나타내기도 하고, 오히려 중앙부가 북상하여 凸형을 나타내는 것 등 변이가 있으나 이 부근은 많은 분류군의 북한계선北限界線 또는 남한계선南限界線을 나타내므로, 이 경계선은 뚜렷하고 중요하다고 볼 수 있다. 이 선 이북을 하나의 분포구로 보기에는 서북西北과 동북이 많이 다르고 이우철 · 임양재(1978)가 설정한 갑산아구에는 관북과 관서에서는 나지 않는 금강초롱꽃, 개느삼이 분포하며 관서와 관북의 중간적 특성을 나타내고 있는 점 등을 고려할 때 하나의 구로 설정하는 것은 지극히 타당한 것으로 보인다. 이런 점을 고려하여 A-A, B-B, C-C, D-D, E-E, F-F선을 경계로 제주도, 울릉도, 남해안, 남부, 중부, 관서, 갑산 관북의 8개의 분포구의 경계선을 수정, 제안하였다(그림 7).

여기에서 설정한 8개 아구에 분포하는 식물 중에서 선정된 60종의 분포를 정리하여, 이들을 지구별로 표징標徵이 되는 종을 정리하면 다음과

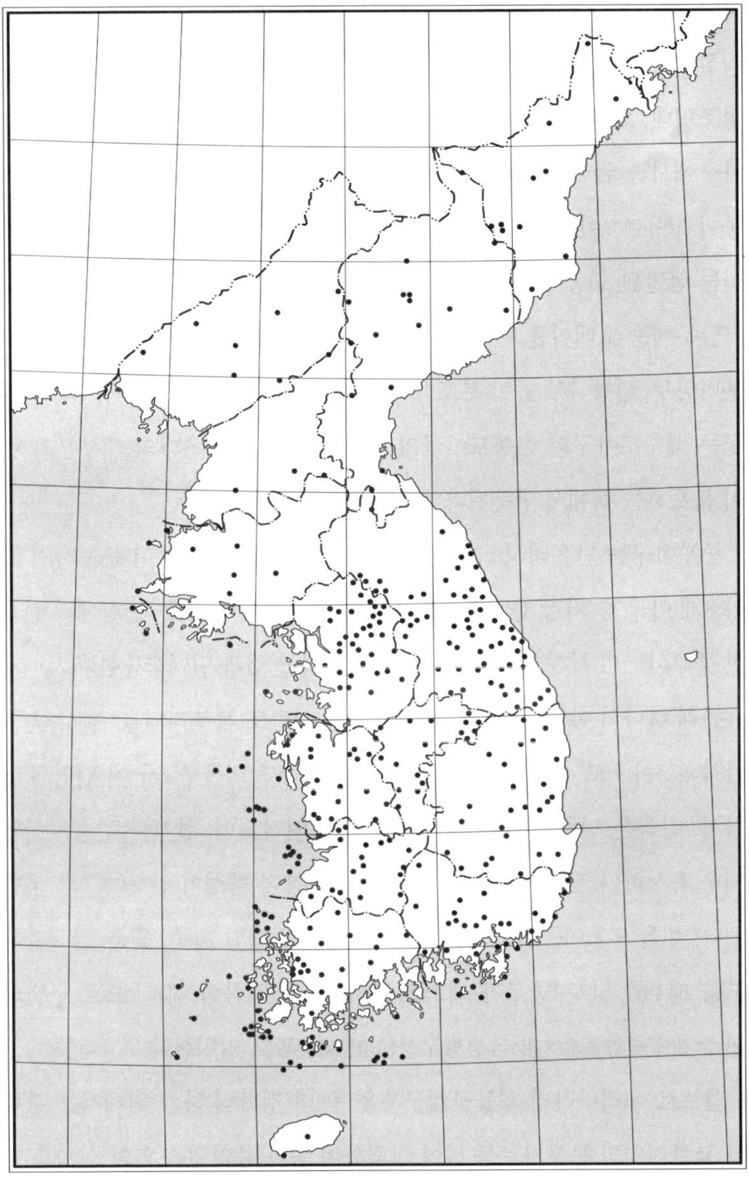

그림 6 | 2000년까지 식물상이 조사된 지역 377개소(이 · 임, 2002)

같다. 한반도만을 문제로 보면, 제주도아구에는 두잎감자난초, 제주고사리삼, 문주란, 제주조릿대, 파초일엽, 담팔수나무 등 6종, 울릉도아구에는 섬조릿대, 오동나무, 너도밤나무 등 3종, 남부아구에는 매미꽃 1종, 중부아구에서는 금강인가목 1종, 관서아구에서는 시베리아쑥과 산석송의 2종이 고유固有이다. 남해안과 관서, 갑산아구에서는 고유종은 없다. 물론 이는 선별된 60종에 한한 것이다.

남부에는 모데미풀, 단풍나무, 개서어나무, 동백나무 등이 분포하고 가문비나무, 찝빵나무 등이 분포하지 않는 점이 중부와 구별되며, 남해안아구는 제주도아구와 울릉도아구의 고유종이 없고 난온대의 대부분의 종이 분포하는 점에서 구분된다.

중부아구는 난온대성暖溫帶性 종과 아한대성亞寒帶性 종이 분포하지 않아 8개 아구 중 가장 한반도적이라는 점이 특징이다. 이는 전항에서 언급한 중부아구의 특색으로 특산속식물이 많다는 점과 일맥상통한다.

종래 하나의 아구, 즉 북부로 묶여 있던 한반도 북부지역을 관서, 갑산, 관북의 3아구로 세분했다. 관서는 화북계華北系 식물분포구에 연접되고, 갑산, 관북은 만주계滿洲系 식물분포구에 연접되며, 갑산과 관북아구는 매우 유사하나 갑산아구는 지형적 또는 토양적 특성이 관북아구와 구별된다. 이들 8개 아구를 그 유사도에 따라 대별하면 제주, 울릉, 남해안아구를 제1군, 남부, 중부가 제2군, 관서, 갑산, 관북이 제3군으로 구별되어 군계수준群系水準의 식생형구분植生型區分과도 일치한다.

앞으로 우리나라의 식물구계구분을 좀 더 정확히 하기 위해서는 부족한 북한지역의 분포자료를 많이 입력하여 속과 종의 분포역의 실체를 밝히는 것이 급선무이다. 그리고 8개 아구의 경계지역의 분포조사를 보강함으로써 그 경계선을 바로잡는 일이 수반되어야 할 것이다.

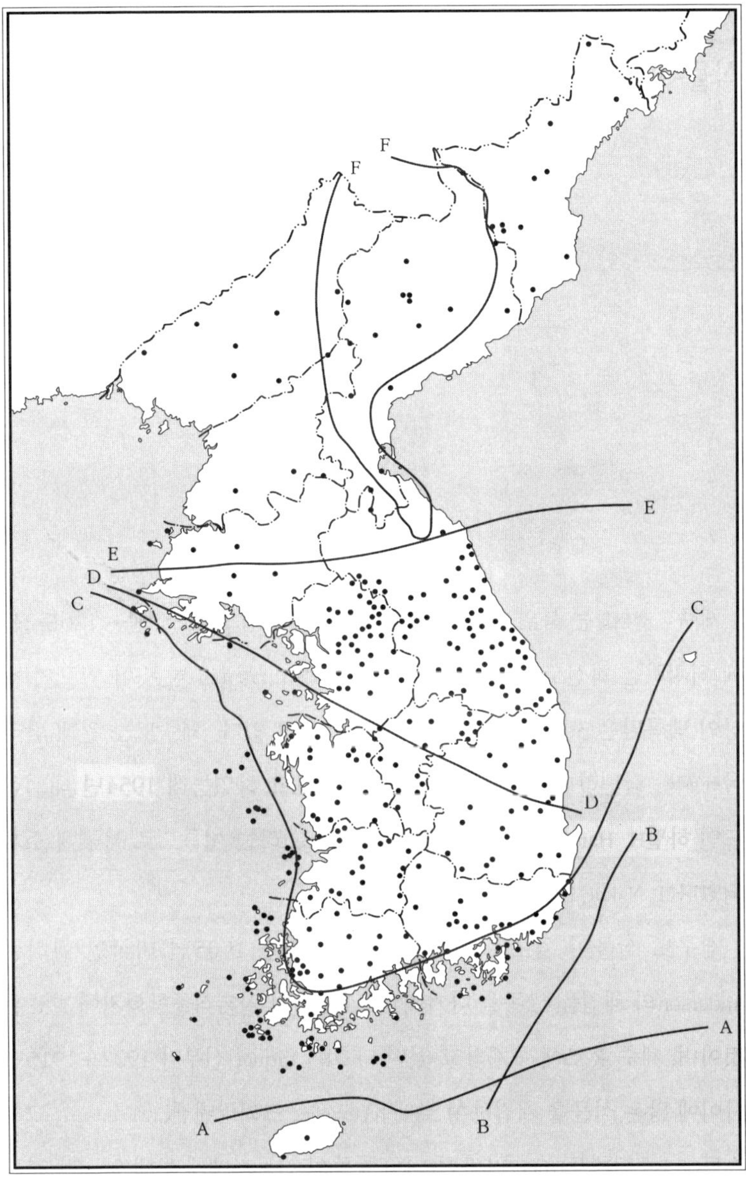

그림 7 | **새로운 분포구계**

필자가 1978년에 분류한 구계구분의 객관성을 높이기 위해 재차 시도하여 새로운 구계구분을 만들었다(이 · 임, 2002).

3

식물의 고향 제주도

제주도濟州島는 북위 33도8분~32도50분, 동경 126도58분~126도2분에 위치하는 화산도로 그 중앙에 한라산漢拏山(1950m)이 솟아 있으며 정상인 백록담은 360개의 기생화산을 거느리고 있다. 제주도는 원래 탐라국耽羅國, 탐년라耽年羅 또는 동영주東瀛州라고 하였는데 1653년 네덜란드인 하멜H. Hamel에 의해 켈페르트Quelpaert라는 이름으로 서구에 소개되었다(T. Nakai, 1914).

제주도 식물이 최초로 학계에 소개된 것은 1905년 미국인 앤더슨Anderson의 채집품 62종을 나카이T. Nakai 등이 일본식물학회지에 발표한 것이며, 제주 홍로에 주재하고 있던 타크E.J.Taquet 신부가 1902~1915년 사이에 많은 식물을 채집하여 르베유Leveille, 크리스텐센Christensen, 크리스트Christ, 피네트Finet, 나카이Nakai 등등의 전문가에게 보내 연구가 진행되었고, 특히 1906~1907년에 일본 아오모리青森에 주재하고 있던 포리U.J.Faurie신부가 타크Taquet신부의 협조를 받아 많은 표본을 채집하여 구미 각국의 주요 박물관에 매각함으로써 영국의 후커Hooker, 베네트Bennett, 독일의 쿠켄탈Kukenthal, 슐레히터Schlechter, 슈나이더Schneider, 빈클러Winkler, 프랑스의 르베유Leveille, 바니오트Vaniot, 아메트Hamet, 피네트Finet, 스웨덴의 크리스트Christ, 드 뷰시외De Boissieu, 오스트레일리아의 하켈Hackel 등에게 보내져 연구됨으로써 수백의 신종이 발표되었다. 일본 도쿄대학의 나카이T. Nakai는 1912년의 모리T. Mori의 채집품, 1913년의 이시도야T. Ishidoya의 채집품 및 타크Taquet신부가 가지고 있던 표본들을 감별하는 동시에 1913년 여름에 30일 동안 제주도 식물을 정밀히 실사하고 그간에 발표된 문헌자료를 종합하여, 조선총독부 야생식물조사 촉탁으로써의 첫 작품으로 『제주도 및 완도식물조사보고서』(1914)를 발표함으로써 제주도 식물의 실체가 밝혀졌다.

일반적으로 식물이 새로 발견되었을 때는 학명이나 국명에 그 지명이나 채집한 산의 이름을 붙이는 경우가 종종 있다. 그런 관계로 제주도에 나는 식물 중 제주도의 특산이나 한국특산인 것의 국명 중에 제주, 한라, 탐라, 홍노 등의 접두사가 붙은 식물들이 많다. 물론 처음 발표 시에는 그 곳의 특산이었으나 그 뒤 다른 지역에도 분포한다는 것이 알려져 특산의 옥좌를 잃어버린 식물들도 있다.

식물명에 제주라는 접두사가 붙은 식물은 제주개관중, 제주검정곡정초, 제주고사리삼, 제주괭이눈, 제주국화, 제주긴잎모시풀, 제주꽃마리, 제주나래새, 제주달구지풀, 제주둥굴레, 제주모시풀, 제주무엽란, 제주물봉선, 제주산버들, 제주상사화, 제주새비나무, 제주새풀, 제주싸리냉이, 제주양지꽃, 제주엉겅퀴, 제주올챙이골, 제주장딸기, 제주조릿대, 제주지네고사리, 제주진득찰, 제주찔레나무, 제주큰물통이, 제주큰옥매듭풀, 제주하늘지기, 제주현삼, 제주황기 등 31분류군이 있다. 또 한라라는 접두

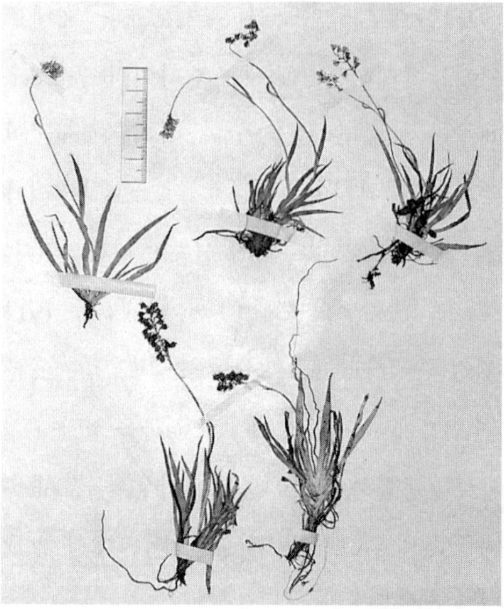

사진 2 | 한라꽃장포
식물명에 '한라'라는 접두사가 붙은 식물로 제주도가 고향임을 등판에 달고 다니는 대표적인 식물이다(도쿄대학에 소장된 표본 사진).

사가 붙은 것으로는 한라개승마, 한라고사리, 한라골풀아재비, 한라꽃장포(사진 2), 한라노루오줌, 한라바꽃, 한라바늘꽃, 한라벚나무, 한라부추, 한라비비추, 한라사초, 한라산비장이, 한라참꽃나무, 한라새둥지란, 한라세모부추, 한라솜다리, 한라잠자리난, 한라장구채, 한라참나물, 한라참취, 한라천마, 한라투구꽃 등 22분류군이 있다. 탐나 또는 탐라라는 접두사가 붙은 것은 탐나꼬리풀, 탐라란, 탐라반쪽고사리, 탐라벚나무, 탐라수국, 탐라앵초 등 6분류군이 있고, 홍노라는 접두사가 붙은 홍노도라지, 홍노줄사초 등 2분류군의 61개의 식물들은 비록 일부는 특산의 옥좌를 상실했더라도 특히 제주도가 그들의 고향이라는 것을 등판에 붙이고 사는 대표적인 식물들임에는 틀림없다. 물론 위에 열거한 분류군들은 필자의 『한국 식물명의 유래』(2005)에 등재된 표준명에 한한 것이므로 학자의 견해에 따라 그 수는 달라질 수도 있다.

1. 식물의 개황

제주도에서 해발 500m(남 600m, 북 400m의 평균) 이하인 산록대는 아열대이며, 해발 500~1,500m는 온대이고, 1,500m 이상은 한대를 이루고 있다. 또한 온대와 한대의 식물이 난대(아열대)에 둘러 싸여 있는 곳으로 그 식물상이 복잡하고 다양하다. 이러한 특성 때문에 제주도 관음사 입구에서 오르기 시작하여 백록담을 거쳐 서귀포로 내려가면서 식물상의 변화를 관찰하면 부산에서 백두산까지 오가며 식물을 관찰하는 것과 같다고 하여 생물학과 4학년의 수학여행 행선지로 제주도를 적극 권장하여 오고 있다. 이들의 주요 식물을 보면 다음과 같다.

산록대는 아열대의 식물대로 이곳에서는 붉가시나무, 참가시나무, 종가시나무, 붓순나무, 육박나무, 녹나무, 생달나무, 센달나무, 새덕이, 까마귀쪽나무, 참식나무, 돈나무, 조록나무, 다정큼나무, 사스레피나무, 우묵사스레피, 동백나무(사진 3), 후피향나무, 비쭈기나무, 좀굴거리, 굴거리나무, 감탕나무, 둥근잎광나무, 사철나무, 상동나무, 산유자나무, 식나무, 모새나무, 백량금, 광나무, 후박나무, 담팔수, 백서향나무, 검은재나무 등의 상록활엽수가 난다. 해송이 무성한 곳에서는 천선과나무, 황근, 이나무,

사진 3 | **동백나무**
일화식물구계-난대아구계-한일난대구의 대표적인 공통분포종이다.

머귀나무와 같은 난지성暖地性 낙엽수가 섞이며, 함박이, 남오미자, 흑오미자, 후추등, 모람, 멀꿀, 돌가시나무, 실거리나무, 보리장나무, 영주치자, 마삭줄 등의 난지성 넌출식물이 얽힌 수림 아래에는 호자나무, 수정목, 자금우 등 상록소관목이 발풀고사리, 풀고사리, 더부살이고사리, 제비꼬리고사리, 톱지네고사리, 털별고사리, 사다리고사리, 검정비늘고사리, 섬잔고사리, 지느러미고사리, 수수고사리, 꿩고사리, 손고비, 반쪽고사리, 쇠고사리 등 난지성 양치와 섞여 나고 있다. 특히 남측의 섶섬(茅島)이라는 부속도에 파초일엽(*Asplenium antiquum*)이 있는 것은 진귀한 사례이다. 계류溪流에 따라 탱자나무의 대군락이 있는 것은 남한의 군도群島나 일본의 쓰시마對馬島가 지니고 있는 섬의 한 특색이다. 본토에서 볼 수 없는 것 중 천연생의 매화나무, 중대가리나무는 현저한 것이다.

그리고 해안에서 돈나무, 우묵사스레피, 황근, 까마귀베개, 다정큼나무, 돌가시나무, 순비기나무, 아왜나무, 까마귀쪽나무, 상동나무, 좀굴거리, 해송 같은 수목류樹木類, 쇠고비, 돌토끼고사리, 새깃아재비 같은 양치류, 물억새, 가는잎모새달, 갯쇠보리, 갯강아지풀, 쇠돌피, 우산잔디, 밀사초, 보리사초, 갯하늘지기, 층층고랭이, 수선화, 갯는쟁이, 수송나물, 나문재, 번행초, 큰개미자리, 바위솔, 땅채송화, 갯완두, 잔개자리, 남가새, 흰대극, 암대극, 갯사상자, 갯방풍, 갯기름나물, 갯까치수염, 갯길경, 솜아마존, 백미꽃, 반디지치, 참골무꽃, 개질경이, 해국, 감국, 털머위, 갯금불초 등의 초본류草本類를 볼 수 있다. 그러나 이들은 최근 산록의 개발에 밀려 많은 것이 그 자취를 감추어가고 있는 점은 매우 안타깝다.

중복中腹의 온대지역에는 서어나무, 개서어나무, 졸참나무, 물참나무의 순림純林이라고 할 수 있을 정도의 낙엽수림이다. 그 사이에는 함박꽃나무, 목련, 오미자, 댕댕이덩굴, 으름나무, 산초나무, 화살나무, 회잎나무,

사진 4 | **시로미**
해발 1,800m 이상의 고지대에 나는 한대성 식물이다.

참회나무, 머루, 가마귀머루, 새머루, 담쟁이덩굴, 고로쇠나무, 좁은단풍, 단풍나무, 고추나무, 붉나무, 자귀나무, 국수나무, 팥배나무, 찔레나무, 올벚나무, 벚나무, 등수국, 바위수국, 가마귀밥여름나무, 음나무, 두릅나무, 박쥐나무, 곰의말채, 산딸나무, 딱총나무, 가막살나무, 분단나무, 덜꿩나무, 인동덩굴, 산철쭉, 쪽동백, 때죽나무, 물푸레나무, 쥐똥나무, 누리장나무, 좀작살나무, 작살나무, 생강나무, 비목나무, 보리수나무, 느티나무, 뽕나무, 참개암나무, 병개암나무, 졸참나무, 상수리나무, 청미래덩굴, 팥배나무, 털야광나무, 개벚나무, 귀룽나무, 마가목, 층층나무, 참꽃나무 등이 혼생하고, 이에 노박덩굴, 개다래, 쥐다래 등이 엉켜 있다. 중복의 꽃이라고 할 수 있는 것은 산벚나무류와 참꽃나무가 있는데, 참꽃나무의 큰 것은 높이 약 5m, 줄기의 지름 0.2~0.24m에 달하는 것이 있다. 이 지역의 대표적인 수종인 서어나무류는 과거에 표고재배의 대목으로 남벌되어 많이 소실되었으나, 이 지역이 국립공원이 된 뒤 잘 보호된 덕분에 다소 회복되어지고 있다.

상부지대(한대) 즉, 해발 1,500m 주변부터의 삼림대는 고채목과 구상나무의 삼림으로 되며, 사이사이에 섬매발톱나무, 팥배나무, 마가목, 산개벚지나무, 분단나무, 산괴불나무, 산진달래, 노린재나무, 사스래나무, 좀고채목, 주목나무, 분비나무, 물참나무, 시로미(사진 4), 떡버들, 제주산버들 등이 난다. 약간 개방지開放地로 되면 철쭉이나 진달래의 대군락이 있어, 6월에는 만개하여 철쭉제가 벌어지고 또 곳에 따라서는 제주조릿대의 대군락으로도 된다. 정상인 백록담(분화구)에는 누른종덩굴, 까치고들빼기, 제비난초, 주목나무, 구상나무, 한라산버들, 떡버들, 좀고채목, 산괴불나무, 홍괴불나무, 암매, 들쭉나무, 개들죽, 시로미, 눈향나무, 좀양지꽃, 흰그늘용담 등의 고산식물이 많이 있어 고산식물의 전시장을 이루고 있다(이 · 이, 1958).

2. 소산식물의 검토

제주도의 식물(관속식물)을 나카이T. Nakai(1914)는 142과 1,317종 116변종으로 총 1,433분류군이라고 보고했으나, 그 내용을 재검토해 보면, 학명이 오용된 것이 12.7%(180분류군)이고, 다른 종에 통폐합된 학명이 21%(301분류군)이며, 식물의 정체를 알 수 없는 학명이 6.5%(93분류군)이다. 그리고 통폐합된 것 중의 51분류군은 완전히 죽은 것이며 그 밖의 학명들도 대부분이 학명이 재조합된 것들이고 학명의 변화가 없는 것은 47%(675분류군)에 불과하다.

그 뒤 제주도의 식물은 국내외의 많은 학자들에 의해 조사 연구되어 미기록종未記錄種이 추가되어져 왔고, 외래 귀화식물이 들어와서 제주도 식물상은 상당한 변화를 가져왔다. 최근 제주도에 나는 귀화식물이 199종류로 보고된 바 있다(송창길 등, 2005). 제주도의 식물의 수가 보고하는 학자에 따라 각기 다른 것은 학자의 분류군에 대한 견해차에 기인한 것이다. 그러나 최근 김찬숙 등(2006년도 학회발표 요지록)은 제주도의 식물(관속식물)을 167과 770속 1,818종 121변종 50품종으로 총 1,990분류군으로 발표한 바 있으나, 아직 그 결과가 출판되지 않아 정확한 것은 알 수 없다. 또한 과거에 발표된 것들을 정확히 재검토하지 않고 단순히 집계한 것이어서 실제보다 그 수가 많이 부풀려진 것 같아 앞으로 재검토가 필요하다.

소산식물을 정확히 집계하기 위해서는 이미 발표된 보문에 사용된 식물들을 확인하는 작업이 필요하지만, 이는 실제로 몹시 어렵다. 그 이유는 나카이T. Nakai(1914)가 보고한 1,433분류군 중 식물애호가들에 의해 수집되어 외국 학자들에게 보내져 발표된 것이 900여 종이고, 새로이 추가된 식물이 400여 종이며, 그 중 새로 발견된 식물이 34종 40변종이라고 한다. 그러므로 나카이T. Nakai가 추가한 것은 도쿄대학 식물표본관에서 조사하면 되지만, 나머지 900여 종은 세계 각지에 산재하여 있기 때문이다.

나카이T. Nakai(1914)가 제주도에 나는 식물을 재료로 신식물로 발표한 것들 중에도 많은 것이 이미 발표된 식물에 통폐합되거나 재조합되어 학명이 바뀌었다. 이들의 실태를 알아보면 다음과 같다. 화살표로 변화를 표시하지 않은 것은 현재에도 그대로 사용되고 있는 학명이다.

① *Trichomanes amabile* Nakai in B.M.T. 28:65(1914)→*Lacosteopsis orientalis* v. *abbreviata* (Christ) Nakaike, Enum. Pterid. Jap. Fil. 24(1975) 난쟁이이끼

② *Trichomanes quelpaertensis* Najau in B.M.T. 28:66(1914)→ *Lacosteopsis orientalis* (C. Chr.) Nakaike, Enum. Pterid. Jap. Fil. 24(1975) 누운괴불이끼

③ *Diplazium kodamai* Nakai in B.M.T. 28:84(1914)→*D. chinense* (Baker) C. Chr., Ind. Fil. 229(1905) 암고사리

④ *Lycopodium integrifolium* Matsuda et Nakai in B.M.T. 28:102(1914) 긴다람쥐꼬리

⑤ *Tripogon longearistata* Nakai, Veg. Quelpaert 19(1914)→*T. longearistata* (Hack.) Honda in B.M.T. 41:11 & 16(1927) 교래잠자리

⑥ *Poa acroleuca* v. *purpurascens* Nakai, Veg. Quelpaert 20(1914)→ *P. acroleuca* Steudel, Syn. Glum. 1:256(1855) 실포아풀

⑦ *Carex aphanolepis* v. *mixta* Nakai, Veg. Quelpaert 22(1914), nom. nud. 잡골사초

⑧ *Carex distantiflora* Nakai in Fedde, Rep. 13:245(1914)→*C. macrandrolepis* Leveille in Fedde, Rep. 5:241(1908) 청피사초

⑨ *Carex laevissima* Nakai in Fedde, Rep. 13:245(1914) 애괭이사초

⑩ *Asparagus rigidulus* Nakai in B.M.T. 27:213(1913)→ *A. schoberioides* Kunth, Enum. Pl. 5:70(1850) 비짜루

⑪ *Calanthe coreana* Nakai in Fedde, Rep. 13:249(1914) 섬새우난초

⑫ *Betula saitoana* Nakai in Fedde, Rep. 13:249(1914)→*B. ermanii* v. *subcordata* sv. *saitoana* (Nakai) Schneid. in Rep. Exp. For.

Kyushu Imp. Univ. 5:46(1934) 좀고채목

⑬ *Ficus erecta* v. *longe-pedunculata* Nakai, Veg. Quelpaert 38(1914)→*F. erecta* Thunb., Diss. Fic. 9(1786) 천선과나무

⑭ *Humulus japonica* v. *minor* Nakai, Veg. Quelpaert 38(1914)→*H. scandens* (Lour.) Merr. in Tuans. Am. Phil. Soc. n. s. 24(2):138(1935) 한삼덩굴

⑮ *Morus alba* v. *stylosa* f. *dissecta* Nakai, Veg. Quelpaert 39(1914)→ *Morus bombycis* f. *dissecta* (Nakai) Nakai, Sylv. Kor. 19:101(1932) 가새뽕나무

⑯ *Boehmeria sieboldiana* v. *scabra* Nakai, Veg. Quelpaert 39(1914) →*B. hirtella* Satake in J. Fac. Imp. Tokyo, sect. 3, Bot. 4:493 pl. 6(1936) 털긴잎모시풀

⑰ *Boehmeria taquetii* Nakai in Fedde, Rep. 13;267(1914) 섬거북꼬리

⑱ *Asarum maculatum* Nakai in Fedde, Rep. 13:267(1914) 개족도리풀

⑲ *Persicaria posumbu* v. *laxiflora* Nakai, Veg. Quelpaert 41(1914)→ *Polygonum caespitosum* v. *laxiflorum* Meisner in Ann. Mus. Bot. Lugd-Bat. 2:57(1865)→*Persicaria yokusaiana* f. *laxiflora* (Meisner) Hiyama in J. Jap. Bot. 37:29(1962) 장대여뀌

⑳ *Cerastium vulgatum* v. *hallaisanensis* Nakai in Fedde, Rep. 13:268 (1914)→*C. holosteoides* v. *hallaisanense* (Nakai) Mizushima in J. Jap. Bot. 38:149 (1963) 점나도나물

㉑ *Krascheninnikovia coreana* Nakai in Fedde, Rep. 13:268(1914)→ *Pseudostellaria coreana* (Nakai) Ohwi in J. Jap. Bot. 12:387(1936)(in adnot.) 참개별꽃

㉒ *Melandrium taquetii* v. *album* Nakai in Fedde, Rep. 13:269(1914) →*Melandryum oldhamianum* f. *album* (Nakai) T. Lee in Seoul Univ. J. (B) 20:120 (1969) 흰갯장구채

㉓ *Sedum viridescens* Nakai in Fedde, Rep. 13:273(1914) 섬꿩의비름

㉔ *Chrysosplenium hallaisanense* Nakai in Fedde, Rep. 13:273(1914) 제주괭이눈

㉕ *Potentilla stolonifera* v. *quelpaertensis* Nakai in Fedde, Rep. 13:276 (1914) 제주양지꽃

㉖ *Potentilla wallichiana* v. *minor* Nakai in Fedde, Rep. 13:276(1914) →*P. anemonefolia* Lehmann, Monogr. Potent. 80, t. 63(1820) 가락지나물

㉗ *Prunus angustissima* Nakai in B.M.T. 29:(13)(1915)→*P. densifolia* Koehne in Fedde, Rep. 13:135(1913)→*P. jamasakura* f. *densifolia* (Koehne) W. Lee, Lineam. Fl. Kor. 501(1996) 가는잎벚나무

㉘ *Prunus quelpaertensis* Nakai in Fedde, Rep. 13:276(1914)→*P. pseudo-cerasus* v. *jamasakura* subv. *pubescens* Makino in B.M.T. 22:98(1908)→*P. jamasakura* f. *pubescens* (Makino) Ohwi, Fl. Jap. 657(1953) 잔털벚나무

㉙ *Rubus hongnoensis* Nakai in Fedde, Rep. 13:277(1914) 가시딸기

㉚ *Astragalus membranaceus* v. *alpinus* Nakai, Veg. Quelpaert 55(1914)→*A. adsurgens* v. *alpinus* Nakai, l.c. 54(1914) 제주황기

㉛ *Trifolium lupinaster* v. *alpinum* Nakai, Veg. Quelpaert 56(1914)→ *T. lupinaster* f. *alpinus* (Nakai) M. Park, Herb. Pl. Kor.(Dicot.) 242(1974) 제주달구지풀

㉜ *Vicia unijuga* v. *minor* Nakai, Veg. Quelpaert 57(1914)→*V. unijuga* f. *minor* Nakai in B.M.T 37:16(1923) 애기나비나물

㉝ *Fagara fauriei* Nakai in B.M.T. 28:305(1914)→*Zanthoxylum fauriei* (Nakai) Ohwi, Fl. Jap. 709(1953) 좀머귀나무

㉞ *Grewia parvifolia* v. *angusta* Nakai in B.M.T. 35:17(1921)→*G. parvifolia* f. *angusta* (Nakai) W. Lee, Lineam. Fl. Kor. 700(1996) 좀장구밤나무

㉟ *Benthamia japonica* v. *exsucca* Nakai in B.M.T. 28:315(1914)→*Cornus kousa* Buerger ex Miquel, Ann. Mus. Lugd.-Bat. 2:159(1865) 산딸나무

㊱ *Benthamia viridis* Nakai in B.M.T. 28:314(1914)→*Cornus kousa* Buerger ex Miquel, Ann. Mus. Lugd.-Bat. 2:159(1865) 산딸나무

㊲ *Fraxinus rhynchophylla* v. *glabrescens* Nakai, Veg. Quelpaert 73(1914)→*F. rhynchophylla* Hance in J. of Bot. 7:164(1869) 물푸레나무

㊳ *Ligustrum ciliatum* v. *salicinum*, Veg. Quelpaert 73(1914)→*L. salicinum* Nakai in B.M.T. 32:122(1918) 버들쥐똥나무

㊴ *Ligusticum ibota* v. *microphyllum* Nakai, Veg. Quelpaert 73 (1914)→*L. ibota* f. *microphyllum* Nakai in B.M.T. 32:124(1918) 좀쥐똥나무

㊵ *Gentiana lactea* Nakai in B.M.T. 28:330(1914)→*G. pseudo-aquatica* Kusnezov in Act. Hort. Petr. 13:63(1893) 흰그늘용담

㊶ *Gentiana squarrosa* v. *microphylla* Nakai in B.M.T. 28:330(1914) →*G. squarrosa* f. *microphylla* (Nakai) M. Park, Herb. Pl. Kor.

(Dicot.) 344(1974) 좀구슬붕이

㊷ *Tournifortia sibirica* v. *angustissima* Nakai, Veg. Quelpaert 76(1914)→*Argusia sibirica* (L.) Dandy in Bot. J. Linn. Soc. 65:256(1972) 모래지치

㊸ *Elscholtzia minima* Nakai in B.M.T. 29:1(1914)→*E. cristata* v. *ramosa* f. *minima* Nakai in l.c. 35:172(1921)→*E. pseudo-cristata* f. *minima* (Nakai) Kitagawa in J. Jap. Bot. 34:3(1959) 각씨향유

㊹ *Physalis repens* Nakai in B.M.T. 29:3(1915)→*P. angulata* L., Sp. Pl. 183 (1753) 땅꽈리

㊺ *Veronica ovata* Nakai in B.M.T. 29:3(1915) 탐나꼬리풀

㊻ *Veronica rotunda* Nakai in B.M.T. 29:3(1915) 둥근산꼬리풀

㊼ *Veronica villosula* Nakai in B.M.T. 29:4(1915)→*V. linariaefolia* v. *villosula* (Nakai) T. Lee, Ill. Fl. Kor. 675 t. 2699(1980) 털꼬리풀

㊽ *Plantago alata* Nakai in B.M.T. 29:4(1915)→*P. yakusinensis* Masamune in B.M.T. 44:220(1930)→*P. asiatica* v. *yakusinensis* (Masam.) Ohwi, Fl. Jap. 1076(1953) 섬질경이

㊾ *Galium pusillum* Nakai in B.M.T. 29:4(1915)→*G. verum* v. *asiaticum* f. *pusillum* (Nakai) M. Park, Herb. Pl. Kor.(Dicot.) 441(1975) 애기솔나물

㊿ *Paederia tomentosa* f. *angustifolia* Nakai, Veg. Quelpaert 83(1914) →*P. scandens* v. *angustifolia* (Nakai) T. Lee, Ill. Woody Pl. Kor. 338(1966) 좁은잎계요등

51 *Lonicera hypoleuca* Nakai in B.M.T. 29:6(1914)→*L. tatarinowii* Maxim., Prim. Fl. Amur. 138(1859)(in adnota) 흰괴불나무

(52) *Scabiosa fischeri* v. *alpina* Nakai, Veg. Quelpaert 84(1914)→*S. tschiliensis* f. *alpina* (Nakai) W. Lee, Lineam. Fl. Kor. 1057(1996) 구름체꽃

(53) *Codonopsis minima* Nakai in B.M.T. 29:7(1915) 애기더덕

(54) *Artemisia hallaisanensis* Nakai in B.M.T. 29:7(1915)→*A. japonica* v. *hallaisanensis* (Nakai) Kitamura in Mem. Coll. Sci. Kyoto Univ. ser. B. 15:386(1940) 섬쑥

(55) *Aster hispidus* v. *involucratus* Nakai, Veg. Quelpaert 87(1914)→*Heteropappus arenarius* Kitamura in Acta Phytotax. Geobot. 2:43(1933)→*H. hispidus* v. *arenarius* (Kitamura) Kitamura ex Ohwi, Fl. Jap. ed. 2:1314(1965) 섬갯쑥부쟁이

(56) *Ligularia sibirica* v. *fallax* Nakai, Veg. Quelpaert 90(1914)→*L. fischeri* (Ledeb.) Turczaninow in Bull. Nat. Moscou 11:95(1838) 곰취

(57) *Serratula coronata* v. *alpina* Nakai, Veg. Quelpaert 91(1914)→*S. coronata* f. *alpina* (Nakai) W. Lee, Lineam. Fl. Kor. 1199(1996) 한라산비장이

(58) *Taraxacum hallaisanense* Nakai in B.M.T. 29:11(1915) 좀민들레

(59) *Astragalus adsurgens* v. *alpinus* Nakai, Veg. Quelpaert 54(1914) 제주황기

(60) *Chrysanthemum coreanum* Nakai, Veg. Quelpaert 88(1914)→*C. zawadskii* Herbich, Addit. Fl. Galic. 43(1831) 산구절초

(61) *Juncus effusus* v. *gracilis* Nakai, Veg. Quelpaert 29(1914)→*J. setchuensis* v. *errusoides* Buchenau in Engler, Bot. Jahrb. 36. Beibl. 82, 17(1905) 푸른갯골풀

⑥② *Persicaria sagittata* v. *sieboldii* Nakai, Veg. Quelpaert 41(1914)→ *P. sieboldii* (Meisner) Ohki in B.M.T. 40:54(1926) 미꾸리낚시

⑥③ *Persicaria sagittata* v. *americana* Nakai, Veg. Quelpaert 41(1914)→ *P. sieboldii* (Meisner) Ohki in B.M.T. 40:54(1926) 미꾸리낚시

⑥④ *Desmodium caudatum* v. *japonicum* Nakai, Veg. Quelpaert 55(1914)→*D. podocarpum* ssp. *fallax* (Schindler) Ohashi in Hara, Fl. E. Himal. 2:65(1971)(in adnota) 애기도둑놈의갈구리

⑥⑤ *Desmodium caudatum* v. *latifolium* Nakai, Veg. Quelpaert 55(1914)→*D. podocarpum* DC. in Ann. Sci. Nat. 4:102(1825) 개도둑놈의갈구리

⑥⑥ *Maackia fauriei* (Levl.) Nakai, Veg. Quelpaert 56(1914)→*M. fauriei* (Levl.) Takeda in Notes Roy. Bot. Gard. Edinb. no. 37:101(1913)→ *M. floribunda* (Miq.) Tageda in l.c.(1913) 솔비나무

⑥⑦ *Freziera ochnacea* Nakai, Veg. Quelpaert 64(1914)→*Cleyera japonica* Thunb., Nov. Gen. Pl. 3:69(1783) 빗죽이나무

⑥⑧ *Acanthopanax spinosum* (non Miq.) Nakai, Veg. Quelpaert 68(1914)→*A. koreanum* Nakai in J. Arnold Arbor. 5:3(1924) 섬오갈피나무

⑥⑨ *Aster scaber* v. *minor* Yabe ex Nakai, Veg. Quelpaert 87(1914) 한라참취

그 이외에 제주도의 식물 중 우리나라 특산인 것은 구상나무, 제주고사리삼, 병개암나무, 두잎감자난초, 떡버들, 좀찔레, 복딸나무, 가시복분자딸기, 섬쥐손이, 털초피나무, 두메대극, 둥근잎참빗살나무, 좀갈매나무,

큰고추나물, 개강활, 좀시호, 깔끔좁쌀풀, 섬송이풀, 바늘엉겅퀴, 갯취, 떡잎윤노리나무 등등이 있으며, 소산식물 가운데 대표적인 희귀식물은 솔잎난, 문주란, 나도풍란, 금새우란, 한란, 풍란, 약모밀, 삼백초, 왕벚나무, 해녀콩, 황근, 암매, 개들쭉, 들쭉, 시로미, 소귀나무, 담팔수 등등을 들 수 있다.

전항에서 언급한 것 중에서 우리나라 특산속식물은 두잎감자난초속 *Diplolabellum*(Maekawa, 1935)과 제주고사리삼속 *Mankyua*(B,-Y. Sun ect., 2001)이 있다. 이들을 소상히 살펴보면 다음과 같다.

두잎감자난초속은 난초과에 속하는 다년생 초본식물로 두잎감자난초(*D. coreanum*)(사진 5) 1종이 있다. 이는 포리Faurie(1907) 신부가 제주도에서 채집한 표본(no. 2055)이 프랑스 식물분류학자 피네트Finet에게 보내져 연구된 결과 외관은 감자난초속(*Oreorchis*)에 유사하나, 순판脣瓣에 2종벽從壁 대신 혓바닥 모양의 육질부속물肉質附屬物이 있다는 점을 들어 감자난초속의 신종으로 발표됐다(Finet, 1908). 그러나 이 기재문에는 화분괴花粉塊에 대한 기록은 없었다. 그 뒤 도쿄대학의 마에카와F. Maekawa는 도쿄대학 표본실에 소장되어있는 포리Faurie의 동일번호의 표본과 타크Taquet(1908, no. 1648) 신부가 같은 섬에서 채집한 개화에 임박한 꽃 몽우리가 있는 표본 및 나카이T. Nakai(1917, no. 4839, 4875)의 채집품을 재료로 화분을 관찰한 결과 감자난초속의 화분괴는 긴 자루가 있으며 그 끝에 작고 둥근 화분괴가 4개 있는데 반하여, 본품에서는 편평한 모양의 화분괴는 전혀 자루가 없다는 것을 알아냈다. 이는 순판의 모양과 같이 생각할 때 감자난초속과는 별속別屬으로 해야만 한다는 생각에서 두잎감자난초속을 만든 것이다. 속명은 북미의 *Aplectrum* 속에 근사하나 순판이 3종벽이 아닌 점에서 다르고, 순판이 2중이라는 의미로 *Diplolabellum*

사진 5 | **두잎감자난초**
마에카와F. Maekawa가 한국특산속식물로 발표한 이래 재채집이 되지 않아 존립 위기에 있는 식물이다(일본 도쿄대학에 보관 중인 기준표본 사진).

이라는 이름을 얻었다.

그러나 이 식물은 신속으로 고정된 뒤 50년이 넘도록 재차 채집된 기록이 없을 뿐 아니라 적은 개체를 가지고 다루어진 것이어서 재검토의 필요성이 제기되어 왔다. 그래서 최근에 감자난초의 아종(*Oreorchis patens ssp. coreana*)으로 정리한 바도 있고(이영노, 1996) 재채집되어 분류학적 재검토가 진행되고 있다고 하나, 특산속식물은 정밀히 검토하되 가능한 한 살리는 쪽으로 되기를 바란다.

제주고사리삼속은 고사리삼과에 속하는 상록성인 다년초로 제주고사리삼(*M. chejuense*) 1종이 있다. 이는 제주도 북제주군 조천읍 선흘리 동백동산에서 구좌읍 김령리에 걸쳐 울창한 상록수림(해발 70~200m) 속의 습지(소택지)에 선태류와 더불어 자란다(문명옥, 2006, 학회발표 요지록). 이 속은 전북대학교의 선병윤 등(2001)이 발표했으며, 속명은 한국양치식물의 개척자인 고 박만규朴萬奎 교수를 기념하여 명명되었다. 제주고사리삼은 높이 8~12cm로 초록색으로 육질이며 털이 없고, 근경은 짙은 갈색이며 옆으로 기고, 영양엽은 3출엽으로 각 소엽은 다시 둘로 갈라지기도 하며, 소엽은 자루가 없고 엽맥은 유리한다. 포자낭수는 선형으로 가끔 2개로 갈라지며 포자낭은 두툼한 조직에 묻혀 있고 2열로 배열되며 포자는 구형이다(한국양치식물연구회, 2005).

나카이T. Nakai(1914)의 제주도 소산식물 목록 중 정체가 불분명한 93 분류군에 대하여 필자가 조사한 원전 출처나 일부 학명의 변천을 조사한 바가 있어, 앞으로 제주도 식물을 연구하는 분들을 위해 아래와 같이 첨부한다. 이들 분류군의 정체를 파악하기 위해서는 도쿄대학 표본관에 소장되고 있는, 당시 아래와 같은 학명이 붙여진 표본들이 그 후 어떻게 재정리되었는지를 조사한다면 곧 정답이 나올 것이다.

① *Dryopteris setigera* (Bl.) O. Kuntze, Rev. Gen. Pl. 2:813; C.Christ, Ind. Filic. 292; Leveille in Bull. Acad. Int. Geogr. Bot. 7(1910); T. Nakai, Fl. Kor. 2:395(1911)

② *Dryopteris viridescens* (Baker) O. Kuntze, Rev. Gen. Pl. 2:814; C.Christ, Ind. Filic. 300; Leveille in Bull. Acad. Int. Geogr. Bot. 7(1910); H. Christ in Not. Syst. 45(1909) sub. nom. *D. virescens;* T. Nakai, Fl. Kor. 2:396(1911)

③ *Dryopteris marginata* H. Christ ex Leveille in Bull. Acad. Int. Geogr. Bot. 7(1908); T. Nakai, Fl. Kor. 2:395(1911)

④ *Polystichum lonchitoides* Diels.

⑤ *Polystichum aculeatum* v. *brauni* Milde

⑥ *Polystichum aculeatum* v. *coraiense* H. Christ in Fedde, Rep. 11(1908); T. Nakai, Fl. Kor. 2:398(1911)

⑦ *Vittaria clongata* Sw.

⑧ *Polypodium lineare* v. *ramifrons* Nakai in B.M.T. 28:96(1914)

⑨ *Polypodium lineare* v. *caudatum* Nakai in B.M.T. 28:97(1914)

⑩ *Azolla africana* Desv.

⑪ *Potamogeton malaicus* v. *latifolius* Nakai, Veg. Quelpaert 14(1914) nom. nud.; ex Mori, Enum. Pl. Cor. 32(1922) nom. nud.

⑫ *Miscanthus condensatus* (non Hackel) Nakai, Veg. Quelpaert 15(1914) et in B.M.T. 31:14(1917 pro parte→*M. coreensis* Hackel in Bull. Herg. Boiss. 531(1904)→*M. sinensis* Andersson in Oefv. Sv. Vet. Akad. Forh. 1855:166(1856) 참억새

⑬ *Arundinella anomala* v. *semihirta* Hackel ex Nakai, Veg. Quelpaert 16(1914); ex Mori, Enum. Pl. Cor. 38(1922)→*A. hirta* v. *ciliata* Koidzumi in B.M.T. 39:303(1925)→*A. hirta* (Thunb.) C. Tanaka in Bull. Sci. Fac. Terkult. Kyusu Univ. 1-4:196(1925) 새

⑭ *Arundinella anomala* v. *lasiophylla* Hackel ex Nakai, Veg. Quelpaert 16(1914); ex Mori, Enum. Pl. Cor. 38(1922)→*A. hirta* (Thunb.) C. Tanaka in Bull. Sci. Fac. Terkult. Kyusu Univ. 1-4:196(1925) 새

⑮ *Arundinella anomala* v. *stricta Hackel*

⑯ *Arundinella anomala* v. *hirtiglumis Hackel*

⑰ *Arundinella anomala* v. *mixta* Nakai, Veg. Quelpaert 16(1914), nom. nod.; ex Mori, Nenum. Pl. Cor. 38(1922), nom. nud.

⑱ *Isachne miliacea* (non Roth) Nakai Veg. Quelpaert 17(1914); ex Mori, Enum. Pl. Cor. 45(1922)→*I. myosotis* Nees in Hooker Kew Journ. 2:98(1850)

⑲ *Panicum crus-galli* v. *hispidulum* Hack. in Bull. Herb. Boiss 644(1899); T. Nakai, Fl. Kor. 2:347(1911); Veg. Quelpaert 17(1914) et Mori, Enum. Pl. Cor. 48(1922)→? *Echinochloa crus-galli* (L.) Beauvois, Ess. Arost. 53, (1812) 돌피

⑳ *Panicum crus-galli* v. *muticum* Hackel Bull. Herb. Boiss. 144(1899); ex Nakai, Veg. Quelpaert 17(1914)→? *Echinochloa crus-galli* (L.) Beauvois, Ess. Arost. 53, (1812) 돌피

㉑ *Muehlenbergia tenuis* Hackel

㉒ *Calamagrostis arimdinacea* v. *inaequata* Hackel ex Nakai, Veg. Quelpaert 18(1914)→*C. heterogluma* (Nakai) Honda in B.M.T. 40:441(1926) 들새풀

㉓ *Garnotia taquetii* Nakai, Veg. Quelpaert 19(1914)→*G. taquetii* Hackel ex Nakai in sched. Herb. Imp. Univ. Tokyo→*Arundinella hirta* var. *aristat* Koidzumi in B.M.T. 39:303(1925)→*A. hirta* (Thunb.) C. Tanaka in Bull. Sci. Fac. Terkult. Kyusu Univ. 1-4:196(1925) 새

㉔ *Agrostis flaccida* Hachel in Bull. Herb. Boiss. 649(1899); T. Nakai, Veg. Quelpaert. 19(1914)→*A. trinii* Turcz. in Bull. Soc. Nat. Mosc. 29:18(1856) 검정겨이삭

㉕ *Avena sterilis* v. *minor* Coss. et Dare.

㉖ *Poa acroleuca* f. *gracillima* Hackel ex Nakai, Veg. Quelpaert

20(1914) et in B.M.T. 30:227(1916), 실포아풀의 특산 품종(제두도)

㉗ *Poa annua* f. *macerima* Nakai, Veg. Quelpaert 21(1914) et B.M.T. 30:227(1916) 새포아풀의 특산 품종(제주도)

㉘ *Poa sphondylodes* f. *subuniflora* Hackel ex Nakai, Veg. Quelpaert 21(1914)→*P. sphondylodes* v. *strictula* f. *sub;niflora* Hackel ex Nakai ?→*P. sphondylodes* Trin. ex Bunge in Mem. Sav. etr. Petersb. 2:145(1835) 포아풀

㉙ *Poa sphondylodes* f. *macra* Hackel ex Nakai, Veg. Quelpaert 21(1914) et in B.M.T. 30:227(1916)→*P. sphondylodes* v. *koidzumii* f. *macra* Hackel ex Nakai ?→*P. sphondylodes* Trin. ex Bunge in Mem. Sav. etr. Petersb. 2:145(1835) 포아풀

㉚ *Poa sphondylodes* f. *macerrima* Hackel ex Nakai, Veg. Quelpaert 21(1914) ex in B.M.T. 30:227(1916)→*P. sphondylodes* v. *koidzumii* f. *macerrima* Hackel ex Nakai ?→*P. sphondylodes* Trin. ex Bunge in Mem. Sav. etr. Petersb. 2:145(1835) 포아풀

㉛ *Agropyrum angustifolium* (non Schultes) Hackel ex Nakai, Veg. Quelpaert 21(1914) ex Mori, Enum. Pl. Cor. 35(1922)→*Agropyron japonicum* v. *hackelianum* Honda in B.M.T. 41:385(1927)→*Agropyron ciliare* f. *hackelianum* (Ohwi) Y. Lee, Manual Kor. Grass. 100(1966) 가는개밀(특산, 제주)

㉜ *Agropyrum ciliare* v. *hispidulum* Hackel

㉝ *Agropyrum ciliare* f. *macra* Hackel ex Nakai, Veg. Quelpaert 21(1914) et in B.M.T. 30:227(1916 pro parte→*Agropyron ciliare* Franch. Pl. David. 341(1883) 속털개밀

㉞ *Agropyrum ciliare* f. *brevigluma* Hackel

㉟ *Carex breviculmis* sp. *royleana* v. *umbrosiformis* Nakai, Veg. Quelpaert 22(1914), nom. nud.

㊱ *Carex breviculmis* sp. *royleana* f. *aphanandra* Kuk., Cyper. Caric. 469(1909)→*C. leucochlora* Bunge, Enum. Pl. Chin. Bor. 68(1831)→ *C. breviculmis* R. Br., Enum. Pl. Chin. Bor. Coll. 68(1831) 청사초

㊲ *Carex breviculmis* sp. *royleana* f. *longe-aristata* Kuk., Cyper. Caric. 469(1909)→*C. leucochlora* Bunge, Enum. Pl. Chin. Bor. 68(1831)→*C. breviculmis* R. Br., Enum. Pl. Chin. Bor. Coll. 68(1831) 청사초

㊳ *Carex heterostachya* f. *minor* Boott., Cyper. Caruc. 741(1909)→*C. heterostachya* Bunge, Enum. Pl. Chin. Boreal. 69(1832) 산비늘사초

㊴ *Carex oahuensis* v. *angustior* Kuk.

㊵ *Fimbristylis coreensis* Clarke Palla in Mond. Pl. 39(1910)

㊶ *Fimbristylis diphylla* v. *tomentosa* (Vahl) Benth.→*F. dichotoma* f. *tomentosa* (Vahl) Ohwi →*F. dichotoma* (L.) Vahl, Enum. Pl. 2:287(1806) 하늘직이

㊷ *Fimbristylis ferruginea* (L) Vahl, Enum. Pl. 2:291(1836) 갯하늘지기의 모종으로 올챙이하늘지기로 불리나 한국에는 나지 않음. ? 갯하늘지기

㊸ *Pycreus globosus* v. *stricta* Clark

㊹ *Scirpus lacustris* v. *carinatus* Syme.

㊺ *Arisaema japonicum* v, *caespitosum* Nakai, Veg. Quelpaert 28(1914)→*A. peninsulae* Nakai in B.M.T. 43:537(1929) 점백이천남성

㊻ *Arisaema japonicum* v. *atropurpureum* Nakai, Veg. Quelpaert

28(1914)→*A. peninsulae* Nakai in B.M.T. 43:537(1929) 점백이천남성

㊼ *Aneilema taquetii* Levl. in Fedde, Rep. 8:284(1910)

㊽ *Luzula macrocarpa* v. *laxa* Nakai, Veg. Quelpaert 30(1914)

㊾ *Platanthera taquetii* Schlecht.

㊿ *Quercus funebris* Levl. in Litt. ex Nakai in B.M.T. 29:53(1915)→ *Q. grosseserrata* Bl. in Mus. Bot. Lugd. Bat. 1:306(1850)→*Q. mongolica* v. *crispula* (Bl.) Ohashi in J. Jap. Bot. 63:13(1988) 물참나무

(51) *Quercus funebris* v. *undulatifolia* Nakai, Veg. Quelpaert 37(1914)

(52) *Ficus foveolata* v. *macrocarpa* Nakai, Veg. Quelpaert 38(1914)

(53) *Persicaria posumbu* v. *taquetii* Nakai, Veg. Quelpaert 41(1914)

(54) *Persicaria sagittata* v. *sieboldii* (Meisner) Nakai, Veg. Quelpaert 41(1914)→*P. sieboldii* (Meisner) Ohki in B.M.T. 40:54(1926) 미꾸리낚시

(55) *Persicaria sagittata* v. *paludosa* Nakai, Veg. Quelpaert 41(1914)

(56) *Persicaria sagittata* v. *minima* Nakai, Veg. Quelpaert 41(1914)

(57) *Polygonum littorale* Link.

(58) *Chenopodium acuminatum* v. *virgatum* acut. japon., non Moq.→ *C. virgatum* Thunb. 유구, 대만에 분포

(59) *Tissa flaccida* Nakai, Veg. Quelpaert 44(1914) et 조선식물 152(1914), *T. faurier* Nakai (→*Spergularia marina* 갯개미자리)에 유사한데 엽초가 짧고 많이 족생하며 종자에 나래가 없고 그 모양이 도난형인 것

(60) *Cardamine impatiens* v. *dasycarpa* auct. T. Nakai, Veg.

Quelpaert 49(1914)→*Cardamine impatiens* L. Sp. Pl. 655(1753) 싸리냉이

⑥1 *Chrysosplenium alternans* Thunb.

⑥2 *Geranium napuligerum* Fr.

⑥3 *Celastrus orbiculatus* v. *macrophylla* Loesn.

⑥4 *Ampelopsis heterophylla* v. *humulifolia* (non Kom.) Hooker f.→*A. brevipedunculata* (Maxim.) Trautvetter in Act. Hort. Petr. 8:178(1883) 개머루

⑥5 *Vitis ficifolia* auct. T. Nakai, Veg. Quelpaert 63(1914)→*V. ficifolia* v. *sinuata* (Regel) Hara, Enum. Sperm. Jap. 3:138(1954) 가마귀머루

⑥6 *Hypericum pseudo-japonicum* Nakai in B.M.T. 27:130(1913) et Veg. Quelpaert 65(1914)

⑥7 *Viola dissecta* v. *sieboldii* (Maxim.) Nakai in Matsumura, Icon. Pl. Koisikav.1-4:94(1912); Tyosen-Syokubutu :124(1914) et Veg. Quelpaert 65(1914); in B.M.T. 30:281(1916), 간도제비꽃에 비해 거距는 짧고 꽃은 종종 홍색을 띠는 것

⑥8 *Rotala indica* L.

⑥9 *Libanotis pyrenaica* Bourg. 일본명으로는 *Seseli libanotis* v. *japonica* H. Boiss.에 해당하나 일본(북해도, 본주)에 분포

⑦0 *Pimpinella calycina* Maxim. in Mel. Biol.9:184→*Spuriopimpinella calycina* (Maxim.) Kitagawa 일본(북해도, 본주, 구주, 사국)에 분포

⑦1 *Benthamia japonica* v. *dilatata Nakai*, Veg. Quelpaert 70(1914)

⑦2 *Rhododendron simsii* Pl. in Rev. Horti. 4-me Serie. 47(1854)→*R. indicum* v. *simsii* Maxim. Rhod. Asiae orient.33(1870)→*R.*

yedoense v. *poukhanense* (Lev.) Nakai in B.M.T. 34:(274)(1920); Tr. & Shr Jap. ed.1:107(1922) 산철쭉

⑬ *Lysimachia candida* Lindl. in J. Hort. Soc. Lond. 1:301 일본, 중국 대만에 분포

⑭ *Ligustum ciliatum* v. *glabrum* Nakai, Veg. Quelpaert 73(1914)

⑮ *Callicarpa shikokiana* Makino 일본(구주)에 분포

⑯ *Salvia umbrosa* Scheele

⑰ *Stachys glabrata* Nakai, Veg. Quelpaert 78(1914); Veg. Chiisan 44(1915)

⑱ *Scutellaria indica* v. *alpina* Nakai, Veg. Quelpaert 78(1914), 골무꽃의 고산형

⑲ *Solanum dulcamara* v. *ovatum* acut. jap., non Dunal→*S. maximowiczii* Koidz. 일본, 유구에 분포

⑳ *Galium strigosum* f. *pauciflorum* Nakai, Veg. Quelpaert 82(1914)

㉑ *Galium trifloriforme* v. *japonicum* Nakai, Veg. Quelpaert 83(1914) →*G. trifloriforme* Kom. in Act. Hort. Petrop. 18:428(1901) 개선갈퀴

㉒ *Oldenlandia paniculata* L., Sp. Pl. ed. 2:1667, 낚시돌꽃(*Hedyotis biflora* v. *parvifolia*) 모종의 이명

㉓ *Diervilla florida* v. *candida* Rehder 붉은병꽃나무의 변품

㉔ *Viburnum sieboldii* Miq. 일본(본주, 사국, 구주)에 분포

㉕ *Adenophora verticillata* v. *abbreviata* Levl. in Fedde, Rep. 11:22(1913) 잔대의 변품

㉖ *Artemisia borealis* v. *mertensii* Bess. Drac. 87; Ledeb. Fl. Ross.2:568

⑧⑦ *Artemisia japonica* f. *laxiflora* Nakai in B.M.T. 26:100(1912)

⑧⑧ *Artemisia japonica* f. *resedifolia* Takeda

⑧⑨ *Cirsium segetum* v. *lactiflorum* Nakai, Veg. Quelpaert 89(1914); ? *C. segetum* f. *alctiflora* Nakai in B.M.T. 26(356(1912) 조뱅이의 변품

⑨⓪ *Lactuca integra* v. *platyphylla* Makino→ *Crepidiastrum platyphyllum* (Franch. et Savat.) Kitamura in Act. Phytotax. Geobot. 6:235(1937) 절영풀

⑨① *Solidago virga-aurea* v. *nana* Nakai, Veg. Quelpaert 92(1914) 미역취의 변품

3. 왕벚나무의 고향 제주도

한라산 남측 해발 600m 지점이 왕벚나무의 자생지로 유명하다. 우리나라에서 많이 재배하는 벚나무 즉, 서울 창경원과 경남 진해의 벚꽃 놀이로 유명한 벚나무도 일본의 국화이기 이전에 우리나라 특산식물이다. 왕벚나무는, 암술대에 털이 없고 씨방이 타원형인 올벚나무에 비해 암술대에 털이 있고 씨방이 구형인 점으로 구별된다. 왕벚나무는 도쿄대학의 마스무라J. Matsumura(松村任三, 1901)에 의하여 도쿄에 재배되고 있는 재료를 사용하여 *Prunus yedoensis*라는 학명이 붙여졌으며 한편 1908년의 타크Taquet 신부가 제주 산지에서 채집한 표본이 독일의 쾨네E. Köehne에 보내져서 연구된 결과, 왕벚나무에 비해 꽃받침과 꽃대에 털이 없는 왕벚나무의 변품, 제주벚나무(*Prunus yedoensis* v. *nudiflora*)가 1912년에 발표되었다.

왕벚나무의 원산지 문제가 수면에 떠오르게 된 것은 1911년 경(메이지

明治 말 또는 다이쇼大正 초)부터이다. 당시 도쿄에 사는 어느 원예사가 이 식물을 많이 증식시켜 판매해 일본 전역에 퍼뜨렸고, 그 꽃이 아름다워 일본 국화로 지정된 이후에도 그 원산지를 몰랐으나 교토대학의 고이즈미G. Koidzumi(小泉源一)라는 식물분류학자가 당시 아오모리青森에 주재하고 있던 프랑스 선교사 포리U.J. Faurie 신부의 제주도 한라산 채집품 중에서 이 식물과 일치하는 것을 찾아냄으로써, 원산지가 한반도 남단에 있는 제주도라는 것이 밝혀졌고(Koidzumi, 1913), 그 뒤 일본의 모든 책에는 그 원산지가 한국의 제주도로 기록되었다. 그 후 1916년에 일본의 수목을 연구한 윌슨E. H. Wilson이 그의 책 『The Cherries of Japan』에서 왕벚나무는 그 형태학적 특징에서 올벚나무와 일본산 외첩벚나무(*Prunus lannesiana*)의 잡종이라고 발표하는 동시에 제주도에서 나는 제주벚나무는 불확실한 것이라고 씀으로써 한국 제주도가 왕벚나무의 원산지가 아니라는 의견을 냈다. 반면 고이즈미G. Koidzumi는 1932년 4월 하순에 제주도에 와서 한라산 남측 해발 600m 지점에서 왕벚나무와 제주벚나무의 자생지를 발견함으로써, 제주도가 왕벚나무의 자생지라는 것을 재차 확인하는 동시에 제주도의 왕벚나무와 제주벚나무가 일본으로 이입한 경로는 가카와香川현의 사누키讚岐에 사는 어부가 고기잡이 나갔다가 제주에서 왕벚나무와 제주벚나무를 가져다 요시노吉野의 장왕당藏王堂의 시노공겐吉野權現(일본의 신의 칭호)에게 바침으로써 일본으로 들어오게 되었으며, 그중 왕벚나무는 에도江戶(東京)의 식목사植木師가 가져다 증식시켜 전국에 퍼지게 한 것이라고 추정했다(G. Koidzumi, 1932).

한편 제주도의 왕벚나무와 제주벚나무의 일본 도래설에 많은 의문을 가진 일본국립유전연구소日本國立遺傳硏究所의 다케나카Y. Takenaka(竹中要)는 1933년 제주도에 와서 왕벚나무와 제주벚나무의 자생지를 정밀히 조사하는 동시에 일본에서 재배하고 있는 왕벚나무와 제주도의 왕벚나무를 비교 관찰하고 그 차이점을 "전자는 오래된 잎 뒤 맥상에 다소의 털이 남아 있으나, 후자는 거의 볼 수가 없고, 꽃대는 후자가 약간 짧으며, 전자는 꽃받침에 털이 있는 데 반하여 후자는 없다. 그러나 이 정도의 차이를 가지고 제주도의 것이 별종이라고 말할 수는 없다."라고 발표했다(Y. Takenaka, 1934). 그는 그 뒤 1951년에 일본에서 재배하는 왕벚나무의 노목에서 종자를 채집하여 1952년에 파종한 나무들이 1958년부터 꽃이 피기 시작함에 따라 이들의 형태형질 12가지를 조사 분석한 결과, 왕벚나무의 모든 형질은 올벚나무와 외첩벚나무의 중간적인 것임을 밝힘으로써 윌슨E. H. Wilson의 잡종설을 뒷받침했다. 그리고 제주도의 왕벚나무는 그의 변품인 제주벚나무와의 잡종이 아닌가 하는 이기원異起源의 가능성을 제시했으며, 당시 제주벚나무의 종자를 소량 입수했으므로 이를 파종하여 양육하면 십수 년 후에는 좀더 확실한 것을 알 수 있을 것이라고 했다. 동시에 일본의 왕벚나무의 원산지는 이스반도伊豆半島로 추정된다고 주장했다(Y. Takenaka, 1962).

한편 1961년에 한국국립과학관장韓國國立科學館長이던 박만규朴萬奎는 왕벚나무 자생지 조사단을 구성해 조사한 결과, 한라산과 전남 대둔산에서 그 자생지를 발견하여 그 결과를 당시 서울대학교 물리대(혜화동)에서 발표했다. 필자도 이 발표회에 참석했는데 정태현 교수가 루페로 채집품을 검사하고 아무 말씀은 안 했으나 고개를 갸우뚱갸우뚱하시던 모습이 지금도 선하다. 그 뒤 이 자생지는 천연기념물 제156호와 제159호로 지정되어 현재도 보호되고 있다(이우철 퇴임기념집, 2001).

앞으로 이 나무들에서 종자를 채집하여 육모를 양성하여 형태형질의 분리를 과학적으로 분석하는 동시에 한국과 일본에 나는 자생지의 유연분류군들의 유전인자분석을 통해서 그 유연관계類緣關係를 규명해볼 필요가 있다. 물론 고이즈미G. Koidzumi와 다케나카Y. Takenaka가 발견했던 제주도의 왕벚나무와 제주벚나무가 방목을 위한 초지에 밀려 그 흔적도 없이 사라진 것은 매우 유감스러운 일이다.

4. 내가 본 제주도

필자가 제주도를 처음 본 것은 지금으로부터 53년 전인 대학 2학년 여름(1954년 8월 18~27일), 정태현 교수를 모시고 제주도 식물채집을 갔을 때였다. 나에게는 최초의 장거리 채집여행이었기 때문에 그 여행에서 많은 것을 배울 수 있었고 나의 진로를 결정하는 데 많은 영향을 받았다. 여행에서 돌아와 '제주도 식물 채집기'라는 글을 써서 모교의 교지 『성균成均』 5호(1954)에 게재하고 받은 원고료로, 이를 기념하기 위하여 도장을 새겨 지금까지 사용하고 있다. 이때의 일정은 열흘이었으나, 제주도에 가고 오는 데 나흘과 중간에 정리작업한 하루를 빼면 실제로 채집활동한 것은 닷새에 불과했다. 이때는 서귀포에서 정상으로 오르다 우천으로 정상 바로 밑에서 후퇴하여 서귀포의 천제연, 김령의 뱀굴 근처와 비자림 및 제주의 삼성혈 일원을 돌아보았다. 그 뒤 문화공보부에서 실시한 제주도종합학술조사(1960년 8월 1~7일)에 참가해서는 관음사에서 적십자대피소, 개미목을 거쳐 용진각 대피소에서 1박 하고 서귀포로 내려왔다. 세 번째는 동국대학교 생물학과 4학년 수학여행(1964년 11월 7~14일)으로 학생들을 인솔하고 갔는데 조사코스는 2회 때와 같았다. 그리고 제비꽃과 식물을 채집하기 위한 조사(2005년 4월 28일~5월 1일)에서는 영실에서 윗샘오름으로 올라 어리목으로 내려왔으며 관음사, 성판악, 산굼부리 부근을 관찰했다.

필자가 처음 제주에 갔을 당시(1954)는 여수 순천 반란사건이 난 직후여서 많은 공비들이 한라산에 은거한다고 하여 경비가 삼엄해 마을마다 검문소가 있어 버스도 그 문을 열어주어야 통과할 수 있었다. 한라산에는 전투경찰대가 주둔하고 있어 우리는 그들의 허가를 받아야 했고 그들의 안내를 받아 등산을 했으며, 그 막사에서 하룻밤 신세를 졌다. 그날 밤 정태현 박사로부터 선생이 처음 제주도를 갔던 1912년 당시의 제주도 실정과 한라산 조사에 관한 많은 경험담을 흥미롭게 들을 수 있었다.

1910년대의 탐라국(제주도) 사람들은 감물로 염색한 거무죽죽한 옷을 입고 있었으며 신발은 모두 짚신을 신고 있었다. 남자들은 대광주리에 아이나 담아 가지고 다니며 주로 집안일을 돌보고, 그 외의 모든 일은 여자가 하는 부권婦權사회였다. 그리고 여자들이 물독(물통)을 지고 다니는 것도 이색적이었으며 시장에서 남녀 간의 싸움이 벌어졌을 때 여자가 흔히 남자의 상투를 잡아 돌리기도 했다. 당시 이곳에서는 남편에게 일을 시키는 것은 여자에게 수치였다고 한다. 이는 아마도 옛날에 서울에서 귀양 온 양반님네가 현지에서 여자를 취하다 보니 모든 것을 여자에게 의지했고, 귀양길이 풀리면 그 여인네는 양반님네를 따라가 호강하는 일이 빈번했던 데서 기인한 것이 아닌가 한다. 또 이때는 돼지가 화장실에서 인분을 먹고 자랐다. 이 똥돼지는 1954년에 내가 갔을 때도 있었다. 필자가 김령을 거쳐 서귀포에 갔을 때 낮에 먹은 빵이 얹혀서 설사가 나 급히 어느 민가의 화장실에 들어갔는데 밑에서 '척척' 하는 소리가 나 소스라쳐 내려다보니 돼지가 와서 내 변을 먹는 것이 아닌가. 그로부터 여관에서 주는 돼지고기는 보기만 해도 구역질이 나서 먹지 못했던 기억이 아직도 생생하다.

이런 관계로 한라산에 오르기 위하여 안내인을 구했을 때 부녀자들이 수레(리어카)를 끌고 나타나는 것은 이상할 것이 없었다. 1912년에는 안내인을 구할 수 없어 군청에 교섭하여 백방으로 수소문한 결과 가까스로 소싯적에 한 번 올라가 본 일이 있다는 노인을 구해 안내를 받았다고 한다. 안내인도 오랜 기억을 더듬어 오르다 보니 고생이 많았으나, 고도에 따라 변하는 나무를 보면서 올라가 정상에 오르니 야생하는 소와 말이 떼를 지어 달리고 사방은 구름으로 덮였으며 번개가 번쩍이는데 그 광경이 황홀했다고 한다. 여기저기에 야생 우마들의 뼈대가 널려 있고 아름다운 고산식물이 만개해 있던 백록담 주변에는 우리나라 1,800m 이상에만 나고 기압관계로 줄기가 위로 자라지 못하고 밑으로 뻗는 시로미(*Empetrum nigrum* v. *japonicum*)라는 고산의 지표식물이 자라고 있었다. 일제시대에는 이 열매로 음료수를 만들었다고 한다. 제주도에서는 이 열매를 신선이나 먹는 것이라고 하여 진귀하게 여겼다고 한다. 이 시절에 야생하는 말은 사람이 몰아와도 사람이 주는 먹이를 먹지 않아 사육할 수 없었으며, 소는 길들이면 되는데 고기가 나무껍질 씹는 것 같아 먹을 수가 없었다고 한다. 그리고 지금도 제주도에서는 집에서 사육하는 소도 고삐가 없이 그대로 방목한다고 한다. 제 맘대로 돌아다니며 풀을 뜯어먹다 밤이면 집으로 돌아온다고 하며, 이상한 것은 소가 절대로 곡식밭에는 들어가지 않는다는 것이다. 그리고 산에 방목하는 소들은 봄에 흩어 놓았다가 가을에 주인이 높은 바위 위에 올라 특유한 소리를 내어 소를 몬다고 한다. 이때 간혹 잘못 모인 소들의 경우, 뿔에 표식된 것을 보고 서로 주인을 찾아준다고 한다. 물론 소가 곡식밭에 안 들어가는 것은, 오래 전부터 밭에 들어가는 소는 잡아먹혔기 때문에 그렇게 길들여진 탓일 것이고, 사람 소리가 나면 소가 모여드는 것은 필요로 하는 염분을 얻기 위함이라고 한다. 그래서 방목 시에는 여기저기에 소금을 놓아두는 것이 상식이라고 한다.

예로부터 전해오는 전설에 의하면, 한라산 정상에 오른 사람들은 모두 신선이 되어 돌아오지 않는다는 말이 있어, 이를 기이하게 여기던 원님이, 하루는 신선이 되기 위해 한라산을 오르겠다며 하직인사 차 온 사람에게 서궁황(뱀을 죽이는 약)을 잘 포장해 주면서 "이것은 신선이 되러 가는 너에게 선물로 주는 것이니 신선이 되기 전에는 절대로 풀어보아서는 안 된다."라고 주의시켜 보냈다고 한다. 그 사람이 신선이 되었는지는 알 길이 없으나 그 후 돌아오지 않았다고 한다. 얼마 후에 또 다른 사람이 신선이 되겠다며 하직인사를 하고 산으로 떠났다고 한다. 그런데 며칠 뒤에 이 사람이 신선이 되지 못하고 되돌아오자 원님이 그 까닭을 물으니, 천지 물가에 가 있어도 신선은 되지를 않고 배만 고파서 돌아왔다는 것이었다. 이 말을 들은 원님이 "천지에 무엇이 있더냐?"고 물었더니, 물 위에 무언가 커다란 것이 떠 있더라는 것이다. 결국 신선이 되기 위해 올라간 사람들이 모두 그 동물에게 잡아 먹혔거나 조난을 당해 굶어 죽었을 것이라는 사실을 원님이 실험으로 판단했다는 이야기이다.

제주에서 서쪽 해안으로 서귀포로 가는 도중에 있는 비자림은 열매를 구충제로 사용하는 비자나무(*Torreya nucifera*)의 숲인데, 옛날에는 여기에서 얻는 수익으로 제주도 재정의 반을 충당했다고 할 정도로 귀중한 소득원이었다. 그리고 비자나무에는 우리나라에서 나는 동양란 중의 왕자라고 할 수 있는 풍란(*Neofinetia falcata*)이 기생하는데 이곳의 풍란은 남획으로 이미 오래 전에 없어졌고, 그 뒤 관광지로 가꾸기 위하여 풍란을 재배하여 이식했다고 한다. 이곳은 대로변에서 상당히 안쪽에 위치한다. 당시 들어가면서 보니 밭에서 일하는 농부들은 누구나 할 것 없이 지게에 큰 소주병을 하나씩 달아놓고 있어, 제주사람들은 아마도 물고기를 잡고, 농사도 지으니 형편이 좋아서 일하러 올 때도 술을 지고 나오나보다 라고 생각했다. 도중에 갈증이 나서 농부에게 샘을 물으니 근처에는 샘이 없다는 것이었다. 그래서 당신들은 어찌하느냐고 물으니 지게에 달린 소주병을 가리키는 것이 아닌가. 알고 보니 그것은 소주가 아니라 음료수 병이었던 것이다. 그렇다면 그 물이 떨어지면 어떻게 하느냐고 물으니 길바닥에 고인 물을 가리키는 것이 아닌가. 그러면서 비자림에 가면 시멘트 토관土管이 하나 있는데 거기에 빗물이 고여 있을 것이니 그것을 먹으라는 것이었다. 가서 보니 토관에 물이 고여 있기는 하나 물벌레가 득실거려 먹을 수는 없었다.

제주도는 비가 많이 오기는 하나 화산섬이라 비가 오자마자 그치면서 바로 깊이 스며드는 관계로 물이 귀하고 샘도 아주 깊이 파야한다는 것이다. 제주도에서 주로 나는 사고는 두 가지가 있는데, 그 중 하나는 여름에 계곡에서 물놀이를 하고 물가에 천막을 치고 술에 취해 자다가 산 위에서 산우山雨가 터져 많은 물이 갑자기 불어 천막과 사람을 쓸어내리는 사고이다. 한라산의 '산우'란 마치 병에 물을 거꾸로 쏟아 붓는 것과 같아 삽시간에 홍수를 일으킨다. 필자는 첫 번째 갔을 때 산행 중 비를 만나 후퇴를 하는데, 몇 시간 전만 해도 건천을 올라간 길이, 내려 올 때는 홍수로 범람하여 길을 잃고 고생하다, 개울 위에 걸쳐 있던 고목을 타고 구사일생으로 하산한 경험이 있다. 두 번째 갔을 때 개미목에서 자는데 아침에 상봉에서 등산객들이 산우가 터졌다고 고함치며 뛰어내려 오는 것을 본 적이 있다.

다른 하나는 겨울 등산에서 개미목을 오를 때 길을 잘못 잡아 계곡에 쌓인 눈을 디뎌, 계곡 속으로 푹 빠지는 사고이다. 이 사고를 당하게 되면 다음 해 눈이 녹아야 시신도 찾을 수 있다고 한다. 이런 관계로 이런 위험성이 있는 지역에는 동절에 길을 안내하는 말뚝을 세운다고 한다.

4

식물의 고향 울릉도

울릉도는 동경 131도, 북위 37도에 위치하는 5각형의 화산도火山島로 최고봉인 성인봉聖人峰(983.6m)과 나리동봉(900m), 미륵봉(800m)이 섬 북측에 있는 분화구인 나리동평원을 둘러 싸고 있다. 그리고 난류가 섬의 남쪽에서 갈라져 에워싸고 올라가다가 북단에서 한류에 밀려 역류逆流하고, 그 외측에 한류가 남하하기 때문에 기후가 온화하며 겨울에 강설량이 많아 눈이 1.5m 이상 쌓이는 것이 보통으로, 우리나라에서 눈비가 가장 많이 내리는 고장이다(中井孟之進, 1919, 1927).

울릉도는 우산국于山國으로 불리어왔으나, 이조 고종 19년(1882)에 본토 사람이 이주한 뒤부터 울릉도로 불렸다. 이 섬은 생물학계에서는 다게레트Dagelet(竹島)로 알려져 있다. 울릉도는 화산도인 본체와 11개의 무인도로 되어 있으며, 그중 하나가 울릉도 동남쪽 92km 지점에 있는 독도獨島이다.

울릉도식물을 최초로 채집한 사람은 오카모토Okamoto(岡本金藏)로,

1911년 11월 산림조사 목적으로 가서 상록수를 중심으로 채집하였고, 최초의 발표는 1916년에 이시도야T. Ishidoya(石戸谷勉)가 이곳의 수목을 조사하여 40과 79종의 목본식물을 발표한 것이다(T. Ishidoya, 1917). 그리고 나카이T. Nakai는 위 두 사람의 채집품을 기증받아 검증하는 동시에, 윌슨E. H. Wilson, 정태현과 같이 1917년 5~6월에 이 섬에 와서 20여 일간 정밀조사를 함으로써, 이 섬에 나는 식물의 윤곽을 밝혔다.

울릉도의 대표적인 식물에는 '울릉' 또는 '섬'이라는 접두사가 붙어 있다. 울릉이라는 접두사가 붙은 식물은 울릉국화, 울릉연화바위솔, 울릉장구채 등 3종이 있고, 우리나라 식물명(표준명) 중에는 섬이라는 접두사가 붙은 것이 66분류군이 있는데 그중 약 47%에 상당하는 섬고사리, 섬잣나무, 섬포아풀, 섬조릿대, 섬사철란, 섬버들, 섬자리공, 섬패랭이꽃, 섬싸리냉이, 섬기린초, 섬국수나무, 섬개야광나무, 섬양지꽃, 섬나무딸기, 섬벚나무, 섬단풍나무, 섬머루, 섬피나무, 섬바디, 섬시호, 섬쥐똥나무, 섬개회나무, 섬광대수염, 섬현호색, 섬꼬리풀, 섬댕강나무, 섬괴불나무, 섬초롱꽃, 섬쑥부쟁이, 섬제비꽃, 섬말나리 등 31종류가 울릉도에 난다(이우철, 2005). 이들 34분류군은 등판에 울릉도라는 꼬리표를 달고 다니는 울릉도의 대표주자들임에 틀림이 없다.

1. 식물의 개황

울릉도는 난류의 영향으로, 37도의 같은 위도선상에 있는 한반도의 다른 지역보다는 난대식물의 분자들이 많이 분포한다. 이런 관계로 해발 600m 이하에는 후박나무, 참식나무, 굴거리나무, 감탕나무, 사철나무, 동백나무, 보리밥나무, 송악, 식나무, 자금우, 순비기나무 등 상록성수목이 있으며 이에 더해 으름덩굴, 푸조나무, 꾸지나무, 바위수국, 머귀나무 등 낙엽성 난대식물이 있다. 이와 같은 식물대는 전라남도의 남부가 아니면 볼 수 없다. 그런데 한류의 영향이 있어 기후가 높지 않아 해안 바위 위에 솔송나무, 섬잣나무와 같은 산지식물이 혼생하는 것을 볼 수 있을 뿐 아니라, 주목나무, 섬조릿대, 너도밤나무, 만병초와 같은 산지식물이 생육하는 모습을 볼 수 있다. 태하령과 남양동 사이의 산에서 솔송나무림 밑에 동백나무숲이 있고, 그 하부에 만병초가 있으며 그 아래 자금우가 나는 곳이 있다. 이는 기온이 식물분포에 주요한 원인이라는 것을 증명함과 동시에 울릉도의 식물대가 다른 지역에서는 유례가 없음을 표시하고 있는 것이다(T. Nakai, 1919).

600m에서 정상(983.6m)까지는 상록활엽수가 적고 줄사철나무가 있으며, 상록수를 대신하는 것은 마가목, 우산고로쇠, 섬피나무, 섬단풍나무 등으로, 너도밤나무와 솔송나무 등은 크게 그 수가 늘어난다. 600m를 경계로 하여, 이하에는 향나무, 소나무, 이대, 섬버들, 버드나무, 느티나무, 푸조나무, 꾸지나무, 참으아리, 사위질빵, 으름덩굴, 댕댕이덩굴, 후박나무, 참식나무, 섬국수나무, 산조팝나무, 섬개야광나무, 가막살나무, 돌가시나무, 찔레나무, 덩굴딸기, 곰딸기, 머귀나무, 초피나무, 소태나무, 굴거리나무, 붉나무, 감탕나무, 사철나무, 헛개나무, 동백나무, 보리밥나무, 송악, 식나무, 곰의말채, 순비기나무, 오동나무, 섬댕강나무, 섬괴불나무, 분꽃나무, 해국 등이 있으나, 순 해안분자는 돌가시나무, 보리밥나무, 순비기나무, 섬괴불나무, 해국이 있을 뿐이다. 600m 이상에만 나는 것은 36:3으로 그 수가 적으며, 주요한 수종은 너도밤나무, 우산고로쇠, 마가목, 섬피나무, 섬벚나무, 섬단풍나무, 만병초, 두메오리나무, 섬조릿대 등이 있다. 특히 정상 부근에는 특산식물인 너도밤나무, 섬피나무, 우산고

사진 6 | **향나무 자생지**
울릉도 통구미 터널 위의 암벽 틈에 자생한다.

로쇠가 거의 순림을 이루고 있는 점은 특이하다(T. Nakai, 1919).

울릉도식물의 특색으로는 소산식물의 수에 비해 특산요소가 많다는 것이다. 이는 동해상에 고립되어 있는 섬이기 때문일 것이다. 특산식물은, 섬고사리, 여우꼬리풀, 섬말나리, 얼룩산마늘, 섬바디, 너도밤나무, 섬자리공, 큰노루귀, 왕매발톱나무, 섬현호색, 섬장대, 섬기린초, 섬국수나무, 섬개야광나무, 섬양지꽃, 섬나무딸기, 섬벚나무, 우산고로쇠, 섬단풍나무, 섬피나무, 섬버들, 섬시호, 섬쥐똥나무, 섬개회나무, 섬광대수염, 오동나무, 섬꼬리풀, 섬제비꽃, 섬댕강나무, 섬괴불나무, 말오줌나무, 넓은잎쥐오줌, 섬초롱꽃, 울릉국화 등이 있다.

그리고 울릉도에는 천연기념물(식물) 6점이 산재한다. 이들의 실태를 살펴보면, 통구미의 향나무 자생지(제48호, 사진6), 대풍감의 향나무 자생지(제49호)와 도동의 섬댕강나무, 섬개야광나무의 군락(제51호)은 사람이 접근하기 어려운 해안 벼랑 위에 자리하고 있어 비교적 잘 보존되고 있다. 또 나리동 안쪽에 있는 성인봉의 원시림(제189호)도 대목은 이미 오래 전에 많이 없어졌으나 분지의 주민이 줄어들어 인간간섭이 적어졌으므로 이 상태를 잘 보존한다면 별 문제는 없을 것이다. 그러나 나리동분지가 이같이 우거져감에 따라 분지 안에 있는 울릉국화, 섬백리향군락(제52호)은 주변 수목들의 침입으로 위축될 가능성이 있다. 문제는 인간간섭이 심한 태하령의 솔송나무, 섬잣나무, 너도밤나무군락(제50호)으로 적극적인 보호가 필요하다는 것이다(이 · 양, 1981).

2. 소산식물의 검토

울릉도의 식물(관속식물)은 나카이T. Nakai에 의해 1917~1918년 사이에 33종류의 신식물이 발표되었고(이 · 양, 1981), 1919년에 15종류의 신식물을 포함히여 381종류(미감정품 7분류군 포함)가 발표됨으로써 그 윤곽이 들어났다. 그 내용을 분석해 보면 학명의 오용이 13.6%(52분류군), 통폐합된 것이 17.1%(65분류군)이며, 현재에도 사용되는 학명이 59.6%(227분류군)이고 나머지 3.7%에 해당하는 14분류군(미감분 7분류군 포함)은 미상이다. 그 미지의 식물은 다음과 같다.

① *Polystichum lonchitoides* Christ. 광택이 없는 쇠고비

② *Platanthera decipiens* f. *albiflora* Nakai, Veg. Dagelet Isl. 17(1919), nom. nud. 주름제비란의 백화품

③ *Reynoutria sachalinensis* f. *variegata* Nakai, Veg. Dagelet Isl. 18(1919), nom. nud. 왕호장근의 잎에 무늬가 있는 것

④ *Thalictrum minus* v. *elatum* f. *variegatum* Nakai, Veg. Dagelet

Isl. 19(1919), nom. nud. 긴꼭지좀꿩의다리의 잎에 무늬가 있는 것

⑤ *Cebatha orbiculata* f. *macrophylla* Nakai, Veg. Dagelet Isl. 19(1919), nom. nud. 모종이 댕댕이덩굴에 통합되었음

⑥ *Cebatha orbiculata* f. *subtriloba* Nakai, Veg. Dagelet Isl. 19(1919), nom. nud. 모종이 댕댕이덩굴에 통합되었음

⑦ *Euonymus striata* v. *microphylla* Nakai in B.M.T. 31:27(1917), 참빗살나무의 잎이 작은 것

⑧ *Dryopteris* sp. ? Veg. Dagelet Isl. 14(1919)

⑨ *Allum* sp. ? Veg. Dagelet Isl. 14(1919)

⑩ *Epilobium* sp. ? Veg. Dagelet Isl. 24(1919) 일명日名에 의하면 넓은잎바늘꽃

⑪ *Epilobium* sp. ? Veg. Dagelet Isl. 24(1919) 일명에 의하면 붉은바늘꽃

⑫ *Epilobium* sp. ? Veg. Dagelet Isl. 24(1919) 일명에 의하면 울릉도바늘꽃

⑬ *Epilobium* sp. ? Veg. Dagelet Isl. 24(1919) 일명에 의하면 둥근잎바늘꽃

⑭ *Epilobium* sp. ? Veg. Dagelet Isl. 24(1919) 일명에 의하면 긴잎바늘꽃

그 뒤 많은 학자들에 의해 울릉도식물이 재조사되는 과정에서 많은 종이 추가되어, 115과 380속 654종 2아종 41변종 10품종으로 707종류(재배종 57종 포함)로 집계되고 있다. 그러나 이 수는 여러 학자들이 추가한 것을 무비판적으로 받아들인 것으로 실제의 수와는 많은 차이가 있는 것

사진 7 | **너도밤나무**
울릉도 성인봉 부근에 있는 군락지이다.

같다. 그래서 필자는 1947년 이래 4차에 걸쳐 필자를 포함하여 6명의 학자가 조사한 울릉도의 부속 도서인 독도의 식물목록을 비교 평가하여 본 결과 오판율이 약 24%라는 계산을 하여, 독도의 소산식물을 ±50종류로 추정하였다. 이러한 기준의 오판율을 울릉도식물에도 적용할 경우 울릉도식물은 ±500종류가 될 것으로 생각한다(이 · 양, 1981).

너도밤나무속(*Fagus*)은 참나무과에 속하며 수꽃은 두상頭狀으로 모여 나고 견과는 세모지며 발아 시에 자엽이 땅 위로 나오는 점이 참나무속(*Quercus*)과 다르다. 너도밤나무속 식물은 세계적으로 온대의 지표식물指標植物이다. 그런데 전형적인 온대에 속하는 우리나라는 울릉도에만 너도밤나무(*F. japonica* v. *multinervis*)(사진 7)가 일부 남아 있을 뿐이고 반도에는 없다. 그러나 황해도 재령과 경북 영일에서 너도밤나무 잎의 화석이 출토되는 것으로 보아 옛날에는 한반도에도 너도밤나무가 있었음에 틀림없다. 그렇다면 언제 무슨 이유로 너도밤나무가 반도에서 멸망되었을까? 이것은 현재로서는 정확한 답을 얻을 수 없으나, 벼농사의 전파경로를 연구하기 위한 한일공동연구(安田喜憲 등, 1980)에서 우리나라 20개소에서 보링한 지층의 화분을 분석한 결과 10,000~6,700년 전의 지층이 졸참나무아속의 시대로 구분되었고, 여기에서 너도밤나무속의 화분은 출현하지 않았다고 하며, 우리나라에서 눈비가 가장 많이 오는 지역이 울릉도라는 점에서 약 1만 년 이전에 적설량의 감소로 멸망된 것이 아닌가 하고 추정할 뿐이다.

울릉도의 너도밤나무는 오카모토Okamoto의 채집품을 나카이T. Nakai가 처음에는 *Fagus japonica*로 감정을 했으나, 그 뒤 엽맥의 수가 많다는 이유로 *Fagus multinervis*라는 새로운 이름을 주었으며(T. Nakai, 1918c), 그 후 이영노(1966)는 차이점이 엽맥의 수뿐이라면 종으로 취급하는 것이 무리라고 *Fagus japonica* v. *multinervis*라는 변종으로 격하시켰다. 그러나 이시도야T. Ishidoya(1928)는 과경果梗, 각두殼斗의 길이, 잎 모양에는 변화성이 많으므로 비교적 안정하고 또 통할 수 있는 특징인 각두의 인편 형상의 특징을 제1차 특징으로 하여 세계에 현존하는 너도밤나무속 식물의 분류를 시도한 결과, *Fagus japonica*는 각두가 짧고 그 인편이 짧으며 예리하다는 이유로 Brevicupuae절로 독립시키고, 이에 대하여 각두는 과실과 거의 등장等長이며 그의 인편이 길게 생장하는 것을 Longicupulae절로 하고, *Fagus multinervis*를 위시한 나머지를 배속시켰다. 그리고 울릉도의 너도밤나무는 과실과 엽맥의 특징에 의하면 일본의 *Fagus crenata*(=*F. sieboldii*)와 소아시아의 *Fagus orientalis*의 중간에 들어가고, 종합적인 특징으로 보면 중국산인 *Fagus engleriana*에 가장 유사한 모양을 하고 있으나 그와 같이 과경果梗이 길지 않은 점이 다르다고 발표했다. 그러므로 앞으로 이 관계는 재검토의 여지가 있다.

참오동나무(*Paulownia tomentosa*)는 일본과 한국에서 재배되고 있는 식물인데 나카이T. Nakai(1919, 1927)는 그 원산지가 경북 울릉도라고 발표했다. 그러나 이에 대하여 이시도야T. Ishidoya(1928)는 현지를 조사한 결과, 참오동나무가 야생 상을 하고 있는 곳은 산록의 경작지 부근이고, 어느 것이나 과거의 화전 밭의 흔적 또는 그 부근이라고 생각되는 지역이며, 그 수가 적을 뿐만 아니라, 울릉도에는 예로부터 인간이 거주한 역사가 있으므로 중국에서 들어온 것이라고 주장을 하고 있다. 한편 우에키H. Uyeki(1925)는 참오동나무는 잎 뒤에 담갈색 털이나 흰 털이 있고 꽃에 자줏빛 점이 있는 반면, 울릉도의 오동나무(*Paulownia koreana*)는 잎 뒤에 다갈색 털이 있고 꽃잎에 자색 점이 없이 순백색이라는 점을 들어 한국특산종이라고 발표했다. 현재는 이 두 종 모두 널리 식재되고 있다.

섬바디속(*Dystaebua*)은 나카이T. Nakai(1952)가 한국특산속식물로 취급했으나, 실은 기타가와M. Kitagawa(1937)가 섬바디속을 분과分果에 날개가 있고 꽃받침에 톱니가 분명하다는 이유로 당귀속(*Angelica*)에서 독립시킬 때, 한국의 섬바디와 일본의 *Dystaenia ibukiensis* 2종이 있는 한일공통속으로 발표한 것이므로 잘못된 것이다. 섬바디는 나카이T. Nakai (1919)에 의해 울릉도의 특산종 *Angelica takesimana*로 발표되었던 것인데, 그 뒤 제주, 전남(백운산), 강원(금강산), 황해(장수산)에서 기록되었다. 울릉도에서는 '돼지풀'이라고 부르며, 가축사료에 좋은 식물로 알려져 있다.

고추냉이(*Wasabia koreana*)는 나카이T. Nakai(1935b)가 경기도 광릉에서 채집한 표본을 가지고 한국특산식물로 명명한 것인데, 정태현(1956)이

『한국식물도감』 초본편을 출판할 때에 일본에서 도입하여 울릉도에 재배하고 있던 겨자냉이(*Wasabia japonica*)를 울릉도의 특산인 고추냉이로 잘못 기록한 것이다. 필자는 도쿄대학에 소장되어 있는 고추냉이의 기준 표본을 조사한 결과 이는 황새냉이속(*Cardamine*)의 왜갓냉이(*C. yezoensis*)에 통합되어 있었으며, 울릉도 도동의 약수터와 성인봉 밑의 계곡에서 1961년에 채집한 것과는 전혀 다른 별품이라는 점을 확인할 수 있었다. 현재 울릉도 저동의 계곡에 고추냉이의 자생지라고 보호하고 있는 곳에 자라고 있는 것도 전체가 대형이고 근경이 굵으며(지름 1~2cm) 꽃대는 꽃이 진 뒤에 길게 자라 20~40cm로 뻗는 것은 고추냉이가 아니고 겨자냉이이다. 그리고 어느 식물원에서 울릉도의 고추냉이의 자생지를 복원한다고 식재한 것도 모두 이것이라는 것을 필자는 2004년에 확인하였다. 그리고 농촌진흥청계통에서 학명은 겨자냉이의 학명을 사용하면서도 국명은 고추냉이를 고집하는 것은 알 수 없는 처사이다. 왜냐하면 만일 앞으로 연구에서 *Wasabia koreana*를 새로 살릴 필요가 있을 때에는 그 국명의 혼란을 피할 길이 없기 때문이다(이우철, 1996, 2001).

3. 울릉도의 성인成因

울릉도가 화산도火山島라는 것은 분화구라고 인정되는 나리동분지가 있고, 그 주위에 해발고가 비슷한 산들이 병풍처럼 솟아서 칼데라 Caldera(화산 폭발 등으로 생긴 대규모 함몰지)의 능선을 이루고 있으며, 이 산봉우리들은 현무암玄武巖, 조면암粗面岩, 안산암安山巖 등의 용암으로 되어 있고 도처에 화산재나 부석浮石이 널려 있는 점으로 보아 사화산死火山이라는 것에는 의심할 여지가 없다. 그러나 이 화산도가 당초부터 동해

속에서 분출한 '해양도' 인지, 혹은 원래는 대륙에 접해 있던 산이 주위가 함몰하여 바다로 변하고 남아서 고립孤立되어 있는 '대륙도' 인지는 이론이 분분하다. 이에 대하여 전자의 입장을 지지하는 대표적인 사람이 이시도야T. Ishidoya(1928)이고 후자의 입장을 지지하는 대표적인 사람이 나카이T. Nakai(1919, 1927)이다. 이 두 학설을 비교하면 다음과 같다.

울릉도의 특산식물 중에 섬말나리, 너도밤나무, 큰노루귀, 섬국수나무, 섬개야광나무, 우산고로쇠, 오동나무, 말오줌나무 같은 식물대의 역사가 오랜 식물들이 있다는 것은, 식물군 발달사에서 생각하여, 적어도 홍적기洪積期 경에 변화하여 생겼다고 추측되는 식물인 것으로 보고, 이 섬에 있는 식물대의 역사는 적어도 홍적기 이래 또는 그 이상 고대이지 않으면 안 된다. 그리고 신新화산암으로 되어 있는 울릉도가 지질학상 그렇게 새로운 현대성을 표시하는 것이라면, 지금 볼 수 있는 암석보다 오랜 암석에서 만들어진 토지가 이 섬에 계속 존재하고, 그 위에 옛날 일본해육지에 있던 식물이 번무하고 있어 현재의 울릉도가 되었으며, 그리로 이동한 뒤 그들의 토지는 함몰하고 현재의 섬만이 남았다고 생각할 수밖에 없다는 것이 나카이T. Nakai의 주장이다.

그리고 울릉도에 나는 89종의 목본식물과 각지와의 공통분자를 조사해보면, 한반도와 일본과의 공유분자가 비슷한 것으로 보아 이들은 동일대同一帶의 식물구에 있었으며, 그 중 섬잣나무, 신갈나무, 쪽동백나무, 섬단풍나무 같은 것들은 육지가 서로 연결되어 있지 않으면 분포하기 어렵다. 그러므로 울릉도가 지금은 고립된 화산도라 할지라도, 과거에는 일본과 한국을 잇는 육지 또는 그 일부였고, 옛날의 육지에 나던 식물이, 새로 만들어진 울릉도 화산으로 이동한 뒤 옛날의 토지는 함몰되고 울릉도만이 남은 것일 거라고 보충설명하고 있다.

위의 나카이T. Nakai의 주장에 대하여 이시도야T. Ishidoya는 다음과 같이 비판하고 있다. 즉 나카이T. Nakai는 울릉도의 현재 식물상의 인자를, 하나는 울릉도와 더불어 존재하는 일본해대륙의 식물상植物相에서 온 것과 다른 하나는 울릉도가 고립된 뒤 해류에 의해 들어 온 것의 두 가지로 나누고, 그 증거로 너도밤나무와 그 밖의 13종을 제시하고 있으나, 너도밤나무는 일본에서 나는 화석보다는 경북 영일만의 제3기 전반 시대에 속하는 지층으로부터 나온 화석과 더욱 유사하다고 주장함으로써 울릉도식물의 일부가 구동해대륙(일본해육지)으로부터 온 것이라는 주장을 부인하고 있다.

그리고 울릉도는 제주도, 백두산 등과 더불어 알칼리조면암이 산체山體를 이루고, 그것이 현무암을 관통하는 모습을 하고 있다. 그러나 백두산의 산체는 제3기 후반부터 4기 전반에 형성된 것 같다. 그렇다면 울릉도도 백두산과 동시대 경에 만들어진 것이 아닌가 하고 생각할 수 있다. 또 울릉도에는 원래 뱀과 개구리가 없었으며, 포유류는 쥐와 산고양이가 있었으나, 산고양이는 집고양이가 귀화한 것이고 쥐류는 근해의 어떤 작은 무인도에도 있는 것으로 보아, 어쩌면 어선에서 옮겨간 것일 거라고 주장했다. 이 특징 있는 동물상에서 보면 울릉도는 화산으로, 최초부터 바다 속에서 고립되어 만들어졌고, 사방의 육지에서 동식물이 옮겨와 현재의 식물상과 동물상이 된 것으로 볼 수 있다. 설사 나카이T. Nakai의 주장대로 일본해대륙이 울릉도와 함께 존재했다고 하더라도, 울릉도는 이 대륙에서 분리된 뒤 대분화가 일어나, 섬의 동식물은 거의 전멸하고, 현재의 동식물은 바다로 격리된 육지나 섬에서 옮겨 온 것이라고 생각할 수 있다. 그러므로 공히 존재한 일본해대륙의 식물이 이 섬에 남은 것이라고는 생각할 수 없다고 주장한다.

4. 내가 본 울릉도

필자는 울릉도에 채집여행을 5회(1961, 1969, 1973, 1981, 2004) 다녀왔다. 첫 울릉도 여행은 1961년 여름방학에 정태현 박사와 함께 경북 포항에서 배를 타고 갔는데, 그날 몹시 풍랑이 일어 배가 롤링과 피칭을 심하게 하여 선실은 뱃멀미 하는 사람들로 어지러웠다. 그러나 필자는 오히려 그것이 좋아 배의 맨 앞에 앉아서 신나게 갔으나 풍랑이 심한 데다 울릉도 도동의 접안시설이 좋지 않아 하선을 위한 전마선이 뜰 수 없어 내리지도 못하고 승객들이 전부 포항으로 되돌아오는 변고가 생겼다. 우리 일행은 어쩔 수 없이 그 다음 날 다시 배를 타고 갔으나, 역시 풍랑이 심해 짐을 다 내리지 못하고 급한 짐만을 들고 겨우 전마선을 이용해 내려올 수 있었다. 당시 도동항은 부두가 축조되어 있지 않아서 양쪽 산에 맨 쇠줄로 배를 묶어 정박시키는 실정이었다. 그러나 지금은 도동항도 접안시설이 갖추어졌고 그 옆에 저동항이 축조되어 편리하게 되어 있다.

울릉도의 여름철 기상은 가늠할 수 없기 때문에 다음 날 짐은 내리지 못했으나 채집을 강행할 수밖에 없었으므로 아쉬운 대로 가지고 내린 장비를 꾸려 성인봉으로 채집을 떠났다. 오르는 도중 덩굴성인 넌출수국(*Hydrangea petiolaris*)이 우리 일행을 반겨주었고, 큰노루귀(*Hepatica maxima*), 너도밤나무 등 많은 특산식물들이 나를 즐겁게 해주었다. 성인봉 정상을 거쳐 나리동분지로 내려가면서, 계곡에서 옛날에 식재했다는, 청정수역에서만 자라는 겨자냉이를 채집했고 섬백리향과 울릉국화의 자생지를 관찰하며 나리동분지에 이르렀다. 울릉도 나리동분지에는 예로부터 소가 자라지 못한다고 한다. 그 이유는 잘 알 수 없으나, 이곳은 분화구인 관계로 화산재가 많아 소가 풀을 뜯을 때 이것이 흡입되어 호흡기관에 장해를 일으켜 살기가 어려운 것이 아닌가 하는 생각이 든다.

우리는 나리동 쪽에서 1박을 할 예정이었으나 숙소가 마땅치 않아 당일로 저동 쪽으로 고개를 넘어 숙소로 오기로 하고, 추산 근처 해안에서 이곳의 특산식물인 울릉장구채(*Silene takesimensis*)를 보고 즐거워했던 순간을 뒤로한 채, 고개를 올라갔다. 고개 말랭이 부근에서 약용식물인 헐덕이약풀(*Tiarella polyphylla*)을 발견하고 신이 나서 채집하고 있는데, 사람들이 배 뜬다고 고함을 치면서 도동 쪽으로 막 달려가는 것이 아닌가. 그 연유를 알아보니, 울릉도는 여름철에 기상 조건이 나쁘면 배가 부정기적으로 운항되는 관계로 한 번 배를 놓치면 일주일 이상 못 나오는 수가 있기 때문이라는 것이다. 다시 말하면 이 배가 떠나면 기상관계로 언제 배가 들어올지 알 수 없다는 것이다. 이 말을 들으신 교수님이 "야! 안되겠다. 우리도 빨리 가서 그 배를 타야 한다."고 재촉을 하시어, 서둘러 짐을 꾸려 배에 올랐다. 결국 필자의 첫 번째 울릉도 여행은 아쉽게도 하루의 채집으로 막을 내리게 되었다.

울릉도에서는 향나무(*Juniperus chinensis*)가 많이 나기 때문에 펜대, 담뱃대 및 각종 관광상품으로 향나무 제품이 많다. 향나무는 우리나라에서는 울릉도와 동해안에 자생목이 있을 뿐 내륙에 있는 것들은 모두 식재한 것들이다. 도동 앞의 벼랑 위에 있는 아름드리 향나무(사진 8)를 위시하여 통구미와 대풍감의 향나무 자생지는 천연기념물로 지정, 보호되고 있다. 그리고 울릉도는 어업이 주업이지만 산지를 개간한 밭에 큰미역취(울릉미역취)(*Solidago virga-aurea* v. *gigantea*)와 더덕(*Codonopsis lanceolata*) 및 여러 가지 약초를 많이 재배하여 소득을 올리고 있다. 특히 큰미역취는 1년에 두 번 수확을 하는데 얼음냉장을 하여 서울 경동시장에까지 내보낸다고 한다. 울릉도는 예로부터 산마늘(*Allium victorialis* v. *platyphyllum*)(사진

사진 8 | **향나무**
울릉도 도동 앞 벼랑 위에 있는 향나무의 거목이다.

9)이 구황식물로 유명하다. 이곳에 처음으로 표류해 들어온 사람들이 6개월 동안 이 식물의 뿌리를 캐먹고 연명하였다고 한다. 그래서 예로부터 이 섬은 불사不死의 섬이라고 전해진다. 1914, 1915년에는 큰 흉년이 들어 기근이 심하였으나, 이를 구제할 방도가 없어 당시 섬을 다스리던 행정관이 토착민들을 모아 놓고 "이 섬은 예로부터 불사의 섬이라고 하니, 각자는 산으로 들어가 풀뿌리나 나무껍질 등, 식용이 될 수 있는 것을 채취하여 굶주림을 넘겨라."라고 명령을 했다. 이에 원주민들은 모두 산으

사진 9 | **산마늘**
울릉도에 최초로 표류해 들어간 사람들이 6개월 동안 이 식물의 뿌리로 연명했다는 구황식물이다.

로 들어가 산꼭대기에 살면서 산마늘을 캐먹었는데 죽은 사람 한 명 없이 2년을 넘겼다는 역사가 있다고 한다(T. Nakai, 1927).

정 박사는 돌아오면서 1917년에 나카이T. Nakai와 채집을 왔을 때의 이야기들을 들려주었다. 그중에 지금도 기억에 남는 것은, 당시 왕벚나무 자생지를 조사하기 위하여 한국에 와서 활동 중이던 윌슨E. H. Wilson이 동행을 했는데 성인봉을 조사하던 도중 높이 20m, 지름 60cm 가량의 너도밤나무의 대목 한 그루가 절벽 위에서 바다를 향해 비스듬히 서 있었는데 그 위에 꽃이 피어 있는 것을 발견하고 저 꽃을 올라가서 따오는 사람에게는 5원(당시 쌀 한 가마니 값)을 주겠다고 현상금을 내걸었으나 같이 간 대여섯 명의 인부 중 아무도 응하지를 않았다는 것이다. 이때 윌슨E. H. Wilson이 등산용 구두를 신은 채로 올라가 꽃이 핀 가지를 채취하여 모자 속에 넣어 쓰고 내려왔는데 그 뒤에 보니 앞가슴이 빨갛게 벗겨져 피가 맺혀 있더라는 것이다. 한편 정 박사는 숙소로 돌아와서 그날 채집한 약

2,000여 점의 표본을 새벽 3시까지 완전히 정리해놓았더니, 그 다음 날 윌슨E. H. Wilson이 채집하러 나가던 도중 숙소에 들러 산더미같이 정리되어 있는 표본을 보고는 한국에도 이런 사람이 있느냐며 놀랐다고 한다 (이우철, 2001).

5
경상 · 전라의 지리산 지역

지리산智異山(1,915m)은 전라남도 구례군, 전라북도 남원군, 경상남도 하동군, 산청군, 함양군 등 3개 도 5개 군에 걸쳐 펼쳐져 있으며, 소백산맥의 서남단 지점에 높이 솟아 있는 산으로 낙동강洛東江과 섬진강蟾津江의 분수령을 이룬다. 그리고 1,500m 이상의 높은 봉우리만도 주봉인 천왕봉을 위시하여 제석봉, 반야봉, 노고단 등 12개나 있는 커다란 화강암의 산악군山岳群을 이룬다. 또한 깊은 계곡이 7개나 되는 웅장한 산으로, 화엄사에서 노고단-임걸령-삼도봉-토끼봉-명선봉-벽소령-덕평봉-세석평전-연하봉-장터목산장-제석봉-천왕봉-법계사-중산리로 내려오는 종단코스는 총 64km로 2박 3일이 소요된다.

지리산의 원래의 이름은 두류산頭流山이고 방장산方丈山이라고도 불렀다. 지리산이라는 지금의 명칭은 조선의 건국설화에서 비롯되었다고 한다. 태조 이성계가 건국의 야심을 품고 기도를 올려 백두白頭와 금강金剛의 산신에게 허락을 받았는데, 지리산의 산신만은 승낙하지를 않아 지혜가 다르다는 뜻으로 '지리산'이라고 부르게 되었다고 전해진다(이정열, 1998).

지리산 지역의 식물은 나카이T. Nakai(中井猛之進)와 정태현 일행이 1913년 6월 28일에서 7월 13일 사이에 종합조사를 하여 1915년에 『지리산식물조사보고서』를 출간함으로써 그 윤곽이 밝혀지기 시작했으며, 그 뒤 지리산은 일본 규슈九州대학 임학부의 연습림으로 되어 식물상이 소상히 조사되었다.

지리산에 나는 대표적인 식물의 표준명 중에 지리 또는 지이, 지리산, 화엄 등의 접두사가 붙은 것이 있다. 이런 식물은 지리강활, 지리고들빼기, 지리대극, 지리대사초, 지리사초, 지리산개별꽃, 지리산고사리, 지리산꼬리풀, 지리산숲고사리, 지리산싸리, 지리산오갈피나무, 지리산하늘말나리, 지리실청사초, 지리터리풀, 지이산김의털, 화엄개박달나무, 화엄제비꽃 등 17종이 있다. 이들은 등판에 지리산이 자기의 고향이라는 것을 달고 다니는 고향지킴이임에 틀림없다.

1. 식물의 개황

지리산의 식물을 나카이T. Nakai(1915)는 침엽수와 낙엽수의 분포로 다음과 같이 구분하였다.

• 침엽수에 의한 구분

① 소나무대 또는 산록대山麓帶(해발 200~350m에서 800~1,150m까지)

② 분비나무대 또는 산정대山頂帶(해발 1,100m에서 1,300~1,850m까지)

• 낙엽수에 의한 구분

① 졸참나무, 떡갈나무대(산록에서 500~600m까지)

② 굴참나무대(500~1,000m까지)

③ 신갈나무대(900~1,400m까지)

④ 자작나무대(1,350~1,915m까지)

산록지방은 남벌로 사찰영역을 제외하고는 잡초가 우거지거나 소나무림으로 되고, 소나무는 수목벌채에 따라 순차로 뒤를 이어 올라가나 1,350m를 넘는 경우는 없다. 사찰영역으로 보호된 구역에는 개서어나무, 서어나무, 졸참나무, 갈졸참나무, 굴참나무, 갈참나무, 굴피나무, 쪽동백, 때죽나무, 덜꿩나무, 고욤나무, 나도밤나무, 산검양옻나무, 자귀나무, 참개암나무, 이대, 좀작살나무, 개산초나무, 산초나무, 갈매나무, 복분자딸기, 멍석딸기, 보리수나무, 팽나무, 느티나무, 붉나무, 누리장나무, 산딸기나무, 고추나무, 사람주나무, 찔레나무, 비목나무 등이 나고 마삭줄, 댕댕이덩굴이 여기에 감겨 올라가고 또 사찰에서 주변에 식재한 것으로는 감나무, 능소화, 동백나무, 모과나무, 황매화 같은 것이 있으며, 위의 것들 중 가장 대목으로 되는 것은 서어나무류나 참나무류로 어느 것이나 지름 60~90cm에 달하는 것이 많고 특히 개서어나무, 갈졸참나무와 같은 것은 높이 30m가 넘는 것도 있다.

굴참나무대는 이 산에서 활엽수림 중 가장 밀림이 풍부한 부분으로 분수령分水嶺 위에서 이를 바라보면 울창한 수림은 아무것도 통과할 수 없을 것 같다. 이 지대의 주요한 수목은 개서어나무, 고로쇠나무, 굴참나무, 들메나무, 층층나무, 말채나무로 어느 것이나 높이 20m를 넘고 지름 60~120cm에 이르고, 이에 함박꽃나무, 산초나무, 박쥐나무, 좁은단풍, 돌갈매나무, 서어나무, 노린재나무, 사람주나무, 쇠물푸레나무, 비목나무, 참싸리, 생강나무, 신갈나무, 작살나무, 참빗살나무, 음나무, 졸참나무, 쪽동백, 물참대, 산오리나무, 복장나무, 박달나무, 돌개회나무 등이 나고, 메역순나무, 오미자나무, 노박덩굴이 여기에 감기며, 나무 밑에는 산수국, 조릿대가 혼생한다.

신갈나무대는 서어나무대와 자작나무대를 연결하는 곳으로 산의 중허리에 신갈나무의 순림을 이루고, 순림은 대략 노목으로 되어 종종 지름 30~90cm의 것만이 혼생하고 하목下木으로는 조록싸리류가 밀생한다. 또한 다른 숲과 섞이는 곳에는 들메나무, 좁은단풍, 산딸기나무, 함박꽃나무, 참개암나무, 음나무, 회목나무, 마가목, 참회나무 등이 섞이며, 상부에는 분비나무, 사스래나무, 뽕피나무, 꽃개회나무 등이 섞이는 곳이 있고, 침엽수가 있는 곳은 산불의 피해가 없는 곳이며, 일단 산불로 탄 곳은 신갈나무숲으로 되는 과정에서 잠시 초본대草本帶로 남는다. 세석봉의 초본대가 그런 것이다.

가장 윗부분을 차지하는 자작나무대는 분비나무 또는 가문비나무가 주요부분을 차지하는 고로 울창한 숲이 없으며, 성글고 수목의 종류도 적다. 마가목, 철쭉, 홍괴불나무, 산괴불나무, 꽃개회나무, 좁은단풍, 부게꽃나무, 진달래, 만병초, 거제수나무, 주목나무, 신갈나무, 음나무 등은 늘 정계선頂界線을 따라 난다.

주요 지점의 식생을 살펴보면 다음과 같다.

• 천은사 계곡의 식생

천은사泉隱寺는 지리산의 서부에 있는 골짜기, 해발 260m 지점에 있는 화엄사의 분파로 말사末寺이다. 계곡을 오르는 도중 수도암修道庵(해발 680m)과 상선암上禪庵(해발 810m)이 있고 계곡을 오르면 신양新楊재가 나온다(950m). 계곡의 하부는 천은사 부근을 제외하고는 소나무대이며 신양재 서쪽에서 수도암을 스치는 선 이하도 다 소나무대이다. 이 지역의 수목은 졸참나무, 찔레나무, 밤나무, 팽나무, 풍게나무, 푸조나무, 느티나무, 개옻나무, 산초나무, 나도밤나무, 갈매나무, 때죽나무, 복숭아나무, 쥐똥나무, 이대, 개서어나무, 서어나무, 작살나무, 사람주나무, 조록싸리, 음나무, 두릅나무, 장구밤나무, 산철쭉, 가막살나무, 괭이싸리, 청미래덩굴, 수리딸기, 비목나무, 화살나무, 철쭉, 벗나무, 쇠물푸레, 진달래, 정금나무, 좀병꽃, 복분자딸기 등이 있는데, 이 중 개서어나무, 졸참나무가 주요한 것이다.

천은사로 들어서면 좌우의 숲에는 왕개서어나무가 있고, 큰 것은 한 아름이 되며 잎, 과실, 어린가지 등이 현저히 굵고 크며, 신양재의 양측 해발 400~600m에는 떡갈나무가 많이 나고, 덩굴성의 목본으로서는 마삭줄, 개머루, 사위질빵, 댕댕이덩굴, 으름덩굴, 칡이 있으며, 초본 및 양치류는 그 종류가 많다. 초본류로는 장대여뀌, 쑥, 향유, 주름잎, 뱀딸기, 강아지풀, 돌콩, 냉이, 둑새풀, 괭이밥, 비노리, 제비꿀, 왕고들빼기, 쑥부쟁이, 꽃받이, 까치깨, 꼭두선이, 그령, 개밀, 주름조개풀, 선피막이, 개여뀌, 점나도나물, 계요등, 꼬리새, 반하, 겨이삭여뀌, 쥐꼬리망초, 개미자리, 말똥비름, 사상자, 개도둑놈의갈고리, 한삼덩굴, 망초, 깨풀, 질경이, 이삭여뀌, 씀바귀, 왜제비꽃, 참마, 닭의장풀, 배풍등, 산갈퀴, 파리풀, 마디풀, 골풀, 매듭풀, 사마귀풀, 수염가래꽃, 미나리, 가락지나물, 고마리, 자귀풀, 별날개골풀, 왜젓가락풀, 바늘꽃, 이질풀, 쇠무릅, 꿀풀, 명아주, 참새귀리, 큰까치수염, 참취, 며느리밑씻개, 솜나물, 짚신나물, 담배풀, 마타리, 실새풀, 도둑놈의갈고리, 산박하, 선포아풀, 잔디, 개맥문동, 꽃며느리밥풀, 섬말나리, 맑은대쑥, 실사초, 제비쑥, 나도송이풀, 제비꽃, 비수리, 장구채, 삽주, 참새피, 고깔제비꽃, 거북꼬리, 좀깨잎나무, 조밥나물, 대사초, 나비나물, 미역취, 고추나물, 차풀, 바디나물, 미꾸리낚시, 미나리아재비, 등골나물, 기장대풀, 좀가지풀, 좀꿩의다리, 기름나물, 산쑥바귀, 개쑥부쟁이, 이고들빼기, 수리취, 오이풀, 산국, 타래난초, 새, 들깨풀, 둥근매듭풀, 큰개여뀌, 파대가리, 돌나물, 개비름, 땅빈대, 쇠비름, 중대가리풀, 민들레 등이 있고, 양치류로는 처녀고사리, 쇠뜨기, 개고사리, 꼬리고사리, 진저리고사리, 진고사리, 좀진고사리, 넉줄고사리, 뱀고사리, 고사리 등이 있다.

수도암 부근은 소나무뿐이나 위로 오르면 770m에는 잡목이 번무하고 그중 대목으로는 개서어나무, 고로쇠나무, 나도밤나무, 쪽동백, 비목나무, 층층나무, 까치박달, 풍게나무 등이 있고, 이에 갈매나무, 느티나무, 노린재나무, 바위말발도리, 새머루, 칡, 으름덩굴, 산초나무, 다래나무, 개머루, 화살나무, 참개암나무, 생강나무, 졸참나무, 좁은잎참빗살나무, 가막살나무, 좁은단풍, 찔레나무, 보리수나무, 사위질빵이 섞이고, 동북쪽으로는 신갈나무대로 연속하고, 나무 밑에 총생하는 초목은 은꿩의다리, 섬조릿대, 산갈퀴, 국수나무, 산국, 질경이, 짚신나물, 멸가치, 둥근잎천남성, 이삭여뀌, 산기장, 참억새, 큰뱀무, 참반디, 섬말나리, 까실쑥부쟁이, 진황정, 꿀풀, 개찌버리사초, 태백제비꽃, 짚신나물, 실사초, 도둑놈의갈고리, 개밀, 송이풀, 돌나물, 뱀고사리, 씀바귀, 세잎쥐손이, 오리방풀, 사스래나무, 비짜루, 네잎갈퀴, 고추나물, 꼭두선이, 층층이꽃, 장대여뀌, 투구꽃, 산들깨, 까치고들빼기, 큰까치수염, 쇠뜨기, 물봉선, 황고사리, 뱀딸기, 고마리, 미나리, 익모초, 물별, 산여뀌 등이 있다.

신양재에는 나무가 거의 없고 약간의 조록싸리, 괭이싸리, 진달래, 철쭉, 졸참나무, 국수나무가 날 뿐이며, 동쪽은 급하고 험준한 사면을 이루고 암각岩角에는 흰참꽃, 죽대, 산구절초, 산일엽초, 참바위취 등 진귀한 식물들이 난다. 신양재의 북면北面은 신갈나무가 많이 총생하고 함박꽃나무의 아름다운 꽃이 이어지고, 북쪽은 어느 것이나 부분적으로 신갈나무림을 제외하고는 황폐하다.

• 화엄사 계곡의 식생

화엄사華嚴寺는 지리산 사찰 중 중요한 위치에 있어, 사찰영역의 산림도 수천 정보町步에 이르므로 보호구역도 넓고, 그 골짜기의 수목 또한 적지 않다. 아래쪽은 대개 소나무대로서 여기저기 그 분포범위가 다르고, 해발 800~1,150m에 이르는 계곡의 좌우에 800~1,200m까지는 서어나무대라고 할 수 있다. 다른 방면의 같은 고도에서 많이 보이는 굴참나무는 이 계곡에서는 보기 어려우며, 그 위의 1,000~1,350m는 신갈나무대를 이룬다. 경계부에 일부분은 철쭉, 싸리대帶로 되는 소나무대는 본래 다른 활엽수림으로 덮인다. 화엄사 부근에는 개서어나무가 가장 많이 발육하고, 올벚나무, 벗나무, 이팝나무, 백동백나무, 생강나무, 작살나무, 사람주나무, 으름덩굴, 푸조나무, 굴피나무, 산초나무, 초피나무, 누리장나무, 음나무, 복분자딸기, 조팝나무, 민윤노리나무, 자귀나무, 고광나무, 참싸리, 산철쭉, 개옻나무, 나도밤나무, 조록싸리, 두릅나무, 보리수나무 등이 혼생한다. 600m 주변에는 산돌배나무가 있고, 둑에는 버드나무류(갯버들)가 나며, 초원에는 좀싸리, 청미래덩굴, 광대싸리, 붉나무 등이 섞이고, 800~900m에 이르면 개서어나무의 교목이 있으며, 지름 약 70cm에 달하는 말채나무도 거목으로 되고, 높이 20m, 지름 1.5m에 이르는 그 밖의 다른 대목으로는 고로쇠나무, 사람주나무 등이 있다. 특히 사람주나무의 대목 참빗살나무의 높이 7m에 이르는 것이 있다는 사실은 이 삼림이 이미 오래되었음을 뜻한다. 이 주변에 나는 수목은 들메나무, 함박꽃나무, 박쥐나무, 물개암나무, 산초나무, 좁은단풍, 돌갈매나무, 고광나무, 서어나무, 노린재나무, 백동백나무, 쇠물푸레나무, 조록싸리, 참싸리, 조희풀, 개옻나무, 정금나무, 생강나무, 신갈나무, 작살나무, 산수국, 음나무, 졸참나무, 딱총나무 등에 메역순나무, 오미자, 다래나무가 이에 엉키고, 1,000m 주변에는 까치박달이 있다.

신갈나무대는 거의 신갈나무의 순림을 이루고 거대한 것이 적지 않으며 종종 지름 90여 cm에 이르며, 하목下木으로서는 조록싸리가 많이 난다. 신갈나무대를 나오면 초본대가 있는 곳에 마가목, 철쭉, 흰참꽃, 조록싸리, 진달래가 나고, 이 주변 일대에서 서쪽으로는 거의 철쭉대로 되나, 동쪽으로는 표고가 높아짐에 따라 수종도 많아지고 1,200m 이상에는 분비나무, 사스래나무가 있고 산괴불나무, 꽃개회나무, 털야광나무, 주목나무, 메역순나무 등이 혼생하나 신갈나무가 가장 많고, 사스래나무에서는 약수를 따며, 이 산 기슭에 특산인 누른종덩굴은 높이 90cm 정도로 거대한 종모양의 꽃이 피고, 꽃개회나무는 그 꽃이 아름다워 길손이 발을 멈추기에 족하며, 산의 북측도 대략 남측과 임상이 같다.

• 세석봉, 천왕봉 사이

세석봉細石峰(1,692m)은 함양咸陽, 산청山淸 양군의 경계에 있고 지리산 중 제4봉으로 정상부는 산청군에 면하여 넓은 초본대를 이루고 4km쯤 아래쪽 함양군을 면해서는 침엽수가 밀림으로 번무하여 지리산맥은 이곳에서 급히 굴절하여 동북으로 향하고, 그로부터 지리산의 최고봉인 천왕봉天王峰까지 약 14km의 길은 매우 험준하다. 이 언저리의 수목은 가문비나무를 주로 하여 분비나무, 이에 왜소한 신갈나무, 사스래나무, 꽃개회나무, 털야광나무, 부게꽃나무, 홍괴불나무, 철쭉, 산괴불나무, 쇠물푸레나무, 마가목, 땃두릅 등이 섞이고, 음나무, 주목나무 등이 드물게 난다. 땃두릅의 높이는 2m가량이며, 털야광나무의 거목은 지름 1.3m이고, 음나무, 주목도 각각 지름 1~1.5m이다. 방등봉方等峰에 이르면 낭떠러지 위에 눈향나무가 나서 제주도 한라산에 나는 것과 마찬가지로 2형의 잎이 있다. 산 속의 기후가 가장 한랭한 지방으로, 서울 부근에서는 5월에 개화하는 철쭉의 꽃을 7월에 볼 수 있다.

정계선頂界線 좌우의 골짜기는 산청과 함양에 속하고 골짜기가 깊으며, 정상에서 200~300m 주변까지는 침엽수림을 이루고 아래는 순차적으로 활엽수림을 이룬다. 침엽수림은 정계선과 마찬가지로 가문비나무, 분비나무를 주로 하고 이에 여러 가지 활엽수가 섞이며 그중 거제수나무의 대목은 높이 30m에 이르고, 사스래나무도 높이 20m에 달하며 만병초는 5m가 넘어 어느 것이나 사람을 놀라게 하기에 족하다.

• **천왕봉 부근**

지리산의 최고봉을 천왕봉天王峰이라고 하며, 산청, 함양 양 군계에 서 있고 해발 1,915m이며, 그 중앙에 산신을 모신 천제단이 만들어져 있고, 북방에는 방장봉方丈峰, 서쪽에는 방등봉方等峰이 있다. 방등, 방장의 산은 어느 것이나 가문비나무, 분비나무로 덮이고, 사스래나무, 진달래, 마가목, 철쭉, 부게꽃나무, 신나무, 꽃개회나무 등이 혼생하나, 천왕봉 정상에는 사스래나무의 왜소목이 나고 이에 좀고채목, 진달래가 혼생하고, 어느 것이나 2m를 넘지 않고 초본도 종류가 적어 김의털, 산구절초, 개쑥부쟁이, 돌양지꽃, 꽃며느리밥풀, 다북고추나물, 네귀쓴풀, 산괭이사초 등등이 있다. 특히 진귀한 것은 백두산 지방에 나는 백두사초(*Carex peiktusani*)가 정상에 나고, 강원도 금강산, 설악산에만 있는 것으로 알려진 여우꼬리풀과 좀고채목, 그늘실사초 등이 있다.

2. 소산식물의 검토

지리산의 관속식물은 나카이T. Nakai(1915)가 재배종 4종을 포함하여 470종류로 발표하면서 최초로 종합되었다. 이 중에는 표본이 불완전하여 속만이 감정된 2종을 위시하여 6종류는 미지의 식물이며, 학명이 오용된 것이 14.9%인 70분류군이고, 다른 종에 통폐합되거나 학명이 재조합된 것이 28.3%인 133종류이다. 이 중 8종류는 완전히 통폐합되어 학명이 죽었고, 현재 그대로 사용되는 것은 55.5%인 261분류군이다. 미지의 식물은 다음과 같다.

① *Allium* sp. ? 표본 불완전품

② *Lilium carnea* Nakai in Fedde, Rep. 13:247(1914), Nakai, Veg. Chiisan 27(1915)

③ *Stachys glabrata* Nakai, Veg. Quelpaert 78(1914): Veg. Chiisan 44(1915)

④ *Euphrasia* sp. ? 표본 불완전품

⑤ *Desmodium candatum* v. *mandshuricun* Nakai, Tyosen-Syokubutu 253(1914), 잎에 털이 많은 것.

⑥ *Lespedeza japonica* Schnindl. 나카이Nakai는 조선식물에서 본품은 *Lespedeza bicolor* v. *sieboldii*와 같은 것이라고 하나, 이는 풀싸리 모종의 이명임. 재검토 필요.

그 후 지리산식물도 꾸준히 미기록이 추가되어, 현재는 128과 512속 1,223종 5아종 87변종 42품종으로 총 1,357종류로 늘어났다(이 · 임,

2002). 이 중에 한국특산식물은 지리산고사리, 구상나무, 떡버들, 좀고채목, 당개서어나무, 왕개서어나무, 검팽나무, 제주큰물통이, 지리산개별꽃, 미색바꽃, 진범, 누른종덩굴, 참꿩의다리, 모데미풀, 매자나무, 녹다래나무, 큰고추나물, 매미꽃, 참장대나물, 히어리(송광납판화), 흰괭이눈, 지리터리풀, 터리풀, 청복분자딸기, 산오이풀, 엷은털마가목, 나래완두, 네잎갈퀴, 개시닥나무, 털만주고로쇠, 청가마귀머루, 염주보리수, 지리산오갈피나무, 지리강활, 흰철쭉, 흰정향나무, 갈퀴아재비, 참갈퀴덩굴 새며느리밥풀, 지리산꼬리풀, 흰등괴불나무, 어리병풍, 금강초롱꽃, 정영엉겅퀴, 고려엉겅퀴, 벌개미취, 각시서덜취, 자주솜때, 수염김의털, 두메김의털, 애기감둥사초, 갈사초, 그늘실사초 등 53분류군이 있다. 이 중 지리산개별꽃, 참장대나물, 지리터리풀, 청복분자딸기, 엷은털마가목 등 5종은 지리산에만 나는 우리나라 특산종이고, 모데미풀속, 메미꽃속, 금강초롱꽃속 등은 한국특산속식물이다.

지리산에만 나는 특산종과 특산속식물을 살펴보면 다음과 같다.

지리산개별꽃 *Pseudostellaria okamotoi* Ohwi in Joun. Jap. Bot. 12:387(1936) : 가는개별꽃에 비슷한 *Pseudostellaris heterantha*에 유사하나 약간 대형이고 줄기 끝에는 늘 4개의 잎이 윤생같이 접근하여 나는 것으로 지리산 1,000m 부근에 난다.

참장대나물 *Arabis columnalis* Nakai in Fedde, Rep. 13:274(1914) : 장대나물에 유사하나 아래쪽의 잎에는 한층 털이 많고 뿌리는 다년생이고 원주형으로 굵다.

지리터리풀 *Filipendula formosa* Nakai in Fedde, Rep. 13:274(1914) : 붉은터리풀과 *Filipendula multijuga*(일본 산)와의 중간형으로 전자보다는 잎의 결각이 얕고 넓게 뾰족하며 후자에 비해서는 잎의 열편이 생장치 않고 꽃은 일층 털이 밀생한다.

청복분자딸기 *Rubus coreanus* f. concolor (Nakai) T. Lee, Ill. Woody Pl. Kor. 281 (1966)-*Rubus coreanus* v. *concolor* Nakai, Veg. Chiisan 36(1915) : 복분자딸기(모종)에 비해 잎 뒤에 털이 전혀 없다.

사진 10 | **매미꽃**
우리나라 남부아구에만 나는 특산속식물이다(일본 도쿄대학의 표본실에 소장된 기준표본의 사진).

엷은털마가목 *Sorbus commixta* f. pilosa (Nakai) Nakai in. Bull. Nat. Sci. Mus. Tokyo 31:62(1952)-*Sorbus commixta* v. *pilosa* Nakai, Fl. Sylv. Kor. 6:25(1916) : 마가목(모종)에 비해 겨울눈에 털이 없고 점성이 있다.

매미꽃속 *Coreanomecon* Nakai in Jour. Jap. Bot. 11:151(1935) : 매미꽃속은 양귀비과에 속하는 다년생 초본식물로 매미꽃(*C. hylomeconoides*)(사진 10) 1종이 있다. 이 식물은 정태현과 나카이T. Nakai(1913)가 지리산 식물을 조사할 때에 최초로 채집되었으나, 피나물(*Hylomeon vernalis*)로 잘못 감정되어 취급되어 오다가, 그 뒤 전남 백운산(1934)에서 채집된 것과 정밀 검토한 결과, 피나물에 비해 지상경(줄기)이 없고 잎이 모두 근출엽이며 꽃대는 잎짬에서 나고 꽃가루가 12산구형이라는 이유로 독립속으로 신설되었다. 그리고 이 식물은 남부아구의 여러 곳에 분포가 알려졌으며, 피나물과는 잎의 톱니도 다르고 꽃이 7~8월에 산형 또는 복산형화서에서 녹색을 띠는 황금색으로 피는 아름다운 식물이다. 학명은 피나물에 유사한 특산식물이라는 데서 붙여진 것이며, 국명은 지리산 지방의 방언에서 유래한 것이다. 이 식물을 오이J. Ohwi(1953)는 피나물속과 함께 애기똥풀속(*Chelidonium*)에 통합한 일도 있으나 이는 여러 가지 점에서 무리라는 이유로 공감을 얻지 못했다.

사진 11 | 모데미풀
한국특산속의 희귀식물이다.

모데미풀속 *Megaleranthis* Ohwi in Acta Phytotax. & Geobot. 4:130 (1935) : 모데미풀속은 미나리아재비과에 속하는 다년생 식물로 모데미풀(*M. saniculifolia*)(사진 11) 1종이 있다. 이 식물은 오이J. Ohwi가 사초과 식물 1종의 생품을 얻기 위하여 지리산을 조사할 때, 북쪽 주산맥 중앙부에 있는 운봉 모데미의 개울가 초원에서 쉬다가 일어나면서 앞에 있는 풀들을 쥐고 일어났는데, 그때 우두둑 풀이 뜯기기에 잘 살펴보니 이상한 풀이 있어 우연한 기회에 최초로 채집되었다. 이를 재료로 연구한 결과, 이는 금매화속(*Trollius*)에 가장 유사하나 한 개의 꽃대에서 한 개의 꽃이 피고 꽃 바로 밑에 한 장의 총포가 있으며 다른 잎이 없는 것이 결정적으로 다르고, 총포엽으로 보면 너도바람꽃속(*Eranthis*)에 유사하나 유연관계가 비교적 멀고 꽃잎의 모양, 근경의 상태, 과실자루의 존재 유무 및 배열상태가 다르다는 이유로 새로운 속으로 명명되었다. 속의 특징을 정리해 보면, 뿌리줄기가 가늘고 길며 줄기에는 근엽과 동형의 총포가 한 장 있으며 줄기 끝에 자루가 극히 짧은 1개의 꽃이 달리고, 꽃의 지름은 2cm 정도이다. 또 5개의 꽃받침조각은 꽃잎 모양으로 백색이고 꽃잎도 백색으로 소형이며 편평하고 수술은 많으며 다수의 심피는 그 선단이 점차 가늘어져서 길이 3mm 정도의 암술대로 되고 삭과(과실)는 편평하며 종자는 진흑색으로 평활하다. 이 식물은 그 뒤 설악산, 점봉산, 계방산, 광덕산, 태기산, 태백산, 덕유산, 안동, 소백산, 한라산 등지에서 분포가 보고되었다. 필자가 본 바로는 소백산에 대단히 큰 군락이 있다. 속명은 너도바람꽃에 유사하다는 데서 붙여진 것이고, 국명은 최초의 채집지의 이름에서 유래된 것이다(이우철, 2001, 2002).

최근 모데미풀의 「자생지별 외부형태 및 식생의 연구」(유기억 등, 1999)에 의하면, 외부형태형질의 유집분석 결과, 주로 꽃과 과실에 관한 형질이 조사집단을 구분하는 데 유의성이 있는 형질로 나타났으며, 식생의 식물사회학적 분석결과로는 이 식물과 친화성이 높은 식물은 눈개승마, 현호색, 박새, 홀아비바람꽃, 벌깨덩굴, 터리풀, 진범, 큰개별꽃, 솜때 등의 순서인 것으로 밝혀졌다.

3. 내가 본 지리산

필자가 지리산을 오른 것은 세 번(1974, 1976, 1988)이다. 그중 한 번은 남원에서 모데미 방향으로 들어가 마천면 삼정리에서 천왕봉을 거쳐 세석평전으로 내려와 쌍계사로 빠지는 코스를 탐방했고, 또 한 번은 구례에서 노고단 코스를 올랐으며, 나머지 한 번은 화엄사 코스를 오르면서 소나무의 군락조사(이 · 김, 1989)를 했을 뿐이고 보니, 지리산 전체를 보지는 못한 셈이다.

지리산은 봄이면 세석계곡을 붉게 물들이는 철쭉을 비롯하여, 화개장터에서 쌍계사까지의 계곡에 터널을 이루는 벚꽃, 여름이면 싱그러운 신록新綠과 시원한 폭포가, 가을이면 피아골 직전 부락에서 산장 사이 3km 계곡을 물들이는 단풍과 만복대 등산길의 억새밭이 볼 만하며, 겨울이면 그 어느 곳보다 드넓은 설경이 펼쳐져 연중 어느 계절에 와도 후회 없는 산행이 될 수 있는 좋은 곳이다(유정열, 1998). 그리고 지리산 지역에서는 봄철이면 고로쇠나무의 수액을 받아, 뼈에 이로운 물이라는 뜻으로 '골이수'라고 하여 약으로 판다. 이 골이수는 맛이 달콤 쌉싸름하여 처음 마시는 사람에게는 좀 역겨우나 아무리 마셔도 배탈이 나지 않는다고 하며, 황산이온, 칼슘 등 미네랄 성분과 에너지 공급원인 자당이 많아, 마시면 몸 안의 노폐물을 제거하는 데 도움을 준다고 한다. 물론 수액의 채취는 산림보호를 위하여 아무나 할 수가 없고 허가를 받은 농가에서만 일정한 양을 채취하여 판매한다.

이와 같이 지리산은 남도의 보고寶庫로 이곳 주민의 젖줄 역할을 해왔으며 앞으로도 그러할 것이다. 두릅나무과에 속하는 가시오갈피나무(*Acanthopanax senticosus*)(사진 12)는 한국, 일본, 만주, 소련, 아무르, 우수리, 사할린에 분포하는 낙엽관목으로 오갈피나무에 비해 소화경小花梗이 길고 가시는 바늘모양이며, 암술대는 끝까지 유합하고 씨방이 5실인 점으로 구별된다. 이 식물의 국내 분포는 금강산 이북에 주로 나고 그 이남에서는 화악산, 대덕산, 오대산, 발왕산, 태기산, 치악산, 태백산, 최정산, 가야산, 지리산, 제주도 등의 심산에 드물게 나며, 해발 1,600m(제주도는 제외) 이하에 분포하며(이우철, 1979), 지리산에서는 해발 1,200~1,400m에서 채집된 것으로 보고되고 있다(정 · 이, 1965).

일찍부터 가시오갈피나무 근피根皮는 양기를 돕는 보신재로 알려져 왔으나(안덕균, 1998), 1960년대에 소련의 우라지보스크에 있는 가시오갈피연구소에서 "가시오갈피나무 성분의 효능은 인삼보다는 훨씬 좋고 산삼에 버금가는 것으로 우리들은 이것으로 우주인 식량을 만든다."라고 발표함으로써 세계의 이목이 집중되었다. 그래서 세계 각지에서 그 식물의 원료를 구입하겠다는 주문이 쇄도했으나 소련에서는 원료가 귀하다는

사진 12 | **가시오갈피나무**
성분이 인삼보다 좋고 산삼에 버금간다는 귀중한 약재이다.

이유로 팔지 않고 엑기스를 추출하여 황금과 같이 비싸게 판매하였고, 이미 오래전부터 미국에서는 이를 수입하여 캡슐과 태블릿으로 제조해 시판하였다. 1970년대에 스위스에 어느 제약회사에서 그 식물이 한국에 있다는 것을 알고, 가시오갈피나무의 뿌리를 수입하겠다는 오더를 냈고, 이 주문을 받은 업자는 실물을 잘 몰라, 지리산에 들어와서 주민들에게 가시가 달린 오갈피나무가 있느냐고 문의하니 주민들은 오갈피나무에도 가시가 있으므로 있다고 답했다. 수출회사에서는 이 뿌리를 구입해 보내서 계약이 성립되었으나, 그것은 바이어들이 원하는 바늘 같은 가시가 있는 가시오갈피나무가 아니라 아까시나무와 같이 위가 좁고 밑이 넓은 가시가 있는 오갈피나무였다. 그래서 오갈피나무의 근피가 가시오갈피나무의 근피로 둔갑되어 수만근 수출이 되었다. 그들은 이것을 사다가 삶아보니 우라지보스크연구소에서 발표한 것과 같은 양의 유효성분이 나오지를 않자, 회사에서 직원을 한국으로 보내 실물을 확인하도록 했는데 옛날 청량리 중앙임업시험장에 식재한 것을 보아 확인하고 이상이 없다고 하고 갔으나, 사실은 이때 임업시험장의 관리 실수로 가시오갈피나무와 오갈피나무의 팻말이 뒤바뀌 있었기 때문에 검증에 요행히 통과 된 것이었다. 제약회사에서 다시 수만근을 고가로 수입해다 삶아보았으나 결과는 전번과 다름이 없었다. 그래서 회사에서는 다시 2차로 실물을 확인하러 두 명의 연구원을 한국으로 보내면서, 한국에 가면 이 방면에 정통한 정태현 박사라는 학자가 있으니 그에게 자문을 받아 실물을 확실히 감식하도록 지시를 하였다. 그들이 한국에 와서 정태현 박사를 찾았으나 이미 그는 10여 년 전에 타계한 뒤라서 그와 같이 연구하던 사람을 수소문하던 끝에 필자와 연락이 닿았다. 필자가 한국측 수출회사 직원의 안내로 조선호텔에 가보니, 그들은 이 분야의 전공학자들이 아니라 한 사람은 정원사이고, 다른 한 사람은 성분을 다루는 물리학을 전공한 직원이었다. 내가 준비해가지고 간 자료를 보여주고 당시 자하문 밖에 있던 수출회사에 심어놓은 실물이 있다고 하여 가 본즉, 그 역시 가시오갈피나무가 아니라 오갈피나무였다. 이들은 그날 오후 경기도 어디로 현지를 확인하러 갔으나 분명히 실패했을 것이다. 그 후 수입회사측에서 코스트를 대폭 삭감할 것을 주장해 수출은 중단되었으나, 많이 재배하면 사가겠다고 하여 우리나라에서 가시오갈피나무 재배의 붐이 일었고, 약학대학의 생약학을 전공하는 분들의 손길이 바빠졌다. 이와 같은 소동이 일어나게 된 동기는 약재의 뿌리가 오가며 계약이 되는 과정에서 오갈피나무의 뿌리가 가시오갈피나무의 뿌리로 잘못 동정 되었기 때문이었다.

현재는 여러 곳에서 재배에 성공하여 가시오갈피술이 제조되어 시판되고 있으며, 분자생물학적으로 세포배양이 되어 캡슐과 태블릿으로 제조, 판매되고 있어 양묘養苗가 더욱 손쉬워졌다. 이같이 공업화하기 위해서는 대량으로 세포배양을 하여 탱크 속에 넣어야 하나, 문제는 세포배양으로 만들어진 세포 안에는 그 같은 유효성분과 천연향이 없다는 점이다. 다시 말하면 우리가 필요로 하는 물질은 이 식물이 자연상태로 살아가면서 축적하는 후천적인 물질이기 때문이다. 그렇다면 이 성분과 향을 분석하여 재합성하는 연구가 필요한데 여기까지는 아직 역부족인 듯하다.

6 충청의 속리산 일대

속리산(1,058m)은 충청북도 보은군報恩郡 내속리면과 외산면, 경상북도 상주군尙州郡 화북면 등 2개 도 2개 군 3개 면에 펼쳐져 있으며, 본산은 소백산맥小白山脈의 지맥으로 전부가 화강암으로 이루어져 있다. 주봉인 천황봉天皇峰을 위시하여 비로봉(1,032m), 입석대(1,010m), 문장대(1,033m), 관음봉(985m), 묘봉(874m)으로 이어진 봉우리들이 부챗살같이 충북과 경북의 도계에 도열해 있으며 이곳을 분수령으로 남한강, 금강 및 낙동강 등 3대 하천의 발원을 이룬다.

속리산은 원래 구봉산九峰山, 제2금강산 또는 소금강小金剛으로 불려오다가 신라시대에 비로소 속리산俗離山이라 칭하였으며, 산록에는 신라 진흥왕振興王 14년(613년)에 의신조사義信祖師가 개산하였다는 법주사法住寺를 비롯하여 7~8개의 암자가 있다(이덕봉, 1959).

속리산은 충청도의 명산으로 삼림의 대부분이 잘 보존되어 왔으며, 식물의 연구는 1923년에 복원삼랑福原三郎이 상고암上庫庵 부근에서 채집한 망개나무를 도쿄대학의 나카이T. Nakai에게 보내져서 발표된 것이 그 효시이며(T. Nakai, 1923), 모리T. Mori(森爲三)가 1930년 속리산에서 개최된 교사의 현지강습회에 참석하여 채집은 하지 않고 관찰만으로 소산식물 107과 511종류를 기록하여 발표(학명 없이 일명만)함으로써 그 윤곽이 밝혀지기 시작하였다(정 · 이, 1961; 이 · 백, 1991).

속리산의 대표적인 식물명 중에 속리 또는 속리산이라는 접두사가 붙은 표준명은 속리기린초, 속리말발도리, 속리참나물, 속리산싸리(풀싸리의 이명) 등이 있을 뿐이다. 물론 관할 지역이 좁고 산이 그다지 높지 않아 그 수가 적다고는 하나, 이들 또한 속리산이 자기네들의 고향이라는 것을 등판에 달고 다니는 애향심이 높은 식물로 평가할 수 있다.

1. 식물의 개황

옛날에는 속리산 입구인 사내리寺乃里에서 법주사까지 낙엽수의 울창한 숲이 있어 긴 나무의 터널을 이루고 습한 곳에는 오리나무의 군락이 있었으나, 현재에는 그 부분에 관광단지가 조성되어 옛 모습은 찾아볼 수 없게 됐다. 현재는 하천을 따라 꼬리조팝나무, 혹느릅, 갯버들, 조팝나무, 족제비싸리 같은 소관목이 나타나고 그 밑에는 달맞이꽃, 제비꽃, 말냉이, 애기똥풀, 백선, 고추나물, 참새귀리, 까실쑥부쟁이, 질경이 같은 평지식물이 자라고 있다. 또한 사내리寺乃里 어귀부터는 신갈나무, 느티나무, 까치박달, 팽나무, 신나무, 졸참나무, 피나무와 같은 교목들이 울창하고 그 수하樹下에는 화살나무, 작살나무, 산철쭉, 개암나무, 푼지나무, 물푸레나무, 덜꿩나무 등이 자라고 있으며 그 밑에는 멸가치, 애기나리, 큰애기나리, 바디나물, 남산제비꽃, 졸방제비꽃, 솜때, 둥굴레, 족도리풀, 하늘말나리, 꼭두선이, 나비나물, 밀나물, 가시여뀌 같은 초본성 식물이 자라고 있다.

그리고 법주사 이상은 오늘날에도 잘 보존되어 있다. 이곳은 일반적으로 해발 600m 이하는 많은 지역이 소나무의 순림을 이루고 있으며, 그 이상은 서어나무, 신갈나무, 졸참나무를 주축으로 하는 활엽수림을 형성하고 있다. 특히 천황봉 계곡과 문장대 계곡은 보기 드문 울창한 숲으로 덮여 있다.

활엽수림의 교목층은 신갈나무, 졸참나무, 서어나무, 아교목층은 당단풍, 쪽동백, 쇠물푸레나무, 관목층은 생강나무, 쪽동백, 털조록싸리, 조릿대, 초본층에는 지리대사초와 고깔제비꽃이 우점종군을 형성하며 많은 부분의 하층이 조릿대 군락으로 깔려 있어 초본층은 매우 빈약하다. 특히 천황봉 계곡에서는 가슴둘레 385cm의 신갈나무, 300cm의 졸참나무, 180cm의 서어나무와 152cm의 망개나무의 거목들이 즐비하게 있어 잘 보존할 가치가 있다.

이 산의 주봉인 천황봉 정상부의 식생은 상층이 신갈나무, 뽕피나무, 쇠물푸레나무, 중층이 개옻나무, 참싸리, 병꽃나무, 털진달래, 철쭉, 메역순나무, 함박꽃나무, 두릅나무, 나래회나무, 산앵도나무, 하층은 꽃며느리밥풀, 산구절초, 용수염풀, 대사초, 큰참나물, 까치고들빼기, 새, 그령, 바위채송화 같은 것으로 이루어져 있다. 그리고 관광객이 가장 많이 오르는 문장대 정상부의 식생은 상층이 신갈나무, 당단풍, 층층나무, 쇠물푸레나무, 잣나무, 중층이 노린재나무, 병꽃나무, 생강나무, 함박꽃나무, 철쭉, 참개암나무, 산딸기나무, 메역순나무, 털조록싸리, 하층이 조릿대, 좀깨잎나무, 지리대사초, 산박하, 산구절초, 큰까치수염, 기름나물, 개고사리, 돌양지꽃, 산오이풀 같은 것으로 되어 있다.

속리산의 해발 600m 이하에 주로 있는 소나무림의 식생(이 · 이, 1989; 이 · 백, 1991)은 다음과 같다. 속리산의 소나무 군집의 교목층은 소나무, 신갈나무, 졸참나무, 당단풍, 산벚나무, 아교목층은 생강나무, 개옻나무, 관목층은 진달래, 쇠물푸레, 초본층은 큰기름새, 고사리, 삽주, 선밀나물, 산거울, 꽃며느리밥풀 같은 것이 우점종군을 형성하고 있으며 부분적으로 굴참나무아군집, 철쭉아군집, 국수나무아군집이 형성되며 부수종으로 쪽동백, 싸리나무, 노린재나무, 맑은대쑥, 애기나리, 애기원추리 등이 출현한다. 남부아구南部亞區에 속하는 속리산의 소나무 군집에서는 중부아구와 달리 아군집을 형성하던 졸참나무가 우점종군으로 올라가고 우점종군이던 철쭉이 아군집을 형성하며 국수나무 아군집이 추가된다. 그리고 개옻나무가 아교목층의 우점종군인 점은 같다.

속리산에 나는 식물 중 한국특산식물은 섬고사리, 개비자나무, 눈개비자나무, 가는장구채, 큰위령선, 참꿩의다리, 속리기린초, 매화말발도리, 참양지꽃, 청복분자딸기, 긴잎꽡배나무, 털이스라지나무, 풀싸리, 좁은단풍, 회양목(재), 금강제비꽃, 참마디풀, 지리산오갈피, 산앵도나무, 참갈퀴덩굴, 토현삼, 병꽃나무, 고려엉겅퀴, 긴금강분취, 분취, 죽대, 지리대사초 등 27분류군이 있다.

2. 소산식물의 검토

속리산의 식물은 나카이T. Nakai와 정태현이 1934년 8월 10일~16일에 걸쳐 소상히 조사하여 목록을 작성하였으나 보고서로 발표하지는 않고, 『산림회보山林會報』 122호(1938)에 「충북 속리산의 일폐」라는 제목으로 단편적인 보고를 하였으며, 신식물은 일본식물 연구잡지에 속리기린초, 속리말발도리, 털이스라지나무 등이 발표되었다(T. Nakai, 1939).

본산의 식물이 정식으로 보고된 것은 1957년 이덕봉李德鳳이 자신이 직접 조사한 결과에 그간 발표된 국내 자료를 종합하여 관속식물 126과 631종류의 목록을 발표한 것이다. 그 뒤 필자는 4회(정 · 이, 1961; 이 · 임, 1978; 이 · 이, 1989; 이 · 백, 1991)에 걸쳐 재조사를 하여 발표한 바 있다. 그 결과 속리산의 관속식물은 121과 419속 806종 1아종 44변종 13품종으로 총 864종류(재배종 55종 포함)로 정리된 바 있다. 이 중 특이한 식물은 다음과 같다.

망개나무(*Berchemia berchemiaefolia*)는 갈매나무과에 속하는 낙엽활엽교목으로 특히 다른 나무보다 수분을 많이 필요로 하므로 여름철 가물 때는 잎이 시들시들하고 광택이 나며 잘 흔들리는 관계로 멀리서도 용이하게 식별할 수 있다. 한국, 일본, 중국에 분포하는 희귀식물로 우리나라에서는 1923년에 최초로 채집되었으나, 그 뒤 인접한 군자산君子山, 경북의 주왕산周王山, 내연산內延山, 보현산普賢山에서 보고되었고, 국명도 지역에 따라 메답사리(사담리), 멥대싸리(화양동), 모이대싸리(군자산), 살배나무(주왕산)로 불렸다. 학명도 한때는 일본산은 *Berchemiella berchemiaefolia*, 중국산은 *Berchemiella wilsonii*, 한국산은 *Berchemiella koreana*로 세분한 바 있었으나 최근에 통합됨으로써 학명의 변천이 심하다(이 · 백, 1991). 이 나무는 속리산 남산 산록(부락에서 500m 지점)에서 최기철에 의하여 대목이 발견되어 천연기념물 148호로 지정 보호되어 왔으나, 누군가가 이 나무의 수피를 삶아 먹으면 애 못 낳는 여인이 애를 낳을 수가 있다는 헛소문을 내어서 무지한 사람들이 마구 껍질을 벗겨가는 바람에 1960년에 고사하고 말았다. 필자가 속리산을 처음 조사할 때(1959)에는 살아 있어 올라가 보니 이 식물은 원래 양수인데 주위에 있는 참나무류들이 그

사진 13 | **망개나무**
희귀식물로 필자가 속리산에서 찾아낸 거목이다.

생장을 위축하고 있었으며 더욱이 수피를 마구 벗겨가서 여명餘命이 불원함을 보고 당국의 적절한 보호를 촉구한 바 있었다. 결국 이 나무는 희귀성이 인정되어 유명해진 뒤 당국의 소홀한 보호와 국민들의 무관심으로 현인단명賢人短命의 신세가 된 제물 가운데 하나라고 할 수 있다. 그 뒤 가슴둘레 87cm의 대목이 탈골암脫骨庵 밑에서 다시 발견되어 천연기념물 207호로 지정 보호되고 있다. 그러나 1990년 필자는 천왕봉 계곡 637m 지점에서 높이 12m, 가슴둘레 152cm로 수령 약 250년으로 추정되는 거목을 발견한 바 있다. 이 나무는 높이 4m 지점에서 둘로 갈라지고 각각 다시 둘로 갈라졌으며 5m 지점에서 2차 분지한 짬이 볼록하게 이상 발육을 하여 대형의 수정같이 보인다(사진 13). 망개나무는 내속리면內俗離面 중판리 안터골에서 약 100여 본의 군락이 확인되었고 문장대 계곡에서 드문드문 나타나는 것으로 보아 과거에는 속리산 전역에 많았던 것 같다. 이는 옛날 이 지역의 망개나무 자리가 유명하였다는 주민들의 말이 뒷받

사진 14 | 정이품송
속리산의 상징물인 벼슬한 소나무로, 1990년대에 자연재해로 수세가 약화되어 치유하는 과정에 있다.

침한다. 이 나무의 대목大木이 귀한 까닭은 주민의 말을 종합하여 보면 첫째 수피가 얇아서 불에 대단히 약하므로 산불로 불티만 지나가도 밑동이 썩기 시작하며, 둘째로 나무의 성질은 단단하나 잘 휘어짐으로 삼태기 테, 도끼자루, 정초의 윷 제조용 및 망개나무 자리용으로 많이 벌목하였고, 셋째로 겨울철에 잘 타는 관계로 산골 사람들이 화목火木으로 많이 이용한 데 그 원인이 있는 것으로 여겨진다(정 · 이, 1961).

속리산의 입구 내속리면 상판리 길가에 자리한 수령 약 800년생의 소나무(正二品松, 천연기념물 103호, 사진 14)는 속리산의 상징적인 식물일 뿐만 아니라 역사적, 학술적으로도 의미가 있다. 이 나무는 높이 16m, 나무둘레(지상 1m의 곳) 4.7m로 가지가 수평보다 약간 아래로 늘어져서 사방으로 뻗어 원추형을 이루고 있었다. 전설에 의하면 조선의 7대 임금인 세조대왕(1455~1468)께서 이 산에 오실 때, 이 소나무의 한 가지가 임금

님의 가마에 걸리겠다고 왕이 말씀하자, 늘어진 가지가 곧 위로 올라가 가마가 무사히 통과하였다고 한다. 왕이 이를 기특히 여겨 정이품의 위를 하사하게 되었다고 한다(이덕봉, 1959). 우리나라에는 벼슬한 나무가 다섯 그루가 있으며, 그중에서도 이 소나무의 품격이 가장 높다. 이 나무가 최근 자연재해와 인간들의 무지로 죽어가고 있다. 1990년부터 수세가 극도로 나빠졌다고 하며, 그 원인에 대한 충북대학교 강상준 교수의 의견에 의하면, 도로공사 시에 지면을 고르게 하기 위하여 소나무 밑을 복토함으로써 천근성淺根性인 소나무의 밑뿌리가 썩기 시작했고 이를 보완하기 위해 복토한 부분에 2차적으로 부정근을 내는 데 많은 에너지를 소비했다는 것이다. 설상가상으로 1980년대 중반 솔잎혹파리의 피해를 받아 수세가 약화되자, 이를 치료하기 위하여 방충망을 설치하는 한편 통기통을 설치하는 과정에서 2차적으로 생긴 뿌리마저 손상을 준 것이 죽어가는 직접적인 원인이며, 주위에 세워진 철봉의 반사열과 소나무 밑의 잡초제거가 이를 가속화했다고 진단했다. 이 문제에 대하여 혹자는 무대책이 대책이라고 하나 위와 같은 강 교수의 의견은 일리가 있다. 그리고 정이품송은 1993년 2월 강풍으로 6.5m짜리 서쪽 가지가 부러지고, 2003년 3월에는 폭설로 남쪽 가지가 부러졌으며, 3월 28일 속리산 일대에 초속 18.7m의 강풍이 불면서 지름 30cm, 길이 7m의 서쪽 큰 가지마저 잃는 자연재해를 입었다. 지금은 9개의 철재 지지대에 의해 힘겨운 여생을 보내고 있다.

충북도산림환경연구소가 1986년 정이품송에서 채취한 씨앗을 파종하여 8그루의 2세 정이품송을 만들었다. 그중 5그루를 1996년(충북 개도 100주년)에 정이품송 보호 울타리 안에 심어 평균 높이가 4~5m에 이를 정도로 컸고, 뿌리도 무성해져 정이품송에 지장을 줄 우려가 있어, 2007년

봄에 이 중 정이품송을 가장 많이 닮은 한 그루는 대전정부청사 옆 천연기념물 보호센터 후계목장으로 옮겨 심고, 3그루는 속리산 인근 소나무 공원인 솔향공원에 이식했으며, 1그루만이 어미 옆에서 자라고 있다. 부디 이들 2세 정이품송들이 잘 자라기를 기원한다. 위의 솔향공원은 보은군 내속리면 갈목리 일대 2만 2,000m²의 규모로 조성되어 2007년 5월에 정식 개원되었다. 이 공원에는 소나무의 생태와 약리작용을 소개하는 홍보전시관(748m²)과 소나무 양모장(700m²)이 들어섰으며, 1만 4000여 그루의 송림 사이로 정자와 팔거리 등이 설치돼 자연학습과 휴식 기능을 함께 갖추도록 만들어진 곳이다.

노각나무(*Stewartia pseudo-camellia*)는 차나무과에 속하는 교목으로 일본(본주, 사국, 구주)과 한국 남부에 걸쳐 나는 한일 공통종인 남방계南方系 요소로 수피에 얼룩무늬가 있어 잘 식별이 되며 예비군의 군복과 같은 무늬가 있다고 하여 '예비군나무'라고도 한다. 우리나라에서는 전북 덕유산과 충북 속리산을 잇는 선이 분포북한으로 여겨지며, 법주사 동쪽 옆 계곡 해발 390m 지점에 있는 노각나무의 군락은 이런 점에서 중요하다. 이곳에는 약 500여 그루가 산재하여 있고 큰 것은 흉고직경이 26.3~42.3cm의 대목들이 섞여 있다.

대팻집나무(*Ilex macropoda*)는 갈매나무과에 속하는 교목으로 일본, 중국, 한국에 분포하는 남방계 요소이다. 우리나라에서는 충남 계룡산, 안면도, 충북 속리산, 경북 비슬산을 잇는 선이 분포북한으로 여겨지며, 천황봉 계곡 상환암上歡庵의 뒤쪽 좌측 코스에서 한 그루를 확인할 수 있었을 뿐이다.

털노박덩굴(*Celastrus stephanotifolius*)은 노박덩굴과에 속하는 덩굴성 관목으로 일본(본주, 사국, 구주)과 한국 중부 이남에 나는 한일 공통종으로 남방계 요소이다. 우리나라에서는 속리산이 분포북한이 아닌가 하며 이 식물은 윗대목골 좌측 해발 690m 정상에서 계곡 쪽에 난다.

3. 미선나무의 자생지

미선나무(*Abeliophyllum distichum*)(사진 15)는 물푸레나무과에 속하는 관목으로 이른 봄 잎이 나오기 전에 아름다운 꽃을 피워 관상가치가 높은 식물로 1속 1종 4품종의 우리나라 특산속식물로 대단히 학술적 가치가 있는 희귀식물이다. 이 식물은 나카이T. Nakai와 정태현이 측백나무의 원산지를 조사(1917)하기 위하여 충북 진천군 초평면 용정리에 가던 길에 우연히 어느 정자 부근에서 최초로 발견하여 조사 연구한 결과, 향쥐똥나무에 비해 화관이 합판이고 열편은 회선상回旋狀으로 배열하며 꽃밥은 외열外裂하고 과실은 날개가 넓다는 이유로 특산신속으로 발표했던 것이다(T. Nakai, 1919b). 그 뒤 이창복李昌福(1976)이 백화품을 기준종으로 하고 분홍색 꽃이 피는 것을 분홍미선나무, 꽃받침의 색에 따라서 초록색인 것을 푸른미선나무, 상아색에서 엷은 황색으로 되는 것을 상아미선나무로 세분하였으나 필자(1996)는 모종에 통합하는 쪽으로 보는 견해를 가지고 있다.

사진 15 | **미선나무**
한국특산속인 희귀식물로 관상가치가 높다.

최초 발견지인 진천의 자생지는 천연기

념물 14호로 지정(1934), 보호되고 있으나 필자가 찾아가 본 1960년에는 주변에는 전부 소실되었고 지정팻말이 박혀 있는 지점의 철조망 속에만 남아 있는데 이것도 없어진 것을 보식한 것이었다. 처음 발견된 곳이 정자 부근이었던 관계로 혹 외국에서 들여온 것이 아닌가 하는 의문점이 있었다. 그러나 이 숙제는 그곳에서 약 100여 리 떨어진 괴산군 장연면 송덕리 장풍초등학교의 교사이던 황병옥이 가까운 진천에 있는 미선나무라는 희귀식물이 우리 고장에는 없나 찾아보자고 학생들과 같이 인근을 조사하여 제2자생지를 발견(1955)함으로써 풀렸다. 그 뒤 이는 천연기념물 147호로 지정(1958)되었고 황 교사는 그 공로로 교감으로 승진하였다고 한다. 이어서 인근 칠성면 율지리(군자산), 장연면 추점리에서 제3, 제4의 자생지가 발견되었고 이들도 각각 천연기념물 220호와 221호로 지정(1970) 되었으며, 이 밖에도 인근 여러 곳에서 확인되었다. 그러나 그 어느 곳이나 지정된 뒤에 허술한 보호와 유명세 탓으로 수난을 당하였다. 그 후 경기도 고양군 신도면 효자리에서 제5자생지(1973), 충북 영동읍 매천리에서 제6자생지(1985), 전북 부안군 변산면 청림리에서 제7자생지(1990)가 발견되었다. 그리고 필자가 일본 교토대학의 소장 표본을 조사(1985)한 결과 고이즈미G. Koidzumi(小泉源一, 1935)가 황해도 장수산에서 채집한 표본이 한 장 있었고, 사이토Saito(1932~1935)가 함북 나남에서 채집한 것이 8매가 있었으나, 이 중 나남산 표본에는 '주을역의 역부가 남방 40리 지점에서 채집해다 재배하던 것을 나남의 역원이 사다가 심은 것이며 역부가 채집지를 말하지 않고 죽어 그 정확한 산지를 알 길이 없다.'라는 부전지가 붙어 있었다. 결론적으로 미선나무는 중부아구를 중심으로 남부아구와 관서아구의 서쪽에 분포함을 알 수 있다(이 · 길, 1991). 그러나 이 식물이 잔존성 특산요소인지 신특산요소인지는 지사학적 연구가 없는 한 알 길이 없다. 그래서 필자는 희귀식물을 발견되는 대로 보존대책도 없이 천연기념물로 지정만 하는 것은 바람직하지 않다고 생각한다.

미선나무 자생지에 대한 전체적인 식생을 조사할 수는 없다. 그 이유는 이미 자생지가 인간간섭으로 많이 파괴되었기 때문이다. 필자가 1~3자생지의 식생을 조사한 바에 의하면 미선나무는 한국 중부의 서편 전석지 사면轉石地斜面 산성부식토에 조팝나무류와 혼생한다. 이렇게 판단한 이유는 이들 3개 지역의 식물을 조사해본 결과 총 35종류가 출현했는데 이 중 3개 지역의 공유분자共有分子는 사위질빵, 댕댕이덩굴, 환삼덩굴, 산조팝나무, 조팝나무, 국수나무, 찔레나무, 멍석딸기, 노박덩굴, 담쟁이덩굴, 노린재나무, 미선나무 등 12종이고 전출현종 중 5종류가 조팝나무류이며 개체수에서 산조팝나무와 조팝나무가 가장 피도被度가 높다는 데 기인한 것이다(정 · 이, 1961). 그 뒤 필자가 6~7자생지의 식생을 조사한 결과에 의하면 미선나무군락은 교목층에 굴참나무, 느티나무, 졸참나무, 산벚나무, 아교목층에 굴피나무, 관목층에 털갈매나무, 장구밤나무, 작살나무, 고추나무, 국수나무, 괴불나무, 청가시나무, 복분자딸기, 으름덩굴, 댕댕이덩굴, 초본층에 산해박, 개망초, 고사리, 실새풀, 이고들빼기, 천문동, 참마 등이 우점종군優占種群으로 출현하는 굴참나무-느티나무군집 속에 나고, 미선나무와 친화성이 높은 것은 쥐똥나무, 광대싸리, 조록싸리, 개머루, 칡, 산거울, 주름조개풀 등이 상재도常在度 V~IV로 높다(이 · 길, 1991). 그리고 6~7자생지의 조사방형구 속에 출현한 141종류 중 조팝나무류는 단 1종이 있고 이것도 상재도 II로 친화성이 없으며, 자생환경도 전석지가 아니고 방위도 북사면과 서동사면으로 1~3자생지와는 전혀 다르다.

4. 내가 본 속리산

필자는 속리산을 다섯 차례(1959-2회, 1978, 1988, 1990) 답사를 하여 4회에 걸쳐서 보고를 하였다(정 · 이, 1961; 이 · 임, 1978; 이 · 이, 1989; 이 · 백, 1991). 속리산을 조사하게 된 동기는 지도교수인 정태현 박사가 식물을 채집하고 관찰하여 연구하는 것은 가까운 곳에서부터 시작하여 먼 곳으로 그 범위를 점차 넓혀가는 것이 좋다고 권고하시어, 학사논문은 서울 주변에 있는 도봉산道峰山의 식물상을 조사하여 발표했고(이우철, 1957), 석사학위논문은 나의 고향인 충청북도의 식물상을 연구해보고자 하여 충북의 명산인 보은의 속리산과 괴산의 군자산君子山 및 단양의 두악산斗惡山을 조사지역으로 선정하였기 때문이다.

법주사 경내에 들어서면 대웅전 앞에 약 300여 년의 수령을 자랑하는 네 그루의 찰피나무와 한 그루의 사철나무가 눈에 들어온다. 대개 오래된 고찰에는 피나무류가 식재되어 있는 곳이 있다. 이는 피나무의 열매로 염주를 만든다고 하여 보제수菩提樹라고도 한다. 그러나 불가에서 이야기하는 보제수는 피나무속 식물이 아니라 무화과나무속 식물이다. 그리고 천황봉계곡 해발 540m 지점의 바위 위에 나는 노간주나무는 높이 7m, 가슴둘레 57cm의 대목으로 측백나무과에 속하는 상록침엽수이다. 이는 희귀한 나무는 아니나 약 300년 가량 암상巖上이라는 악조건에서 견디어온 것으로 잘 보존할 필요가 있다. 또 오성폭포계곡 해발 815m 지점 속칭 제2전망대 앞 길가에 서 있는 산초나무는 높이 5m, 밑동굴레 56.6cm로 지상 60cm 지점에서 둘로 갈라지며 가슴둘레 33.5cm 정도의 대목으로 수관이 수려하여 잘 보존할 가치가 있다. 산초나무는 운향과에 속하는 낙엽성 관목으로 열매로 기름을 짜는 유용식물油用植物이다. 예로부터 산초나무의 열매로 짠 산초기름은 약용, 등유용燈油用으로 사용했던 만큼 우리 조상들과 친숙했던 식물이다. 특히 해소에는 밤을 산초기름에 조려서 먹으면 좋다고 한다.

7 강원(남부)의 설악산 일대

설악산(1,708m)은 강원도 속초시와 양양군 강현면과 서면, 고성군 토성면, 인제군 북면 등 4개 시, 군에 걸쳐 펼쳐져 있는 354.6km²에 이르는 넓은 면적을 차지하는 우리나라 중부의 대표적인 명승지名勝地이고, 한반도를 남북으로 달리는 태백산맥太白山脈의 최고봉이다. 주봉인 대청봉을 중심으로 한계령과 미시령을 이어서 서쪽은 인제군에 속하는 곳으로 '내설악'이라 하고 동쪽으로 속초와 양양을 '외설악'이라고 부른다. 뿐만 아니라 북으로부터 남하하는 북방계 식물과 남쪽으로부터 북상하는 남방계 식물이 모이는 곳으로 한국 중부의 대표적인 지역이다. 따라서 천연보호구역(1965, 천연기념물 171호), 국립공원(5호, 1970) 및 생물권보존지역(UNESCO, 1982)으로 2중, 3중으로 지정 보호되고 있다.

설악산雪嶽山이라는 이름의 유래에는 몇 가지 설이 있다. 첫째는 설악산은 10월에 첫눈이 내린 뒤 다음 해 하지까지 5~6개월 눈에 덮이는 산악山岳이라는 뜻에서 유래했다고 하며, 둘째는 설악산의 바위가 눈처럼

희기 때문에 설악雪嶽이라는 이름을 얻었다고 하며, 셋째는 '설雪'은 고어古語의 '솔'에 대한 음역音譯에 불과하며 영산을 의미하는 '솔뫼'에서 유래하였다고 한다. 어쨌든 설악이라는 이름은 이곳의 특징을 잘 나타내고 있는 아름다운 이름이라고 할 수 있다(임 · 백, 1985).

그러나 설악산은 해방 이전에는 절경의 명산인 금강산金剛山에 눌려서 별로 알려지지 않았다. 그러다 1959년에 부산에 와있던 독일인 의사가 귀국기념 등반으로 이 산에 왔을 때에 솜다리속 식물을 발견하고 이곳에 에델바이스가 있다는 소문을 낸 뒤부터 산악인들의 관심을 끌게 되었다는 말이 전해지고 있다. 원래 설악산은 38이북으로 해방 직후에는 북한의 땅이었으나 6 · 25 이후 남한으로 넘어온 뒤 금강산의 한을 이곳에서 달랬던 것이 아닌가 싶다. 물론 금강산은 1만 2,000봉이요, 설악산은 7,000봉으로 봉우리 숫자는 적으나 주봉인 대청봉은 금강산의 비로봉보다 70m가 높다고 하며, 용아장성 능선은 혹한, 적설량, 빙벽, 경사도 등 모든 면에서 외국의 유명산에 비겨 손색이 없기 때문에 공룡 능선과 함께 해외 원정을 위한 산악 훈련장으로 이용된다고 한다(유정열, 1998).

이곳의 식물은 정태현과 이시도야T. Ishidoya가 소산 수목(193종)의 수직분포를 조사(1923~1926)하여 발표한 것이 그 효시이며(정 · 이, 1965), 1936년에 정태현과 나카이T. Nakai가 조사한 결과가 부분적으로 발표되었고 그 뒤 국내외 많은 학자들의 발길이 이어졌으나 단편적인 발표가 있었을 뿐이고, 이일구李一球에 의해 4차에 걸쳐 조사된 자료를 정태현이 동정하여 유관속식물 109과 305속 642종류를 발표함으로써 그 윤곽이 밝혀졌다(정 · 이, 1959).

설악산의 대표적인 식물의 표준 국명 중 '설악'이라는 접두사가 붙은 것은 설악대극, 설악보리수, 설악조팝나무(사진 16) 등 3종뿐이나 이들은

사진 16 | **설악조팝나무**
설악산 특산식물의 간판스타이다.

그들의 고향이 '설악'이라는 증표를 등판에 달고 다니는 간판스타임에는 틀림없다.

1. 식물의 개황

설악산의 식물상은 수직적으로 뚜렷하게 구분되지 않으나, 학자에 따라 여러 가지 구분을 시도하고 있다. 필자는 산록대(400m 이하), 교목대(400~1,200m), 아교목대(1,200~1,500m), 관목대(1,500~1,650m), 초목대(1,650m 이상)로 구분하여 보았으나, 그 구분이 명확치 않으므로 이곳에서는 총괄적으로 논의하여 보고자 한다(정 · 이, 1963).

설악산 대청봉과 중청봉 사이에 있는 한대의 지표식물인 눈잣나무(*Pinus pumila*)(그림 17)가 그 분포의 남한南限인 것과 같이, 본산은 태백산

사진 17 | **눈잣나무군락**

설악산 대청봉과 중청봉 사이에 나는 한대의 지표식물로, 우리나라에서는 이곳이 분포남한이다.

맥을 통하여 남하하는 북방계 식물과 해류海流를 따라 북상하는 남방계 식물이 부딪치는 지점이라고 할 수 있다. 소산식물 중 중요한 북방분자北方分子를 보면 분비나무, 눈잣나무, 바람꽃, 왕매발톱나무, 털오리나무, 자작나무, 인가목조팝나무, 물황철, 유가래나무, 쪽버들, 좀호랑버들, 새양버들, 수수꽃다리(식재), 큰산송이풀, 구름송이풀, 넓은댕댕이나무, 솔체꽃, 체꽃, 톱바위취, 귀룽나무, 흰털귀룽나무, 큰나비나물, 꽃쥐손이, 두메꿀풀 등이 있으며, 남방분자南方分子로 중요한 것은 섬속속리나무, 인가목, 사람주나무, 장구밤나무, 왕대(재배), 이대(재배), 설설고사리, 일색고사리, 왕씀배, 넓은잎천남성, 모데미풀 등이 있다. 그리고 이 산의 고유분자固有分子로는 설악아구장나무, 눈주목, 꼬리겨우사리, 큰바디 등이 있고, 한국중부에 분포하는 것 가운데 중요한 것으로는 뚝향나무, 매화말발도리, 섬기린초, 섬양지꽃, 만리화, 새며느리밥풀, 금강초롱꽃 등을 들 수 있다. 그리고 소산 식물 중 우리나라 특산식물인 것은 좀호랑버들, 떡버들, 한라장구채, 흰장구채, 지이바꽃, 누른종덩굴, 왕세잎종덩굴, 할미밀망, 모데미풀, 산할미꽃, 참꿩의다리, 연잎꿩의다리, 금꿩의다리, 매자나무, 개족도리풀, 애기바위솔, 섬기린초, 참장대나물, 둥근노루오줌, 흰괭이눈, 구실바위취, 터리풀, 털딱지꽃, 참양지꽃, 섬양지꽃, 금강산돌배, 설악조팝나무, 풀싸리, 좁은단풍, 연밥피나무, 금강제비꽃, 금강봄맞이, 개나리(식재), 만리화, 좀구슬붕이, 오동나무(식재), 토현삼, 숫명다래나무, 흰등괴불나무, 병꽃나무, 금마타리, 금강초롱꽃, 바위구절초, 고려엉겅퀴, 산솜다리, 사창분취, 솜분취, 가야산분취, 분취, 흰민들레, 여우꼬리풀, 자주솜대, 왕둥굴레, 애기감둥사초, 지리대사초 등 56종류가 있다. 이 중 금강초롱꽃과 모데미풀은 특산속식물이다.

설악산의 구역별 식물과 식생을 살펴보면 다음과 같다(정 · 이, 1963; 문화재관리국, 1967).

• 내설악 백담사에서 대청봉 사이의 식생

백담사百潭寺 가까운 곳에는 신갈나무, 산사나무, 물푸레나무, 쪽동백 등의 활엽수림이 있고, 그 사이에 철쭉나무, 머루, 멍석딸기, 등칡, 고비, 꿩고비, 개면마, 개고사리 등이 있다. 계류溪流의 가장자리의 그늘에는 큰용담, 물레나물, 미치광이풀 같은 것이 있다. 침엽수로는 소나무, 잣나무, 전나무 등이 있고 오세암으로 오르는 길가에는 구절초의 군락들을 볼 수 있다.

백담사에서 대승령에 이르는 산림은 계류 하반에는 쪽버들, 황철나무의 고목들이 있고 갯버들이 무성하다. 이곳은 찰피나무, 산벗나무, 까치박달, 신갈나무, 개암나무, 철쭉나무, 산개암나무 등의 활엽수와 침엽수로는 잣나무가 있다. 정상 부근의 숲 속에는 만병초, 털큰앵초의 군락이 있다. 이곳에 있는 금강초롱꽃은 모시대와 혼생하고, 금낭화도 볼 수 있다. 계곡 양쪽에서는 쪽버들, 느릅나무, 함박꽃나무, 고광나무, 말발도리, 야광나무, 신나무, 나도박달 등의 활엽수가 혼생림을 이루며 숲 속에서는 도깨비사초, 미치광이풀, 삿갓풀, 둥굴레, 금강분취, 솜분취, 천남성, 관중, 왕고사리, 두메고사리 등이 있다.

이 계곡의 약 800m 부근의 북사면에는 찝빵나무의 군락이 나타나며 이곳에는 소나무와 주목이 혼생하고 은대난초와 은분취가 간혹 나타난다. 오십길폭포 부근에는 눈개승마, 산오이풀이 나타나며 자작나무, 피나무, 쉬땅나무 등이 있다. 영실암에서 계곡을 거쳐 쌍폭을 지나 봉정암에 이르는 곳의 약 800m 지점에는 소나무, 주목, 전나무, 가문비나무, 잣나무, 분비나무와 같은 침엽수가 있고, 고채목, 자작나무, 박달나무, 신갈나무 등이 나타난다. 약 900m 부근의 산 북쪽 경사면에는 찝빵나무의 군락이 있다. 봉정암 부근에는 신갈나무, 산돌배, 산개벗나무, 귀룽나무와 같은 수종이 혼생림을 이룬다. 봉정암 석탑 부근에는 노랑제비꽃 군락이 있고 요강나물이 여기저기에 나타나며 만주송이풀의 군락이 있다.

봉정암에서 중청봉 사이에는 신갈나무, 두메오리나무, 산개벗나무와 같은 활엽수가 있고 그 숲 속에는 나도옥잠, 박새, 여로, 연영초와 같은 것이 살고 있으며 다래나무, 머루, 등칡도 볼 수 있다. 중청봉 1,700m 지점부터 진달래 군락을 이루고, 그 사이에 홍월귤, 생열귀나무가 있다. 산정에는 산쥐손이, 꽃쥐손이, 가는다리장구채, 등대시호, 개회향, 노랑제비꽃과 같은 고산식물이 있다. 중청봉 정상에서는 바람꽃, 구름꿩의밥과 같은 고산식물과 구절초, 개쑥부쟁이의 왜소형들이 섞여 난다.

중청봉에서 대청봉으로 여우버들, 떡버들, 물박달나무들이 있고

1,700m 부근에는 박새, 참여로, 산쥐손이, 새 등으로 초원을 이루고 있다. 대청봉 남쪽 사면에 눈잣나무의 군락이 있고, 정상에는 금강초롱꽃, 꽃쥐손이, 범의꼬리, 참취, 구절초, 바위솜나물, 구름체꽃, 두메개고사리 등의 고산식물 군락을 이룬다. 그리고 대청봉의 동북쪽 능선에는 눈주목의 군락이 있다.

봉정암에서 계골계곡으로 내려오는 곳에는 물박달나무, 고채목의 수림 밑에 찝빵나무의 군락이 발달하고 간혹 만병초, 박쥐나물, 곰취, 관중 등이 살고 있다. 계골계곡 양쪽 산지에는 잣나무, 소나무, 전나무, 분비나무, 가문비나무, 주목이 많으며, 신갈나무, 산벗나무, 자작나무, 개박달나무, 물오리나무, 갈참나무와 같은 활엽수의 혼합림이 있다. 계곡의 가장자리에는 쪽버들, 여우버들, 함박꽃나무, 고광나무, 산겨릅나무, 나도박달, 개회나무, 철쭉나무, 쉬땅나무, 당조팝나무, 백당나무, 산가막살나무, 병꽃나무 등이 있다. 길가에는 마타리의 노란꽃, 바위틈에는 돌단풍, 바위떡풀, 눈개승마, 돌양지꽃 등이 나타난다.

오세암 부근에는 잣나무, 소나무, 전나무의 수림이 있고 개암나무, 갈참나무, 신갈나무, 굴참나무, 난티나무, 귀룽나무, 산벗나무, 다릅나무, 황경피나무, 붉나무, 개옻나무, 갈매나무, 다래나무, 쥐다래의 혼합림이 있다. 초본으로는 큰솔나리, 하늘나리, 얼레지, 원추리, 솜때, 둥굴레, 나도옥잠, 은방울꽃, 투구꽃, 백부자, 가는돌쩌귀, 줄바꽃, 산작약, 산꿩의다리, 십자고사리, 개면마, 꿩고비, 두메고사리 등이 있다.

백담사에서 저항령에 이르는 입구에는 소나무의 숲이 좋으며, 신나무, 고로쇠나무, 황경피나무, 고추나무, 메역순나무, 갈매나무, 머루, 피나무, 철쭉, 들메나무, 쥐똥나무, 조록싸리, 풀싸리, 칡, 귀룽나무, 산벗나무, 붉은가시딸기, 찔레나무, 야광나무, 까치밥나무, 고광나무, 말발도리, 갈참나무, 신갈나무, 개암나무, 나도박달, 물오리나무, 가래나무, 쪽버들, 고리버들, 황철나무 등의 수림이 있고, 초본으로는 도깨비부채, 노랑붓꽃, 단풍마, 우산나물, 솜때, 나도옥잠화, 비비추, 밀나물, 원추리, 박새, 질경이, 미치광이풀, 오리방풀, 족도리풀, 승마, 할미꽃, 노루귀, 꽃황새냉이, 백미꽃, 우드풀, 나도희초미, 개면마, 산일엽초 등이 나타난다. 이 계곡에서 특기할 수 있는 것은 금강초롱꽃이 계곡 중간 지점의 골짜기 양쪽 언덕에 자생하여 거의 꼭대기에 이르기까지 분포한다는 것이다.

• 오색계곡의 식생

오색계곡은 약수터를 지나 선녀탕 쪽으로 올라가면 이따금 돌단풍의 군락이 냇가의 바위를 덮고 있으며 정향나무가 바위틈에 있다. 선녀탕 주변의 절벽에는 잣나무와 소나무가 군데군데 있고 그 밑에는 물푸레나무, 고로쇠나무, 서어나무, 당단풍과 박달나무의 노목老木이 있다. 신갈나무와 졸참나무, 침싸리, 붉은병꽃나무, 함박꽃나무, 생강나무, 조록싸리 등이 있다. 선녀탕 오른쪽 대로로 나가면 온정곡 입구가 된다. 졸참나무 숲속에 가래나무, 물푸레나무, 박달나무, 서어나무, 함박꽃나무, 산벚나무, 좁은단풍, 고로쇠나무, 생강나무, 정향나무가 있다. 냇가를 따라 올라가면 물이 없는 건천에 유가래나무와 호랑버들이 나타난다.

• 한계천계곡의 식생

한계천계곡寒溪川溪谷 옥녀탕 부근의 식물상은 소나무, 졸참나무가 우점종이며, 신갈나무, 단풍나무, 물푸레나무가 숲의 주요한 요소가 되어 있다. 조록싸리, 가래나무, 생강나무, 회나무가 있으며, 큰기름새, 새, 등골나물, 씀바귀, 개쑥부쟁이, 더위지기, 그늘사초, 청사초, 고깔제비꽃 등이 나무 밑에 자란다. 가리산골의 식물상은 장수대에서 600m 사이에는 소나무와 참나무 무리들이 우세하고, 600~650m에서는 서어나무, 신갈나무, 물푸레나무가 숲을 이루고 전나무가 혼생한다. 600~700m에서는 전나무가 현저하게 나타나고 서어나무, 함박꽃나무 등이 나타난다. 숲 속에는 벌깨덩굴, 우산나물, 다래나무, 머루, 조록싸리, 은방울꽃, 돌단풍, 그늘사초 등이 있다. 700~750m에서는 전나무가 우세종優勢種으로 나오고 서어나무, 당단풍, 함박꽃나무의 혼합림을 이루고 있다. 숲 속에는 홀아비꽃대, 은대난초, 덩굴딸기, 나도겨이삭, 넓은잎천남성이 나타난다. 750~800m에서는 서어나무가 우세종으로 되고 숲 밑에는 관중, 둥굴레, 얼레지 일색으로 되며, 도깨비부채, 벌깨덩굴, 조릿대 등이 있다. 800~900m에는 피나무가 우세종으로 되고 서어나무, 전나무, 가래나무의 숲이 있다. 900~1,000m에는 전나무, 당단풍, 피나무의 혼합림으로 되어 있고 이곳에 큰앵초가 계곡을 따라 깔려 있다. 1,000m 이상은 서어나무, 당단풍이 숲의 주요소가 되고 찝빵나무가 나타난다.

• 외설악의 식생

① **신흥사-계조암-달마봉** | 계곡의 서쪽 사면에는 주로 참나무속 식물이 우세한 활엽수림이고, 신흥사에서 계곡을 끼고 계조암으로 올라가는 동쪽 일대에는 소나무가 우점하고 참나무속 식물이 혼생하는 수림이다. 가장 출현도가 높은 수종은 소나무, 신갈나무, 물푸레나무, 생강나무, 철쭉나무, 함박꽃나무의 순서이다.

② **정고리-저항령** | 황철나무와 소나무가 우세하고 저항령 고갯길을 올라가며 졸참나무, 만주고로쇠, 전나무, 까치박달, 음나무, 신갈나무 등을 볼 수 있다. 표고 800m 지점의 남측 산을 내려다보면 잣나무, 전나무가 우점하고 900m 지점에서 찝빵나무의 군락이 나온다. 드문드문 분비나무와 사스래나무가 혼생한다. 그 밑에 벌깨덩굴, 연영초, 꿩의다리아재비, 피나물, 철쭉 등이 있다.

③ **고정리-마득령** | 출현도가 높은 것은 신갈나무, 물푸레나무, 철쭉나무, 만주고로쇠, 생강나무, 참싸리, 다릅나무, 소나무, 쪽동백, 함박꽃나무, 뽕피나무 등의 순서이다. 특히 금강굴 벼랑에는 특산종인 설악조팝나무가 난다.

④ **비선대-중청봉** | 비선대에서 1~2km 지점에는 서어나무가 우점이고 물푸레나무, 생강나무, 산벚나무, 쪽동백 등이 혼생한다. 표고 650m 지점의 계곡에서는 흔히 볼 수 있는 솔새, 꽃창포, 억새 등이 자라고 피나무, 붉은병꽃나무, 층층나무, 다릅나무, 느릅나무 등이 혼생하는 식생을 이룬다. 표고 850m 지점부터는 잣나무, 털진달래, 쩝빵나무가 나타나고 900m 지점에서부터는 사스래나무, 마가목 등이 자주 출현하며 양폭산장을 지나 소청 바로 밑의 경지 사면에는 금강봄맞이꽃, 분홍바늘꽃 같은 희귀요소가 출현한다. 이 지역에서 출현도가 높은 종은 신갈나무, 함박꽃나무, 당단풍, 철쭉나무, 잣나무, 물푸레나무, 쩝빵나무, 생강나무, 털진달래, 서어나무, 다릅나무, 메역순나무, 음나무, 쪽동백, 분비나무, 붉은병꽃나무, 산겨릅나무 등의 순이다.

⑤ **중청봉-화채봉** | 중청봉의 서남 1,580m 지점에 사스래나무 숲이 있고 군데군데에 분비나무가 혼생한다. 중청봉과 대청봉 식생의 공통점은, 두 봉우리의 서남쪽과 동북쪽의 차이다. 즉, 사스래나무, 분비나무, 잣나무 등이 사방에 공존하는데 털진달래, 떡버들이 주로 서남쪽에만 나고 분비나무, 신갈나무, 사스래나무, 피나무, 함박꽃나무 등이 주로 동북쪽에 자생한다는 점이다. 그 나무 밑에는 박새, 얼레지, 꽃쥐손이, 참양지꽃, 두메잔대 등이 자라고 있다. 대청봉에서 화채봉으로 가는 능선에서는 신갈나무, 당단풍, 철쭉나무, 사스래나무, 뽕피나무, 메역순나무, 잣나무, 털진달래, 붉은병꽃나무, 분비나무, 함박꽃나무의 순서로 나타난다. 이들 수

림 하에는 산오이풀, 백작약, 박새, 분홍쥐손이가 드문드문 보인다.

⑥ **화채봉-신흥사 |** 화채봉 능선의 바위틈에는 산솜다리의 군락이 있다. 화채봉에서 북쪽으로 내려가는 도중 신갈나무, 사스래나무, 함박꽃나무, 만주고로쇠, 피나무, 서어나무 등의 활엽수림이 울창한 곳을 내려오면 표고 1,000m 지점에 찝빵나무, 만병초, 털진달래, 산앵도나무 등이 산재한다. 그리고 권금성 바로 위의 경사지에는 잣나무 군락이 있고, 권금성 바로 밑의 바위틈에는 만리화와 여우꼬리풀 같은 희귀식물이 자생한다. 이 코스에서 출현도가 높은 수종은 신갈나무, 당단풍, 잣나무, 털진달래, 철쭉, 산앵도나무의 순서이다(강원도 교육청, 1991).

2. 소산식물의 검토

1936년까지 정태현과 나카이T. Nakai가 설악산 식물을 조사한 것까지 포함해서 나카이T. Nakai가 이 지역 채집식물 가운데 신식물로 발표한 것은 다음 6종류가 있다.

설악조팝나무 *Spiraea pubescens* v. *lasiocarpa* Nakai in Bot. Mag. Tokyo 42:465(1928) : 설악산에서 1923년 정태현과 이시도야T. Ishidoya가 채집한 것으로, 아구장나무(모종)에 비해 잎의 폭이 약간 넓고 과실 등쪽에 영존성永存性인 긴 털이 남는다.

털시베리아살구나무 *Prunus sibirica* f. *pubescens* (Kostina) Kitagawa, Neo-Lineam. Fl. Mansh. 379(1979) - *Prunus sibirica* f. *pubescens* (Kostina) Nakai in Jour. Jap. Bot. 19:363(1943) : 1923년 정태현과 이시도야Ishidoya가 설악산에서 채집한 것으로 시베리아살구나무(모종)에 비해 잎 뒤 특히 중륵中肋 위에 거친 털이 있다.

설악보리수 *Tilia mandshurica* f. *villicarpa* (Nakai) W. Lee, Lineam. Fl. Kor 702(1996) - *Tilia mandshurica* v. *villicarpa* Nakai in Jour. Jap. Bot. 19:367(1942) : 1923년 정태현과 이시도야T. Ishidoya가 설악산에서 채집한 것으로 찰피나무(모종)에 비해 핵과核果 표면에 나는 털이 길고 담갈색을 띤다.

Veratrum maackii v. *macranthum* f. *viridiflorum* Nakai in Rep. Inst. Sci. Nanch. 1:340(1937) : 정태현과 나카이T. Nakai가 1936년에 설악산에서 채집한 것으로 여로에 비하여 화피花被가 청색인 것인데 그 뒤 학명의 변천을 알 수 없으나 모종에 통합된 것이 아닌가 한다.

왕세잎종덩굴 *Clematis koreana* v. *biternata* Nakai in Jour. Jap. Bot. 15:528(1939) : 정태현과 나카이T. Nakai가 1936년에 설악산 1,500m 지점에서 채집한 것으로 세잎종덩굴(모종)에 비해 잎이 2회 3출 하는 것이다.

민큰꼭두선이 *Rubia chinensis* f. *glabrescens* (Nakai) Kitagawa, Neo-Lineam. Fl. Mansh. 585(1979) - *Rubia mitis* f. *glabrescens* Nakai in Jour. Jap. Bot. 14:115(1938) : 1936년에 정태현과 나카이T. Nakai가 설악산에서 채집한 것으로 큰꼭두선이(모종)에 비하여 잎 뒤에 털이 없다.

설악산은 천연보호구역(1965, 천연기념물 171호), 국립공원(5호, 1970) 및 생물권보존지역(UNESCO, 1982)으로 지정 보호되는 중요한 지역인 관계로 이곳의 식물상은 정태현과 이일구(1959)에 의해 윤곽이 밝혀진 뒤 정태현과 이우철(1963)이 재검토하였고 두 번의 종합학술조사 보고서가 발간되었으며(문교부 문화재관리국, 1967; 강원도, 1984), 강원도 교육청에서 『강원의 자연, 식물편』(1991)이 발간됨으로써 여러 번에 걸쳐 조사되었다. 이로써 설악산의 관속식물은 97과 435속 869종 2아종 36변종 15품종으로 총 922종류(재배품 22종 포함)로 최종 집계되었다.

『강원의 자연 식물 편』은 필자가 중심이 되어 강원도 초 · 중 · 고등학교의 교사 중 과학전람회에서 식물 분류나 식물생태 분야에서 수상경력이 있거나 야생화 사진촬영에 전문성이 있는 이들을 18개 교육청으로부터 추천을 받아 공동으로 제작하였으며, 내용은 강원도의 5대 명산인 대암산大岩山, 설악산雪嶽山, 오대산五臺山, 태백산太白山, 치악산雉岳山의 식물상을 조명하는 동시에 춘천 지역 10개산(대룡산, 금병산, 팔봉산, 삼악산, 북배산, 화악산, 오봉산, 용화산, 가리산, 봉의산)의 식물을 합쳐 강원도의 식물상을 가름하고, 초등학교의 『자연』과 『슬기로운 생활』, 중등학교의 『과학』, 고등학교의 『생물』 교과서 및 교사용 지침서에 나오는 식물(관속식물)과 우리주변에서 흔히 볼 수 있는 식물들을 포함하여 495종류의 원색사진을 수록하고 교과서에 출현하는 식물 목록에 각급 교과서의 출현 단원과 사진 번호를 넣어 일선교육현장에서 학습자료로 활용할 수 있도록 편집한 것이다.

에델바이스(Edelweiss)는 국화과의 솜다리속(*Leontopodium*)에 속하는 고산성 다년생초본으로 산악인들 사이에 잘 알려져 있는 식물이다. 원래 에델바이스의 진품은 히말라야의 고산에 나는 *Leontopodium alpinum*이라는 식물이나, 나라에 따라서 실물實物의 실체가 다르다. 즉 일본에서는 두메솜다리(*Leontopodium fauriei*)를 말하나 우리나라에서는 솜다리(*Leontopodium coreanum*)를 에델바이스라고 부른다. 그러나 필자가 도쿄대학에 소장되어 있는 솜다리와 산솜다리의 기준표본과 설악산에 나는 것을 비교 연구하여 본 결과로는 설악산에서 관광기념품으로 팔리는 것은 솜다리가 아니라 산솜다리(*Leontopodium leiolepis*)이다(고석진, 1986;

사진 18 | **산솜다리**
설악산에서 에델바이스라고 팔리고 있는 식물이 바로 이것이다. 이 식물은 사람들이 접근하기 어려운 곳에서 자란다.

이 · 이, 1985)(그림 18).

솜다리는 금강산에 나는 특산식물(T. Nakai, 1917)로 높이 12~16cm의 다년초이고 전주에 백색솜털이 밀생하며 잎의 끝이 뾰족하고 좁은 도난형이며 개화 시에 근엽이 없으며 9~10개의 경엽이 있다. 이는 왜솜다리에 유사하나 잎이 성글게 나며 좁은 도난형인 점이 다르다. 그리고 산솜다리도 한국특산(Matsumura, 1920)으로 평북 노봉, 함남 부전고원, 평북 묘향산, 강원 설악산에 나며 높이 5~15cm의 다년생초본으로 개화 시에 소수의 근엽이 있고 경엽은 선형 또는 긴 도난형이며 전주에 백색솜털이 밀생하고 포엽의 뒷면과 경엽의 표면에 갈색 짧은 털이 있다. 설악산에서는 권금성계곡, 마득령, 공룡능선, 설악골, 화채봉 및 오색의 북향한 절벽에 나며 그늘사초, 구실사리, 금마타리, 산철쭉, 은분취, 산오이풀과 같이 군집을 형성하고 있다. 이와 같이 에델바이스는 사람들이 접근하기 어려운 곳에 자생하므로 많은 사람이 설악산을 찾으나 이 식물의 자생지를 실제로 확인한 사람은 거의 없다.

삼지구엽초三枝九葉草(*Epimedium koreanum*)는 매자나무과에 속하는 한국특산식물로 발표되었으나(T. Nakai, 1936) 그 뒤 만주, 우수리, 일본에도 나는 것으로 알려진 식물로, 음양곽淫羊藿이라고 불리는 정력에 좋은 보약재로 유명하다. 음양곽이라는 약명이 생기게 된 유래는 다음과 같다. 옛날 만주의 양을 치는 목장에서 양치기 소년이 가만히 보니 수컷이 산을 넘어갔다 와서는 암컷과 흘레를 하고 다시 넘어갔다 와서는 다른 암컷과 흘레를 반복하는 것을 보고, 이상하게 여겨 그 숫양의 뒤를 따라가 보니 삼지구엽초를 뜯어먹고 와서는 그 같은 행동을 하는 것이 아닌가. 그 후 이 이야기가 퍼져 삼지구엽초가 이 같은 약명을 얻게 된 것이라고 한다. 그런데 한약재로 사용되는 음양곽이 옛날에는 지역에 따라 그 실물이 달랐다고 한다. 즉 중부 설악산 지역에서 채취되어 팔리는 것은 미나리아재비과에 속하는 돈잎꿩의다리(*Thalictrum coreanum*)이고, 남부지방에서 같은 이름으로 팔리는 것은 범의귀과에 속하는 노루오줌(*Astilbe rubura*)이었다. 이와 같은 일은 전문적인 훈련을 받지 않은 시골의 노인들이 들은 풍월로 실물을 잘못 알고 뜯어오기 때문이다. 이와 같은 오류는 비단 음양곽뿐만 아니라 여러 곳에서 비일비재로 있을 수 있어, 한의학계에서 풀어야 할 화급한 일 중의 하나이다. 그럼에도 불구하고 그대로 넘어가는 이유는 한약은 여러 가지 약재를 혼합하여 사용하는 것이므로 그 약재가 그 병에 주재主材가 아닐 경우는 묻혀갈 수도 있을 뿐만 아니라 불필요한 것은 배설되어 큰 부작용이 없기 때문일 것이다.

새양버들속(*Chosenia* Nakai in Bot. Mag. Tokyo 34:67, 1920)은 2개의 암술대가 다시 2개씩 갈라지고 수꽃이삭은 밑으로 처지며 수술은 포에 붙고

밀선이 없다는 이유로 버드나무속(*Salix*)에서 분리 독립시킨 조선의 특산 속식물로 발표된 것이나, 그 뒤 일본, 만주, 아무르, 우수리, 사할린, 캄차카, 몽고, 시베리아 등에 널리 분포한다는 것이 알려진 식물이다. 새양버들(*Chosenia arbutifolia*)은 우리나라에서는 설악산 이북에 나는 것으로 알려졌으나, 필자는 설악산에서는 채집해 본 일이 없으며, 주로 북부에 많이 나고 어린 줄기는 흰 분으로 화장하고 있으며 그의 가는 잎이 바람에 나부껴 잎 뒤의 흰 곳이 나오는 모습을 멀리서 보면 마치 해안에 부딪히는 파도를 보는 것 같아 멀리서도 식별할 수 있다.

3. 개느삼의 자생지

개느삼속(*Echinosophora* Nakai in Bot. Mag. Tokyo 27:33, 1923)은 콩과에 속하는 한국특산속식물로 개느삼(*Echinosophora koreensis*, 사진 18) 1종이 있다. 개느삼은 정태현과 이시도야T. Ishidoya에 의하여 함남 북청北青의 공원에서 최초로 채집되어 나카이T. Nakai에게 보내져 고삼속의 신식물 *Sophora koreensis*로 발표되었으나(T. Nakai, 1919c), 그 뒤 연구 결과 고삼속에 비해 작은 관목이고 주로 지하경地下莖으로 퍼지며 꽃이 황색이고 협과莢果의 꼬투리에 돌기가 있다는 이유로 신속으로 명명되었다. 그러나 최근에 분자생물학적 연구 결과 고삼속에 다시 통합되어야 한다는 이론이 나오고 있다(W. K. Lee ect., 2004). 이 식물은 그 뒤 평남 맹산, 신흥, 강원 양구에서 알려진 진귀한 식물자원이며, 속명과 국명은 모두 고삼(너삼)에 유사한 식물이라는 데서 붙여진 것이다. 양구에서 누가 언제 최초로 개느삼을 채집했는지는 알 수 없으나 이창복(1965)이 양구중학교의 식물표본을 감정하다 이를 발견하고 재차 채집하였다는 것이 이 박사의

사진 18 | **개느삼**
남한에서는 양구, 인제, 춘천, 홍천에 드물게 나는 한국특산속식물로 강원도를 대표할 수 있는 식물이다.

「신박물기」(1974, 동아일보에 연재)에 소개됨으로써 널리 알려지기 시작하였다. 그로부터 양구 교육청에서는 한전초등학교를 보호지정학교로 정하여 보호해왔으며, 그 후 1992년에 개느삼의 자생지는 천연기념물 372호로 지정되었다.

필자는 양구 지역의 개느삼의 분포현황과 자생지의 식생을 파악하기 위하여 조사 보고한 바가 있다(이 · 이, 1980). 이에 의하면 개느삼은 양구읍 양구중학교 동편에 있는 비봉산에서 시작하여 한전초등학교 앞뒤 산을 거쳐 도사리 백호터널 좌우의 유엔고지를 지나 임당리, 원당리, 월운리, 지석리, 고대리, 팔랑리에서도 볼 수가 있었으며 북쪽으로는 대암산 기슭을 따라서 나는 것으로 확인되었다. 1999년에 본 바로는 분포 중심으로 여겨졌던 천연기념물 팻말이 있는 한전초등학교 부근은 이미 개발에 밀려 그 수가 몹시 줄어들었고, 그 앞쪽의 죽곡리 뒤편 산지 능선을 따라서 많은 개체들이 있음을 확인할 수 있었다. 그리고 2001년에는 강원대학교의 정연숙 교수와 같이 소양댐 주변인 춘천시 북산면 물로리 뒷산의 굴참나무 숲 속에서 새로운 자생지를 발견하였다. 또 2003년에 강원대학교의 유기억 교수와 같이 대대적인 탐문조사를 한 결과, 양구 군량리 성곡령城谷嶺 585m 지점(N38°10'00,4" E127°57'02,4")의 서사면, 양구 동면 덕곡리 355m 지점(N38°11'16.2" E128°1'32.8")과 임당리 345m 지점(N38°12'03.7" E128°02'30.6"), 남면 신월리 445m 지점(N38°01'18.0" E128°03'26.3"), 사명산 뒤쪽 월명리 210m 지점(N38°06'22.6" E127°56'13.1"), 인제군 남면 반장동 440m 지점(N38°00'38.5" E128°10'31.1"), 남전리(남박골) 250m 지점 등 새로운 자생지를 발견했으며, 필자는 2005년에 홍천군 북방면 사랑골 입구 좌측의 자연생태공원 관리사무소 뒤쪽 433m 지점인 방울고개 부근의 서사면(구절산 능선의 하부)에서 또 다른 자생지를 발견하였다. 이 밖에도 2개소의 자생지 정보가 더 있다. 이로써 개느삼의 분포 자생지는 양구, 인제, 춘천, 홍천 지역으로 확대되었으며 그 분포의 남한南限지는 홍천군 북방면 방울고개라고 할 수 있으나 앞으로 철저히 조사를 한다면 좀 더 넓혀질 가능성이 있다.

일반적으로 개느삼은 능선이나 묏등 같은 개방되고 메마른 곳에 많이 나고 능선에서 가까운 숲 속으로 들어가면 낮은 키에 잎이 수평으로 펴지며 꽃은 많이 피나 결실률이 매우 낮고 지상경地上莖과 지하경地下莖 길이의 비가 1:2.35인 것으로 보아 영양증식을 주로 하는 식물임을 알 수 있다. 군집의 식물사회학적 분석 결과로는 종수에서는 $H-D_1-R_5$이고 개체수에서는 $H-D_1-R_3$이었으며, 김의털, 큰기름새, 새, 잔디, 참싸리, 실새풀, 마타리, 구절초, 꽃며느리밥풀 같은 식물들과 친소관계가 깊은 것으로 나타났다(이 · 이, 1980). 그리고 이상 여러 지역의 자생지를 관찰한 결과로는 개느삼 자생지가 있는 숲의 상층수종은 소나무가 우점인 지역과 굴참나무가 우점인 지역으로 대별할 수 있다. 물론 면적으로 보아서는 소나무가 주림목인 지역이 더 많다. 그중 대표적인 양구 사명산 뒤쪽 월명리(산림유전자원보호림, 1999)의 소나무 군락을 보면 교목층은 소나무와 신갈나무, 잣나무이고 관목층은 개옻나무, 생강나무, 노린재나무이며 초본층에는 개느삼, 참억새, 꽃며느리밥풀, 둥굴레, 맑은대쑥, 산구절초, 애기나리, 참취 등이 난다. 또 춘천시 북산면 물로리의 굴참나무 군락에서는 교목층에 굴참나무, 신갈나무, 아교목층에 신갈나무, 소나무, 갈참나무, 관목층에 참개암나무, 생강나무, 갈참나무, 잣나무, 참싸리, 붉나무, 산초나무, 초본층에는 개느삼, 잣나무, 삽주, 맑은대쑥, 생강나무, 참개암나무, 고사리, 층층잔대, 잔대, 선밀나물, 노루발풀, 큰까치수염, 둥굴레, 털중나리, 큰기름새, 굴참나무, 신갈나무, 참취, 자주알록제비꽃, 새 등이 출현하였다.

4. 내가 본 설악산

필자가 설악산을 처음 찾은 것은 1962년 7월 30일에서 8월 2일 사이에 정태현 교수와 같이 설악산의 식물을 조사하기 위하여 온 것이다(정 · 이, 1963). 그 뒤 이곳은 수시로 왔으나, 학술적인 조사목적으로 온 것은 11회(1969, 1979, 1984, 1985, 1988, 1990-4회, 1992-2회)의 조사로 5회에 걸쳐 연구보고서(고석진, 1986; 이 · 이, 1985; 강원도 교육청, 1991; 김문기, 1994)와 기행문(이우철, 1969)을 발표했다.

필자가 처음 이곳을 조사할 때는 한대리에서 대승령을 거쳐 백담사로 가서 봉정암까지 갔다가 악천후로 상봉에 오르는 것을 포기하고 오세암으로 와서 마득령을 거쳐 신흥사로 가는 코스를 택했다. 이때의 기억으로는 백담사로 가는 도중 안내인들이 이곳저곳에 있는 돌무더기를 가리키면서 그것들이 모두 옛날에 심마니들이 산삼을 채취한 곳이라면서 혹시나 하고 기웃거리던 일이 눈에 선하다. 백담사는 신라시대에 자장법사가 주변에 100개의 못이 있으니 화재의 염려가 없을 것이라며 절터를 잡은 데서 유래하였다고 한다. 백담사 강가에서 야영을 하는데 사람들이 도착하여 천막을 치고 쉬다 짐을 챙겨 떠나는 사람들의 소음으로 밤새 잠을 이루지 못했던 생각이 난다. 이곳에는 아침에 까마귀가 울면 곰을 잡거나 심(산삼)을 캔다는 말이 전해지고 있다. 그 때문에 절에서 불공을 드릴 때는 우정 물가에 까마귀밥을 놓는다고 한다.

내가 두 번째로 이곳을 찾을 때는 두 가지 목적이 있었다. 그 첫째는 당시 필자가 연구하던 제비꽃속의 한국특산식물인 금강제비꽃의 생체를 얻는 데 있었고, 둘째는 이화여자대학교의 이인난 교수의 연구재료인 삼지구엽초(음양곽)로 오인되는 연잎꿩의다리와 도정애 교수가 연구하는 미나리과의 식물들을 조사하는 것이었다. 금강제비꽃(*Viola diamantiaca*)은 고깔제비꽃에 비하여 한 그루의 잎이 1~2매씩 적게 나고 잎자루가 연약하여 잘 부러지며 털이 없고 땅속으로 뻗는 폭지(기는줄기)가 있으며 해발 700m 이상의 지대에 나는 것이 특색이다. 우리는 억수같이 내리는 빗속에서도 오세암 근처에서 이 식물을 발견할 수가 있었으며, 2km가 넘는 가파른 봉정암 고개를 오를 때 중턱에서 곰의 서식처로 알려져 있는 찝빵나무(*Thuja koraiensis*)의 군락을 볼 수가 있었다. 찝빵나무는 측백나무와 외형은 거의 같으나 잎 뒤가 희고 웅담 냄새 같은 향기가 나는 식물이다. 그리고 만년석송을 위시한 많은 희귀식물들을 채집할 수가 있었으며 고개마루턱에서는 연잎꿩의다리도 찾았고 많은 미나리과의 식물들도 놓치지 않고 여러 종류 얻을 수가 있었다. 그 와중에도 희귀한 종들이 발견될 때마다 외쳐대던 대원들의 즐거운 함성은 지금도 들려오는 듯하다.

우리 일행은 어렵게 비와 싸우며 지친 몸을 이끌고 해질녘에 봉정암에 도착했으나 우천 관계로 전날의 등산객들이 미처 빠지지를 못하여 산장은 초만원이었으며 인부들을 합쳐 23명이나 되는 우리 대원들은 암자의 추녀 밑에서 덜덜 떨고 있었다. 우리 일행은 대부분이 연약한 여성이어서 도저히 밖에서 밤을 지새울 수는 없었다. 그래서 주지 스님에게 사정을 하여 특별히 법당을 빌렸으나 이 좁은 방에는 우리 대원이 다 들어설 수도 없었다. 우리는 대용식 라면으로 몸을 녹인 다음, 여자 대원들은 법당, 남자인 이화여대 김 교수와 필자는 좁은 툇마루, 인부들은 부엌에서 새우잠을 자기로 방침을 정했다. 그런데 이것이 웬일인가. 여자들에게는 특별히 방을 배정하였으나 종일 산장에서 묵는 사람들이 밥을 짓느라고 불을 계속 땐 관계로 방바닥이 뜨거워서 잠을 이루지 못했고 오히려 필자가 있는 툇마루가 특등실이 아니었던가. 새벽에 일어나 보니 머리맡에도 발치에도 여학생들이 끼어서 새우잠을 자고 있었다.

스님의 말에 의하면 봉정암이란 이름은 신라시대 자장법사가 사리탑을 세워 불사리를 모시고 봉의 머리 밑에 절을 지었다는 데서 유래된 것이라고 한다. 문제는 다음 날이었다. 당시는 국립공원으로 지정되기 전이라 상봉을 거쳐서 예정대로 천불동계곡을 경유하여 신흥사로 내려가는 것은 어려웠을 뿐 아니라 비가 계속되어 많은 대원을 데리고 무리한 산행을 하는 것은 어렵다고 판단되었다. 그러나 1차(1962) 조사 때도 정상을 못 올랐는데 이번에도 포기하기에는 너무나 아쉬운 일이라 필자는 동행한 교수들과 상의 끝에 오전 중에 자원자만을 모집하여 특공대를 조직해 가지고 정상을 도전하고 다시 후퇴하여 마득령 고개를 넘기로 의견을 모았다. 그래서 필자는 오전 9시 30분에 중무장을 한 13명으로 구성된 특공대를 이끌고 정상 도전에 나섰다. 우리 일행이 소청, 중청을 거쳐서 최고봉인 대청에 오른 때는 오전 11시 50분이었다. 물론 우천으로 만족할 만한 성과는 올리지 못했으나 이때의 쾌감이란 말로 다할 수 없었다. 오르는 길에 우리나라 특산속식물인 금강초롱꽃을 채집할 수 있었으며 우리나라의 분포 남한으로 알려져 있는 눈잣나무를 보는 순간 필자는 저절로 기쁨의 함성을 지르지 않을 수 없었다. 정상 부근에서 바람꽃, 만주송이풀과 같은 많은 고산식물을 관찰할 수가 있었다. 이와 같이 우리나라에는 정상 부근에 희귀요소들이 많다. 그러므로 우리는 국립공원이 정상부까지 케이블카를 설치하는 것을 반대하는 것이다. 만약 설악산 대청봉까지 케이블카를 설치한다고 하면 설치를 위한 중장비를 운반하기 위하여 도로 개설이 불가피할 것이고 이를 설치했다고 해서 걸어서 올라가는 사람을 근절시킬 수도 없을 뿐 아니라, 설치하기 전에는 올라갈 엄두도 못 내던 노약자들만이 더 올라가는 결과가 되어 정상부는 운동장이 되고 쓰레기로 더욱 몸살을 앓을 것이 분명하다. 따라서 희귀식물들만 멸종되는 수난을 가져올 것이 불 보듯 뻔하다. 모노레일도 그렇다. 외국의 국립공원에도 모노레일이 있는 경우가 있다. 그러나 일단 모노레일을 타면 중간에서 사진을 찍고 관찰활동은 할 수는 있으나 내릴 수가 없어 그대로 타고 나오게 되어 있다. 그런데 속초에서 설악산 입구까지 모노레일을 설치하겠다는 것은 입구의 혼잡을 줄여 보다 많은 사람을 집어넣기 위한 것이어서, 지금도 폭주하는 관광객으로 몸살을 앓고 있는 설악산이 더욱 파손될 우려가 있는 관계로 반대하는 것이다.

우리는 오세암에서 하루 신세를 지고 다음 날 마득령에 오르니 안개 틈으로 우중에 정복한 대청과 중청이 보였으며 비가 개고 산허리에 걸쳐 있는 안개 사이로 비쳐지는 외설악의 기암괴석이야말로 더욱 아름다운 장관이라 아니할 수 없었다. 모든 대원들은 죽음의 계곡인 천불동계곡을 넋을 잃고 굽어보고 있었다. 필자는 자신도 모르게 자연에 도취되어 있다 보니 저절로 시상이 떠올라 난생 처음 다음과 같은 시를 지었다.

다시 본 설악산

청봉아!
언제나 네 모습 웅장하고나
내가 비를 맞았느냐, 네가 비구름을 청했느냐?
그러나 기어이 나는 너를 정복하여
지난날을 설욕하리라.
여보 나그네
섭해 말아다오, 내 어이 그대를 푸대접하리오만
오는 구름손님 낸들 어이 하리
이게 설악이라오 웃으며 올라 주오
일후 다시 오면 후대하리니.

청봉아!
너는 우리의 보고이거늘 어이 그대를 원망하랴만
구름손님 쫓아주어 활짝 웃었는데
또다시 안개치마 두르다니
너무나 심하구나 너의 심술이
여보 나그네
웬 말을 그리하오, 안개는 비구름의 척후병이라오
여보 중청, 길손이 노했구려
안개적삼 살짝 벗고 반겨나 주세
이것이 내 모습이니 잊지나 말아주오.

필자가 이런 시를 쓰게 된 또 다른 이유가 있었다. 설악산에 올 때 대절 버스 속에서 동행한 이대 생약반 학생들이 오락프로를 진행하면서 나에게도 노래를 하라고 하여, 노래와는 담을 쌓은 나로서는 상당히 곤욕을 치렀다. 보나마나 귀로에도 이런 일이 또 있을 것이 예상되어 그때는 이 시를 낭송하고자 함이었다.

우리는 마득령에서 천불동계곡으로 내려오다 절벽 위에 있는 금강굴에 올라 약수를 마시며 그간의 피로를 달래보았다. 절벽의 층계를 올라가는 도중 벼랑에 붙어 있는 설악조팝나무를 보아 더욱 감명 깊었다. 비선대로 내려오는 도중, 일행 가운데 이대 약학과를 졸업하고 회사에 근무한다는 송 양이 지쳐 양발이 마비상태가 되어 인부들과 번갈아 업고 오느라 진땀을 뺐다. 우리 일행은 비선대 아래쪽 개울가에서 야영을 하게 되었으며, 그 다음 날이 송 양의 생일이라고 하여 간소한 생일파티를 하며 밤늦도록 놀았다. 다음 날 주차장으로 내려오는 도중 대원 중 한 학생이 시계를 잃어버렸다고 하여 온 대원이 총동원되어 찾아주던 일들이 생각난다 (이우철, 1969, 2001).

그 뒤 1990년 5월에서 1991년 5월까지 봄, 여름, 가을에 걸쳐 네 코스를 오르며 소상히 살펴볼 기회가 있었다. 그 코스는 다음과 같다.

제1코스 : 한계령→중청→대청→화채봉→권금성→신흥사

제2코스 : 백담사→봉정암→소청→대청→휘운각→양폭→비선대→신흥사

제3코스 : 오색→각두골→대청→공룡능선→마득령→비선대→신흥사

제4코스 : 장수대→대승령→귀떼기청봉→서북능선→한계령

8
강원(북부)의 금강산 지역

금강산(1,638m)은 태백산맥太白山脈 북부 강원도 회양淮陽, 통천通川, 고성高城, 인제麟蹄 등 4개 군(북한체제로는 금강, 고성, 통천 3개 군)에 걸쳐 펼쳐진 명산이다. 이 산은 동서 길이 약 40km, 남북 길이 약 60km, 면적 약 530km²로 최고봉인 비로봉을 중심으로 북쪽에 오봉산, 옥녀봉, 상등봉, 금수봉, 서쪽에는 영랑봉, 용허봉, 남쪽에는 월출봉, 일출봉, 차일봉, 백마봉, 동쪽에는 세존봉 등등 1만 2,000봉이 솟아 있으며, 화강편마암이 노출된 신금강의 일부 지역을 제외하고는 대부분이 조립질粗粒質의 흑운모화강암과 반상화강암으로 형성되어 있다. 이곳에서 흐르는 수계水系는 남강, 온정천, 천불천, 선창천은 동해로 흐르고 금강천, 동금강천은 서쪽으로 흘러 북한강의 상류인 소양강으로 들어와 서해로 흐른다. 금강산은 내금강, 외금강, 신금강, 해금강의 네 지구로 나뉜다. 즉 주봉인 비로봉이 솟아 있는 중앙 연봉을 경계로 서쪽을 내금강內金剛, 동쪽을 외금강外金剛이라 하며 외금강의 남쪽 계곡을 신금강新金剛, 동쪽 끝의 해안 가까이를 해금강海金剛이라고 한다.

1998년 9월부터 남북 분단 50여 년 만에 금강산 관광이 시작되었다. 동해항에서 북한의 장전항까지는 배로 분단선을 넘어 외금강 온정리에서 관광이 시작되는데 구룡연 코스와 만물상 코스, 삼일포, 해금강 코스만이 개방되어 있다. 물론 최근에는 고성 통일전망대에서 육로도 개통되어 많이 이용된다. 그리고 내금강도 점진적으로 개방될 예정이라고 한다.

금강산金剛山이라는 이름은 불경佛經 즉, 화엄경의 하나인 금강경金剛經이나 불법수호신으로서 인왕仁王으로 불리는 금강역사金剛力士 등과 관련이 있으며, 특히 이 산에는 금강53불이 봉안되어 있다. 금강산은 4계절에 맞추어 여러 가지로 불리어지고 있다. 즉 금강산은 새싹이 돋아나고 만물이 소생하는 봄의 산을 금강석과 같이 아름다운 보석에 비유한 봄철의 이름이고, 만산에 녹음이 우거져 선경과 같은 여름의 산을 봉래산蓬萊山이라고 하며, 수풀이 온통 붉게 물드는 가을의 금강산을 풍악산楓嶽山이라 하고, 낙엽이 져서 기암괴석의 몸체가 그대로 드러나는 겨울의 눈 덮인 설경을 일러서 개골산皆骨山이라고 한다.

금강산의 식물이 최초로 채집된 것은 하야시K. Hayashi(1859)가 채집한 쥐다래나무(*Actinidia kalomikta*)가 나카이T. Nakai(1909)에 의해서 보고된 것이며, 그 뒤 도쿄대학의 전속채집인인 우치야마T. Uchiyama(1902)의 채집품을 나카이T. Nakai(1909 & 1911)가 인용 발표하는 동시에 금강초롱꽃속(*Hanabusaya*, 1911)을 한국특산속식물로 소개했다. 그 후 정태현과 나카이T. Nakai가 1916년 7월 26일에서 8월 29일에 걸쳐 종합적인 조사를 하여 관속식물 823종류와 선태류 31종류, 지의류 9종류를 포함하여 863종류를 발표함으로써 그 윤곽이 소상히 밝혀졌다(T. Nakai, 1918, 이우철, 1987).

금강산의 대표적인 식물의 표준 국명에 금강, 비로, 봉래, 강원이라는 접두사가 붙은 식물로는 금강개박달, 금강고사리, 금강가물고사리, 금강봄맞이, 금강분취, 금강산돌배, 금강산뚝사초, 금강소나무, 금강솜방망이, 금강애기나리, 금강용둥굴레, 금강인가목, 금강제비꽃, 금강초롱꽃, 금강포아풀, 비로용담, 비로봉쑥, 봉래꼬리풀, 강원고사리 등 19종류가 있다. 이들 또한 등판에 금강산이 자기의 고향이라는 꼬리표를 달고 사는 애향족愛鄕族임에 틀림 없다.

1. 식물의 개황

나카이T. Nakai(1918)는 금강산의 식물대를 하부산록대下部山麓帶, 상부산록대上部山麓帶, 중복대中腹帶, 고산관목대高山灌木帶로 구분하고 그 특성을 다음과 같이 설명한다.

• **하부산록대**(400m 이하의 곳)

이곳은 주로 소나무림이 많고, 소나무, 졸참나무, 상수리나무, 떡갈나무, 생강나무, 광대싸리, 신나무, 붉나무, 노린재나무, 좀작살나무, 누리장나무 등의 수목으로 대표되며 이에 두릅나무, 쪽동백, 노박덩굴, 팥배나무, 고로쇠나무, 당단풍, 개옻나무, 참조팝나무, 산조팝나무, 진달래, 철쭉, 싸리나무, 신갈나무, 박달나무, 벚나무, 느티나무, 음나무, 함박꽃나무, 덜꿩나무, 머루, 참회나무, 회나무, 물푸레나무, 참빗살나무, 서어나무, 가래나무, 회목나무, 다릅나무, 매화말발도리 등이 혼생한다.

• **상부산록대**(400~800m)

이곳은 서어나무, 박달나무, 소나무, 잣나무, 민윤노리나무, 쪽동백나무, 찰피나무, 피나무, 전나무, 물푸레나무, 신갈나무 등의 수목으로 대표되며, 이에 음나무, 당단풍, 시닥나무, 함박꽃나무, 등칡, 개옻나무, 층층나무, 사시나무, 물개암나무, 물참대, 다래나무, 쥐다래나무, 정향나무, 만리화 등이 섞여 난다.

• **중복대**(800~1,100m)

이곳은 신갈나무, 잣나무, 전나무, 층층나무, 고로쇠나무, 다릅나무, 까치박달, 찝빵나무, 물푸레나무, 귀룽나무, 함박꽃나무, 당마가목 등으로 대표되는 활엽수림대이며, 이에 만병초, 철쭉, 고채목, 음나무, 메역순나무, 병조희풀, 세잎종덩굴, 두릅나무, 참싸리, 물개암나무, 지렁쿠나무, 회나무, 당단풍, 쥐다래나무, 머루, 산딸기나무, 덩굴딸기, 진달래, 모새나무, 산가막살나무, 호랑버들, 부게꽃나무 등이 혼생한다.

• **고산관목대**(1,100m이상)

이곳은 분비나무, 신갈나무, 잣나무, 눈잣나무, 찝빵나무, 진달래나무 등으로 대표되며, 이에 개박달나무, 시닥나무, 홍괴불나무, 댕댕이나무, 모새나무, 들쭉나무, 월귤, 만병초, 덤불오리나무, 땃두릅나무, 세잎종덩굴 등이 혼생한다.

금강산에 나는 목본식물 180종을 중심으로 동서의 차이를 살펴보면 동서의 공유가 아닌 것은 다음과 같다. 즉 동쪽의 대표적인 것은 졸참나무, 갈참나무, 상수리나무, 산검양옻나무, 민윤노리나무, 누리장나무, 때죽나무, 오리나무, 떡갈나무 등이고, 서쪽의 대표적인 것으로는 분비나무, 가문비나무, 부게꽃나무, 청시닥나무, 산겨릅나무, 복장나무, 나도박달, 찰피나무, 거제수나무, 꽃개회나무, 황벽나무, 왕매발톱나무, 산갈매나무, 땃두릅나무, 청괴불나무, 개벗지나무 등을 들 수 있다. 다시 말하면 동금강(외금강)은 일본식물대에 유사하고, 서금강(내금강)은 북만주식물대에 유사하다. 동금강東金剛은 동해에 면하고, 강원도 해안을 북상하는 난류의 영향을 받아, 온도가 늘 서금강보다 높다.

그러므로 동일 고도라도 서쪽은 동쪽보다 만주적 분자分子가 많이 포함된다. 예를 들면 전나무와 같은 것은 동금강에서는 800m 이상에 많지만, 서금강에서는 400~700m 사이에 많다. 또 잣나무는 동금강에서는 500m 이상에 많지만, 서금강에서는 300m 이상에 많다. 망군대望軍台 방면을 제외하고는, 서금강에서는 일반적으로 경사가 완만하여 삼림의 형성에 적합하고 초본의 발육이 좋아, 마치 북한의 대삼림大森林을 방불케 하는 곳이 있다. 가문비나무, 주목나무 등이 혼생하는 신갈나무림 밑에 병풍쌈, 땃두릅나무, 민박쥐나물 등 높이가 6척 이상이 되는 모습은 동금강에서는 볼 수 없다. 그리고 초본 중 특히 주의할 것은, 쥐손이풀이 동금강에는 없다는 점이다. 그러나 온정령溫井嶺을 지나 신풍리新豊里로 내려가면 길가에 나고 개잔령開殘嶺을 지나 유점사로 나가면 역시 많다(T. Nakai, 1918).

주요한 몇 개 지점의 식생을 살펴보면 다음과 같다(T. Nakai, 1918).

• 동금강 산록지방의 식생

이 일대는 소나무가 나는 완만한 사면으로 그 밑에 싸리나무, 난티잎개암나무, 철쭉, 오리나무, 떡갈나무, 사시나무, 붉은병꽃나무, 진달래, 졸참나무, 굴참나무, 조록싸리, 산딸기나무, 다름나무, 노린재나무, 물박달나무, 떡갈참나무, 물푸레나무, 붉나무, 생강나무, 광대싸리, 당단풍, 참조팝나무, 함박꽃나무, 국수나무, 서어나무, 두릅나무, 쪽동백, 팥배나무, 고로쇠나무, 개옻나무, 산조팝나무, 참회나무, 작살나무, 음나무, 덜꿩나무 등이 나고, 머루, 칡, 다래나무, 메역순나무, 담쟁이덩굴 등이 감기며, 초본으로는 길뚝사초, 산거울, 제비쑥, 참억새, 삽주, 긴잎갈퀴, 처녀바디, 꽃며느리밥풀, 큰까치수염, 하늘나리, 등골나물, 새, 제비꿀, 미역취, 갈대, 털중나리, 솜분취, 참비비추, 버들분취, 좀꿩의다리, 큰좁쌀풀, 꿀풀, 마타리, 참취, 산비장이, 골풀, 진퍼리새, 노루오줌, 흰오이풀, 꽃창포, 쉽싸리, 참삿갓사초, 빼쑥, 꿩고비, 고사리, 처녀고사리, 흰엉겅퀴, 방울고랭이, 까락골, 질경이, 나비나물, 버들금불초, 대사초, 도라지, 잔대, 산구절초, 기름나물, 물매화, 애기며느리밥풀, 애기풀, 절국대, 각시붓꽃, 바위채송화, 노랑제비꽃, 뚝갈, 맑은대쑥, 산개갈퀴, 고깔제비꽃, 용담, 조밥나물, 우산나물, 제비꽃, 엉겅퀴, 숙은노루오줌, 노랑갈퀴, 선밀나물, 세잎양지꽃, 산박하, 넓은외잎쑥, 장대나물, 동자꽃, 송장풀, 큰끈끈이여뀌 등이 있다. 사찰 영역을 제외하고는 일체에 수목이 없다. 봄에는 철쭉, 진달래가 피고 제비꽃류(제비꽃, 고깔제비꽃, 노랑제비꽃), 애기붓꽃 등이 피며, 여름에는 노루오줌, 꽃창포, 큰까치수엽, 물매화, 하늘나리, 털중나리, 산옥잠화, 버들금불초 등이 아름답고, 가을에는 마타리, 등골나물, 싸리나무, 나비나물, 미역취, 잔대, 산비장이 등이 어지럽게 핀다

• 만물상의 식생

만물상萬物相은 동금강 온정리에서 서금강으로 넘어가는 온정령溫井嶺을 오르다 만상정萬相亭에서 갈라져 올라간다. 온정리 좌우의 산은 소나무가 난 암괴巖塊이며 길가에는 싸리나무, 꿀풀, 솔나물, 도라지, 잔대, 산박하가 울긋불긋 꽃을 피우며, 삼림은 다릅나무, 쥐다래나무, 당단풍, 함박꽃나무, 쪽동백, 신갈나무, 머루, 철쭉, 잣나무, 물푸레나무, 혹느릅나무, 광대싸리, 생강나무, 졸참나무, 굴참나무, 두릅나무, 조록싸리, 참싸리, 국수나무, 벚나무, 개옻나무, 붉은병꽃나무, 작살나무, 층층나무, 산

딸기나무, 메역순나무, 까치박달, 연밥피나무, 난티잎개암나무, 고로쇠나무, 음나무, 사시나무, 호랑버들, 가래나무, 물개암나무, 고추나무, 산뽕나무 등이 혼생하며 십자고사리, 새발고사리, 뱀고사리, 까치고들빼기, 바늘꽃, 태백제비꽃, 귀박쥐나물, 산꿩의다리, 눈빛승마, 산박하, 물양지꽃, 좀꿩의다리, 층층이꽃 등의 초본식물이 그 밑에 나고 그 모양이 군선협의 식물대와 같다.

만물상 길로 접어들어 계단식으로 난 바위를 올라가면 찝빵나무, 산앵도나무, 잣나무 등이 나타나고 바위산을 올라가 큰 암산岩山을 통과하는 작은 문(하늘문)을 지나면 천선대天仙臺가 나온다. 이곳은 외금강을 조망하는 데 아주 좋은 곳이다. 이 언저리에 나는 수목은 잣나무, 개박달나무를 주로 하여 털진달래, 당마가목, 신갈나무, 당단풍, 철쭉, 산개나리, 붉은병꽃나무, 산앵도나무, 참싸리, 산조팝나무, 노간주나무, 좀꿩의다리, 산오이풀, 노루오줌, 구실사리, 다람쥐꼬리 등이 있다. 만물상은 화강암으로 된 천태만상의 기암괴석으로 되어 있으며, 그 위에 잣나무, 당단풍, 생강나무, 물푸레나무, 함박꽃나무, 쉬땅나무, 고로쇠나무, 싸리나무, 붉나무, 다릅나무, 흰귀룽나무 등이 나며 또 돈잎꿩의다리, 금강봄맞이 등 아름다운 초본식물이 있다.

• 오봉산의 식생

오봉산五峰山은 온정리의 북쪽에 위치하고, 5봉 중 4봉은 병풍같이 험준하며 1봉은 독립된 큰 봉우리로 정상에 3각 점이 설치되어 등산이 가능하다. 산의 북측은 천불동 쪽으로 벼랑이고, 남서 신풍리 쪽 사면은 수목이 울창하다. 신풍리新豊里(640m)에서 골짜기를 따라 신갈나무, 다릅나무, 함박꽃나무, 당단풍, 참싸리, 물푸레나무, 벗나무, 층층나무, 청시닥나무, 시닥나무, 개옻나무, 철쭉, 생강나무, 메역순나무, 다래나무, 들메나무, 피나무, 산앵도나무, 잣나무, 산가막살나무, 덜꿩나무, 소나무, 노린재나무, 서어나무, 털진달래, 회나무, 머루, 팥배나무, 만병초, 만리화, 고로쇠나무 등이 빽빽이 혼생하며, 초본류는 수목이 번창하여 그 수가 적어 꿩고비, 단풍취, 참취, 미역취, 맑은대쑥, 참비비추, 대사초, 뫼제비꽃, 애기나리, 우산나물, 큰기름새, 삽주, 그늘취, 지네고사리, 새며느리밥풀, 그늘사초, 마타리, 구릿대, 참당귀, 숙은노루오줌, 노루오줌, 눈개승마, 오리방풀, 조희풀, 솔나리, 송이풀 등이 있다. 신풍폭포(720m) 주변 바위틈에는 돌단풍이 많고 돌양지꽃, 바위채송화 같은 착생식물이 많다.

1,000m 주변에 이르면 수목의 키가 점차로 낮아지고 개박달나무, 고채목, 신갈나무, 매발톱나무, 참싸리, 당단풍, 진달래, 철쭉, 백당나무 등이 밀생하고 그 사이에 송이풀이 있다. 1,000m 이상에는 잣나무, 진달래, 개박달나무, 고채목, 찝빵나무, 산앵도나무, 붉은병꽃나무, 만리화, 정향나무, 참싸리, 신갈나무, 사시나무, 시닥나무, 철쭉, 산조팝나무, 제주산버들, 만병초 등이 나고, 나무가 없고 풀만 나는 곳에는 들새풀, 두메바늘꽃, 바위구절초, 마타리, 돌양지꽃, 난쟁이붓꽃, 산오이풀, 송이풀, 만주송이풀, 솔나리, 좀비비추, 난쟁이바위솔, 바위채송화, 참산부추, 산거울, 기름나물, 네귀쓴풀 등이 혼생한다. 이곳에는 눈잣나무가 있으나 극히 작고 왜소하여서 잣나무로 오인하기 쉽다.

• 망군대의 식생

망군대望軍臺는 장안사에서 백천百川 지류인 황천강을 따라 올라가며, 당단풍, 생강나무, 물푸레나무, 다래나무, 소나무, 회목나무를 제치고 깊은 산으로 들어간다. 도중에 옛날 거울을 세워놓은 것 같은 명경대明鏡臺가 있으며, 그 밑의 산림으로는 소나무, 신갈나무 등등이 장관을 이룬다. 망군대길을 따라 오르면 길은 험하나 이 주변에 쪽버들, 고로쇠나무, 메역순나무, 돌개회나무, 난티나무, 까치박달, 팥배나무, 피나무, 쪽동백, 함박꽃나무, 노린재나무, 전나무, 물참대, 회나무 등이 울창하다. 찝빵나무는 암면岩面 특히 음지에 난다. 이를 건드리거나 상처를 내면 향기를 심하게 풍긴다. 바위 면에 알록제비꽃이 있으며 언덕을 오르면 경사는 완만해지고 곧 암자에 이른다. 암자 앞에서 망군대의 거대한 암괴岩塊를 바라볼 수 있다. 새며느리밥풀, 솜다리, 기름나물, 두메구절초 등이 숲 속에 나고, 산새풀, 도깨비엉겅퀴, 수리취, 곰취, 산박하 등이 계곡 사이에 나며, 암자 앞에 멍석딸기, 거북꼬리가 군생한다. 암자에서 거제수나무 등이 섞인 신갈나무 숲을 통하여 대상臺上으로 나간다. 분비나무, 잣나무, 당마가목, 소나무, 고채목, 진달래, 찝빵나무, 산앵도나무 등이 바위틈에 난다.

• 비로봉의 식생

비로봉毘盧峰(1,638m)은 금강산의 최고봉이다. 등산은 동금강에서 오르는 길이 있을 뿐이다. 마가연摩迦衍을 나와서 유점사楡岾寺로 통하는 내무재령內霧在嶺을 향해 나가, 신갈나무 숲을 통과하면 도중에 바위를 뚫고 큰 비로자나불毘盧沙那佛이 조각된 묘길상妙吉祥이 있다. 여기서 얼마쯤 가면 개울을 사이에 두고 멀리 월출月出, 일출日出의 두 봉우리가 바라보인다. 주변 신갈나무숲 밑에는 새며느리밥풀(*Melampyrum setaceum* v. *nakaianum*)이 나서 극히 아름답다. 포엽苞葉이 홍색을 띠는 수염며느리밥풀은 애기며느리밥풀과 2종뿐이고, 특히 이 종은 금강산의 특산으로서 도처에서 아름답게 꽃이 피나, 단, 기생식물인 고로 재배할 수 없어 유감이다. 이 밖에 눈빛승마, 송이풀, 오리방풀, 참취, 짚신나물, 나래미역취, 대사초, 숙은노루오줌, 뱀고사리, 개면마, 금강분취, 금강초롱꽃, 나래새 등이 있다. 가다가 좌비로봉左毘盧峰 길이 있는 곳에서 꺾어 비로봉 밑에서 오는 푸른 물줄기를 따라 오르면, 이 일대는 신갈나무 숲이다. 흰귀룽나무, 개벚지나무, 다릅나무, 당단풍, 시닥나무, 떡버들, 쪽버들, 혹느릅나무, 노린재나무, 함박꽃나무, 피나무, 물푸레나무, 지렁쿠나무 등이 혼생하는 것을 볼 수 있다. 점차 개박달나무, 잣나무의 개체 수가 늘어난다. 이로부터 점차 험준해지고 양쪽 절벽에서 추락한 암석이 쌓인 급사면을 건넌다. 그 사이에는 떡버들, 산버들, 고채목, 신갈나무, 부게꽃나무, 시닥나무, 잣나무, 찝빵나무, 홍괴불나무 등이 혼생하고, 위쪽에는 찝빵나무와 눈잣나무가 나며, 암면에는 금마타리, 산오이풀, 솜다리, 바위솜나물, 백리향, 새며느리밥풀, 바위구절초, 나래미역취, 솔체꽃, 난쟁이바위솔, 들새풀 등이 착생한다. 언덕을 오르면 경사는 완만해지고 정상에는 큰 삼각점이 있다.

정상의 서쪽으로 면한 곳은 경사가 완만한 대지臺地 모양으로 되고, 사스래나무, 찝빵나무, 눈잣나무를 주로 하는 혼효림으로 덮이며, 높이 한 길 정도로 밀생하여 통행이 어렵다. 그 사이에 나는 수종은 진달래, 만병초, 당마가목, 산앵도나무, 호랑버들, 시닥나무, 땃두릅나무, 멍석딸기, 꽃개회나무 등이다. 이 작은 대지의 밑은 구룡연九龍淵계곡으로 이어지는 벼랑이다. 동, 남, 서의 3면은 전혀 벼랑으로 바위틈에는 위의 수종 이외에 세잎종덩굴, 단천향나무, 들쭉나무, 월귤, 개들쭉, 백리향 등의 소관목을 위시하여 산쥐손이, 솔체꽃, 들새풀, 바위구절초, 비로용담, 금마타리, 두메김의털, 자주사철란, 솜분취, 그늘실사초, 산오이풀, 닷꽃, 바람꽃, 투구꽃, 나래미역취, 기생꽃, 큰용담, 족도리풀, 금강고사리, 퍼진고사리, 새끼꿩의비름, 도깨비엉겅퀴, 난쟁이바위솔, 바위채송화, 개석송, 산거울, 참산부추, 돌양지꽃, 숙은노루오줌, 선포아풀, 다북떡쑥, 가래고사리, 토끼고사리, 만주송이풀, 곰취 등의 초본식물이 있다. 특히 백두산, 장백산, 노봉, 낭림산 등에 있는 비로용담, 산쥐손이, 기생꽃 등이 있다는 것은 제2의 고봉인 대장봉大長峰과 같이 특이하다.

• 신금강의 식생

신금강新金剛은 12폭포를 경계로 상하가 구분된다. 즉 유점사에서 은선대隱仙臺를 거쳐 옥류굴玉流窟에 이르게 되는데 여기를 거점으로 상신금강이라 하고, 송림사松林寺를 거점으로 하신금강이라고 한다. 은선대에서 우측으로 송림사가 유곡幽谷 사이로 보이며, 좌측으로는 신금강의 계곡 깊이 일출, 월출 두 봉우리 밑으로 연해져 있다. 험준한 산길을 얼마쯤 오르면 은선대가 눈 아래로 보이는 암각岩角으로 나간다. 이곳에는 초목이 적지만, 덤불오리나무, 붉은병꽃나무, 신갈나무, 갈졸참나무, 흰귀룽나무, 메역순나무, 고채목 등이 있다. 금강초롱꽃이 많아지기 시작하고 또 오리방풀이 많다. 계곡으로 내려가면 맞은편에 옥룡굴玉龍窟이 있고 입구에 두 그루의 쪽버들이 서 있다. 다래나무, 시닥나무, 당단풍, 흰귀룽나무, 메역순나무, 진달래나무, 철쭉, 정향나무, 당마가목, 쪽버들, 지렁쿠나무, 물참대, 분비나무, 청시닥나무, 잣나무, 개벗지나무, 꽃개회나무, 인가목, 고채목 등으로 싸인 큰 화강암 밑에 작은 온돌집이 있다. 이곳은 화가가 금강의 경치를 그리기 위해 3년간 머문 곳이라고 한다. 이 부근에는 오리방풀, 산거울, 까치고들빼기, 구릿대, 만삼, 우드풀, 바위채송화, 대새풀, 산새풀, 도깨비엉겅퀴, 도깨비부채, 벌깨덩굴, 숙은노루오줌, 노루오줌, 쥐털이슬, 태백제비꽃, 산꿩의다리, 두메개고사리, 산겨이삭, 곰취, 송이풀 등의 초본이 모여 난다.

굴의 배후로 경후봉鯨吼峰을 거쳐 적멸寂滅 방향으로 나온다. 이곳은 화강암 사이에 고채목, 피나무, 시닥나무, 붉은병꽃나무, 철쭉, 물참대, 덤불오리나무, 가문비나무, 참조팝나무, 함박꽃나무, 귀룽나무, 지렁쿠나무, 인가목, 메역순나무, 층층나무, 분비나무, 다래나무 등이 나고, 경후봉 위에 나는 초본으로는 퍼진고사리, 눈개승마, 송이풀, 금강초롱꽃, 오리방풀, 도깨비부채, 십자고사리, 참바위취, 바위떡풀, 산꿩의다리, 눈빛승마, 새발고사리, 꿩고비, 뱀톱, 참당귀, 선쥐꼬리새 등이 난다. 경후봉 이하 즉, 900m 이하는 협곡을 제외하고는 다 소나무숲이고, 900m 이상은 잣나무, 분비나무 등이 섞이며 또 신갈나무, 사스래나무 등의 활엽수가 많다. 옥룡굴에서 계곡을 따라 오르면 대문폭포가 있고, 대문폭포를 오르면 쌍룡폭포가 나온다. 다시 오르면 대장봉 밑에서 내려오는 계류가 본류와 합치는 곳이 나온다. 이 주변부터 위로 병풍쌈이 나고, 만년석송, 개석송, 큰잎갈퀴 등 심산식물대深山植物帶의 분자들이 출현한다. 더 올라가면 선버들이 서 있는 계류를 사이에 두고 석문폭포가 보인다. 이곳에는 귀룽나무, 꽃개회나무, 당마가목, 가문비나무, 잣나무, 고채목, 시닥나무 등이 혼생하며 찝빵나무는 벼랑 음지에 많이 난다.

이곳에서 신갈나무숲 사이를 얼마쯤 가면 내무재령 위에서 오는 길과 만난다. 좀 더 올라가면 계곡은 둘로 갈라진다. 하나는 월출봉 쪽에서, 다른 하나는 대장봉 쪽에서 오는 것이다. 우측 대장봉으로 오르면 고채목, 정향나무, 제주산버들, 철쭉, 귀룽나무 등이 아주 밀생하고 바위에 단천향나무가 나며, 그 주변에 밀생하는 관목은 철쭉, 분비나무, 제주산버들, 진달래, 만병초, 산앵도나무, 개들쭉, 붉은병꽃나무, 개박달나무, 정향나무, 꽃개회나무, 시닥나무, 산조팝나무, 고채목 등이 나고 여기저기에 눈잣나무가 있다. 수목이 없는 곳에는 솜다리, 솜분취, 솔체꽃, 들새풀, 네귀쓴풀, 바람꽃, 참산부추, 산오이풀, 산쥐손이, 비로용담, 바위구절초, 연잎꿩의다리, 구실사리, 난쟁이붓꽃, 금강봄맞이, 곰취, 숙은노루오줌, 송이풀, 바위솜나물 등이 있다.

송림사松林寺는 백천리에서 산속으로 8km쯤 들어가서 있다. 식물대는 옥룡굴과 송림사 사이를 대략 둘로 대별한다. 하부는 소나무, 신갈나무,

박달나무, 갈졸참나무, 졸참나무, 물푸레나무, 피나무, 서어나무, 음나무 등이 주종이고 이에 붉나무, 누리장나무, 생강나무, 잣나무, 싸리나무, 참싸리, 참빗살나무, 만리화 등이 섞인다. 상부는 잣나무, 신갈나무, 물푸레나무, 피나무, 메역순나무, 까치박달, 정향나무 등을 주요 수종으로 하고 이에 참싸리, 회나무, 당단풍, 고로쇠나무, 시닥나무 등이 섞인다. 즉 상하양부의 상대적인 주요 수종은 하부에는 소나무, 졸참나무, 서어나무, 상부는 잣나무, 신갈나무, 까치박달이다.

• 해금강의 식생

해금강海金剛은 화강암과 바다가 조화를 이룬 곳으로 적벽강赤壁江, 서귀암西龜岩, 삼일포三日浦, 총석정叢石亭 등을 지칭한다. 해금강은 거의가 개발에 밀려 식물의 종류가 몹시 적다. 난파한 배에 53불을 안치했다는 불치암佛置岩 위에는 담쟁이덩굴, 인동덩굴, 해국, 개현삼, 소리쟁이, 갯괴불주머니, 털진득찰, 둥근바위솔, 털장대, 갯강아지풀, 명아주, 바랭이 등이 있다. 금강문金剛門 일대에 나는 식물은 병꽃나무, 댕댕이덩굴, 노박덩굴, 개머루, 산뽕나무, 청미래덩굴, 싸리나무, 새모래덩굴, 떡갈나무, 멍석딸기, 칡, 팥배나무, 소나무, 철쭉, 사시나무, 진달래, 생강나무, 개옻나무, 황철나무, 기름당귀, 새, 갯지치, 갈대, 갯메꽃, 모래지치, 넓은잎갈퀴, 기린초, 털질경이, 점나도나물, 은방울꽃, 왜제비꽃, 해란초, 바위채송화, 며느리배꼽, 해국, 술패랭이꽃, 양지꽃, 다북떡쑥, 나비나물, 잔고사리, 구절초, 김의털, 참억새, 닭의장풀, 제비쑥, 갯보리, 자주꽃방망이, 부처꽃, 이고들빼기, 톱풀, 물레나물, 고추나물, 닭의덩굴, 엉겅퀴, 비쑥, 무릇, 큰까치수염, 털제비꽃, 맑은대쑥, 고들빼기, 골등골나물, 마타리, 뚝갈, 산비장이, 잔대, 쇠풀, 용머리, 좀꿩의다리, 산박하, 방울비짜루, 잔디, 산떡쑥, 솔나물, 왜골무꽃, 차풀, 고삼, 타래난초, 딱지꽃, 꿀풀, 산층층이, 조밥나물, 가는기린초, 미역취, 민들레, 절국대, 비수리, 고사리, 애기닭의덩굴, 숲이삭사초, 바늘꽃, 큰개미자리, 새콩, 산일엽초, 콩제비꽃, 꼬리고사리, 벼룩이자리, 돌나물, 마타리 등이 겨우 명맥을 유지하고 있다. 바다 속에는 애기거머리말이 있고, 갯지치(*Mertensia asiatica*)와 기름당귀(*Ligusticum hultenii*)는 금강산이 분포 남한이다.

2. 소산식물의 검토

나카이T. Nakai(1918)가 금강산의 소산식물을 선태류와 지의류를 포함하여 863종류로 발표한 중에는 금강산 미기록 식물 33과 502종이 들어 있으며, 그중 한국의 신식물로 추가되는 것은 1속 41종 21변종이다(선태식물 7종 포함). 이들을 현 시점에서 유관속식물만을 재검토하여 보면 다른 종에 통폐합되거나 재조합되어 학명이 바뀐 것이 31%(255분류군)이고 동정 오류로 판명된 것이 13.2%(109분류군)이며 통폐합이나 잘못 동정해서 죽은 것이 4.1%(34분류군)이다. 그리고 그 실체나 한국산으로 확인될 수 없는 것이 15분류군이 있다. 이들은 다음과 같다.

① *Calamagrostis longiseta* Hackel, 본품은 일본에 난다.

② *Poa pratensis* v. *angustifolia* Sm.

③ *Carex pisiformis* v. *subebracteata* Kuk., Carex 477

④ *Hosta longipes* v. *alba* Nakai, Veg. Daiamond Mt. 201(1918), 비비추의 백화품이다.

⑤ *Cypripedium ventricosum* Swartz Lindl. Gen. Sp. Orch. 528 - *C. macranthum* v. *ventricosum* Carr. Rev. Horticole 310(1877)

⑥ *Polygonum divaricatum* v. *glabrum* Ledeb.

⑦ *Bupleurum sibiricum* de Vert ex Roemer & Schultes, Syst. Veget. 6:368(1820) - *B. multinerve* v. *angustius* DC., Prodr. 4:130(1830), 시베리아, 몽고, 북만주에 난다.

⑧ *Scutellaria indica* v. *alpina* Nakai, Veg. Quelpaert 78(1914), ? 떡잎골무꽃의 이명인 수골무꽃이다(정태현 등, 1937).

⑨ *Stachys glabrata* Nakai, Veg. Quelpaert 78(1914), Veg. Chiisan 44(1915), Veg. Daiamond Mt. 183(1918)

⑩ *Galium davuricum* v. *pseudoasprellum* Nakai, Veg. Daiamond Mt. 185(1918). 일명으로는 모종인 큰잎갈퀴에 해당된다.

⑪ *Galium triflorum* Michx., 일본, 천도, 화태에 분포한다.

⑫ *Patrinia hybrida* Makino in Bot. Mag. Tokyo 22:(187)(1908) in Jap.; 26:393(1912) - *Patrinia villosa* x *P. scabiosaefolia* Nakai, veg. Daiamond Mt. 185(1918), 뚝마타리, 뚝갈에 가까우나 꽃이 담황색이다.

⑬ *Artemisia messerschmidtiana* Besser, Abrot. 27

⑭ *Polystichum retroso-paleaceum* v. *coraiense* (H. Chr.) Tagawa - *P. aculeatum* v. *coraiense* Christ., 산나도히초미의 변품, 모종에 비해 중축하면의 인편은 폭이 좁고 점예첨두이다. 일본, 한국(?)에 분포한다.

⑮ *Woodsia microsora* Kodama, ? 금강가물고사리이다.

그 뒤 금강산의 식물은 정태현과 이시도야T. Ishidoya(1923~1926)가 소산 수목 140종류의 수직분포를 조사(정태현, 1933; 정 · 이, 1965)한 이외에 종합적인 재조사가 된 바 없다. 물론 북한 학자들의 정보는 알 수 없으며, 필자는 국내의 자료들을 종합하여 98과 388속 746종 2아종 23변종 6품종으로 총 777종류로 집계하여 발표한 일이 있으며(이 · 임, 1978), 그 후 다시 필자는 일본의 도쿄대학, 교토대학, 일본국립과학박물관에 소장되어 있는 한국산식물표본을 조사한 자료로 재차 보완하여 금강산의 유관속식물을 106과 430속 943종 1아종 63변종 37품종, 총 1,044종류로 집계하여 발표한 바 있다(이 · 임, 2002). 물론 필자가 실제로 재조사한다면 많은 변화가 있을 것이다.

이 중 한국특산식물은 강원고사리, 떡버들, 섬버들, 키버들, 금강개박달, 왕서어나무, 털개별꽃, 진범, 용강나물, 만사조, 큰위령선, 할미밀망, 참꿩의다리, 연잎꿩의다리, 흰괭이눈, 큰돌단풍, 구실바위취, 터리풀, 금강인가목, 참양지꽃, 서울귀룽나무, 털조록싸리, 노랑갈퀴, 광이신나무, 산딘풍나무, 섬피나무, 연밥피나무, 금강제비꽃, 민금강제비꽃, 지리산오갈피나무, 섬바디, 금강봄맞이, 만리화, 흰정향나무, 버들개회나무, 고산구슬붕이, 좀구슬붕이, 새며느리밥풀, 털만주송이풀, 그늘송이풀, 봉래꼬리풀, 흰등괴불나무, 청괴불나무, 병꽃나무, 금마타리, 구름체꽃, 체꽃, 민둥체꽃, 가는잎잔대, 금강초롱꽃, 눈개쑥부쟁이, 정영엉겅퀴, 도깨비엉겅퀴, 고려엉겅퀴, 흰잎고려엉겅퀴, 솜다리, 한대리곰취, 금강분취, 긴잎금강분취, 솜분취, 각시서덜취, 가야산은분취, 분취, 그늘취, 금강솜방망이, 흰비비추, 흰좀비비추, 자주솜때, 두메김의털, 금강포아풀, 눌메기천남성, 한라사초, 그늘사초 등 73분류군이 있다(이우철, 1996; 백원기, 1994). 이곳에 우리나라 특산요소가 많다는 것은 한국 중부는 고산을 타고 남하한 북방계 식물과 저지대를 타고 북상해온 남방계 식물들이 서로 만나는 지역이라는 특수성과 무관하지 않을 것이다(제2장 참조). 이 중에는 2속의 한국특속식물이 있으며 그것은 다음과 같다(이우철, 2001; 이 · 임, 2002).

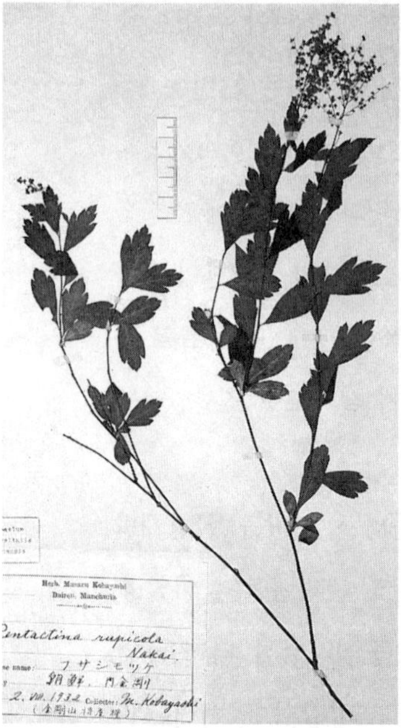

사진 19 | 금강인가목
금강산에만 나는 한국특산속식물로 관상가치가 높다(일본 도쿄대학에 소장되어 있는 기준표본의 사진).

금강인가목속 *Pentactiana* Nakai in Bot. Mag. Tokyo 31:17(1917) : 이는 장미과(조팝나무아과)에 속하는 높이 70cm 가량의 작은 관목으로 금강인가목(*Pentactiana rupicola*)(사진 19) 1종이 있다. 이 식물은 전기한 도쿄대학의 전속채집인 우치야마T. Uchiyama(1902)와 프랑스 신부 포리U. Faurie(1903)에 의해 최초로 채집되었으나 조팝나무류로 잘못 동정 처리되어 오다가 나카이T. Nakai(1916)가 금강산 식물을 조사할 때에 재채집이 되어 연구한 결과 조팝나무속에 비해 꽃잎이 선형이고 배주는 2개이며 골돌(과실)은 양쪽 봉선으로 터진다는 이유로 신속으로 명명되었다. 이 식물은 금강산 비로봉 정상 부근과 내금강의 보덕굴 근방, 신선봉, 신금강, 군선협群仙峽의 바위틈에 나서 암벽에 드리우는 식물로 7월에 백색 또는 봉숭아빛의 꽃이 피며 원추화서를 이루는 진귀한 식물이다. 속명 *Pentactiana*는 5개의 꽃잎이 방사상으로 나고 있다는 데서 얻어진 것으로 Penta(5)+aktis(방사상)의 합성어이고 소종명 *rupicola*는 바위틈에 나는 습성에서 온 것이다. 국명 금강인가목은 금강산에 나는 인가목에 유사한 식물이라는 뜻이다. 필자는 이 식물을 도쿄대학에 소장되어 있는 표본으로만 확인했으나 하루속히 남북의 왕래가 자유로워져서 그 실물을 생면할 수 있기를 학수고대한다.

사진 20 | **금강초롱꽃**

꽃이 청사초롱과 같이 생긴 한국특산속식물로 관상가치가 높다.

금강초롱꽃속 *Hanabusaya* Nakai in Bot. Mag. Tokyo 25:[161], 1911; Fl. Kor. 2:221(1911) : 이는 초롱꽃과에 속하는 다년생 초본식물로 금강초롱꽃(*Hababusaya* asiatica)(사진 20) 1종 1변종 1품종이 있다. 금강초롱꽃 역시 도쿄대학 전속채집인 우치야마T. Uchiyama(1902)에 의해 금강산 유점사 근처에서 최초로 채집된 것으로 꽃은 연한 자색이고 취약웅예聚葯雄蕊(꽃밥이 모여 통을 이룬 수술)이며 꽃이 모여난다는 점을 들어 나카이T. Nakai(1909)는 *Symphyandra asiatica*라는 식물로 발표하였던 것인데 그 뒤 연구 결과 Symphyandra에 비하여 근출엽根出葉이 없고 잎이 줄기의 상부에 모여 나며 꽃받침 조각이 작고 서로 떨어져 있으며 현저히 융기하고 그 위에 수술이 난다는 점을 들어 새로운 속을 만든 것이다. 이 식물은 모시대에 가장 유사하나 취약웅예인 점과 선체腺体가 없고 잎이 줄기 상부에 모여 나며 전체가 자색을 띠는 점으로 구별된다. 그 뒤에 이 식물은 설악산, 점봉산, 오대산, 향노봉, 건봉산, 치악산, 명지산, 화악산, 태백산 등등에서 보고되었고 최근 지리산에도 난다고 하나 필자는 확인하지는 못했다. 그리고 *Hanabusaya*라는 속명은 일제시대 일본주한대사를 거쳐 조선총독을 지낸 하나부사Y. Hanabusa(花房義質)가 금강산을 관광하다 처음으로 채집한 것이라는 이유로 이를 기념하여 붙인 것이나 필자의 소견으로는 나카이T. Nakai를 조선식물 연구 촉탁으로 만들어주어 한국식물 연구에 많은 도움을 받은 보답이 아닌가 생각되며, 소종명 *asiatica*는 동양에 나는 희귀식물이라는 데서 온 것이고 국명 '금강초롱꽃' 은 금강산에 나는 초롱꽃에 유사한 식물이라는 뜻에서 유래한 것이다. 그리고 품종인 흰금강초롱꽃(*H. asiatica* f. *alba*)은 모종에 비해 꽃색이 백색인 것으로 드물게 모종과 같이 나고, 변종인 검산초롱꽃(*H. asiatica* v. *latisepala*)은 모종에 비해 꽃받침조각이 좁은 것이 특징이며 함남 검산령劍山嶺과 장진 연화산蓮花山에서 보고되었다.

최근 금강초롱꽃속이 한국특산속이 될 수 없다는 보고도 있으나, 이상태 등(1986, 1988)과 유기억 등(1995, 1996, 2000)이 근연분류군과 비교 연구한 결과로는 여러 가지 점에서 독립성이 인정되나 앞으로 재검토가 필요하다. 그러나 북한 식물학자들이 무슨 이유인지는 알 수 없으나 금강초롱꽃에 *Keumkangsania asiatica*라는 학명을 사용한다. 식물의 속명을 바꾸어야 할 정당한 이유가 있다면 모르겠으나, 만일 *Hanabusaya*라는 속명이 우리의 철천지원수인 일제시대 조선총독의 이름에서 온 것이라 기분이 나빠서 바꾼 것이라면 만국식물명명규약에 위배된다. 왜냐하면 이런 이유로는 바꿀 수 없기 때문이다. 만약 그런 이유라면 그 앞의 이름 *Symphyandra asiatica*를 사용하면 될 것이다.

그 밖에 포리U. Faurie(1906)의 금강산 채품으로 나카이T. Nakai(1912)

가 발표한 한국특산인 미나리아재비과의 돈잎꿩의다리(*Thalicrtrum coreanum* v. *minor*)는 모종인 연잎꿩의다리에 비해 키가 작고 엽편이 좁으며 엉성한 톱니가 있는 것이 특색이다. 이 식물은, 같은 지역에서 포리 U. Faurie(1902)가 채집하여 프랑스의 르베유Leveille(1902)에게 보내져서 잎이 연잎과 같이 방패 모양으로 되었다고 하여 신식물로 발표된 연잎꿩의다리의 왜소품에 불과하여 통합되었으며 그 뒤 설악산과 원산에서 이 식물이 산다고 보고된 바 있다. 또 털부처꽃(*Lychrium salicaria*)은 나카이 T. Nakai(1918)가 금강산에서 보고한 이래 우리나라 거의 전도에 나는 것으로 알려진 식물로 부처꽃에 비해 전주에 돌기모양의 털이 있고 잎은 줄기를 반쯤 감싸며 꽃받침의 부속체가 곧추서고 길이 1.5~2mm로 보다 길다는 점으로 구별이 된다. 그러나 필자가 일본에 소장되어 있는 한국산 표본을 1차로 조사할 때에 찍은 사진은 표본이 불완전하여 2차 조사 시에는 일본산 표본 중에서 좋은 것을 골라 찍어서 필자가 저술한 『원색한국기준식물도감』(1996)의 자료로 사용한 바 있다. 그 뒤 나는 일본학자로부터 나의 식물도감에 사용한 사진자료가 혹 일본자료가 아니냐는 질문을 받은 일이 있다. 그의 말에 의하면 자기가 일본 각지에 소장되어 있는 한국산식물표본을 모두 조사하여 보았으나 털부처꽃의 표본은 없었으며, 한국에서 출판된 여러 도감에 수록된 털부처꽃의 그림은 모두 실물과 다른데 당신이 저술한 도감의 그림만이 실물과 같다는 지적이었다. 이에 필자는 한국산 표본이 좋은 것이 없어 부득이 일본산을 사용한 것임을 인정하지 않을 수 없었다. 이는 종이 같으면 무관할 것이라는 필자의 단순한 생각에서 처리된 것이나 앞으로 재검토해야 할 일이기에 여기에 소개한다.

3. 금강산(임남)댐

금강산댐은 휴전선 북방 10km 지점인 강원도 창도군 임남면 임남리에 북한에서 1986년 10월에 착공하여 2004년 6월에 준공한 것으로 추정된다. 댐의 규모는 높이 121.5m이고 담수량은 26.2억 톤이며 유역면적은 2,394km²이고 담수면적은 51.24km²(강원대학교 양인태 교수의 계산)라고 한다(사진 21). 정확한 정보가 없어 댐으로 인한 수몰현황을 정확히 알 수는 없고, 북에서 필요에 따라 축조한 것이라면 무방할 것이다. 그러나 문제는 댐의 물을 하류로 흘리지 않고 원산 쪽으로 역류시켜 발전용수로 사용하고 연간 18억톤 상당의 물을 동해로 흘려보냄으로써 댐 하류의 식물 생태계에 막대한 영향을 주고 있다는 점이다. 뿐만 아니라 북한이 물을 무기화하는 수공水攻의 위험을 우려하여 한국 측에서는 강원도 화천군

사진 21 | **금강산댐**(임남댐)
인공위성으로 찍은 사진을 사용하여 담수면적을 계산하였다(강원대학교 양인태 교수 제공).

화천읍 동촌리에 대응댐으로 평화의 댐을 건설하였다. 이 댐은 1987년 2월에 착공하여 2004년 4월에 준공하였으며 댐의 규모는 높이가 125m이고 담수량이 26.3억 톤이며 유역면적은 3,227km²라고 한다(자료는 강원도 자체지원과의 제공임). 이와 같은 현실은 남북이 대치하고 있는 상황에서 부득이한 일이라고는 하나 참으로 불행한 역사이다.

금강산댐 건설과 관련하여 전공영역이 같은 17개 학술단체가 모여 금강산댐 건설에 따른 영향평가와 그 대책에 관한 학술세미나의 결과를 바탕으로 작성한 보고서에서 지적한 남한 지역의 예측되는 피해는 다음 다섯 가지로 요약된다(김안제, 1986).

① **유하량流下量의 감소에 의한 영향** | 금강산댐이 완성되면 북한강의 수량을 현재의 58%인 18억톤을 감소시키게 되어 화천, 춘천, 의암, 청평, 팔당 등의 5개 댐에서 발전하는 전력량을 24%나 감소시키고 한강유역의 생활용수와 공업 및 농업용수의 부족현상을 초래하며 농작물과 산림의 성장을 어렵게 만들 것이다.

② **기상변화에 미치는 영향** | 과다한 저수로 인해 댐 남북의 기상에 큰 변화를 가져올 것이며 특히 저수에서 연간 2, 3억 톤에 이르는 수분이 증발해 언제나 안개로 자욱할 뿐만 아니라 여름에는 수증기가 과다하여 뇌우雷雨와 우박이 빈번하고 겨울에는 혹한과 폭설이 심하게 될 것이다.

③ **토양과 지질地質에 미치는 영향** | 지표수 및 지하수의 감소로 토양의 질이 저하되고 생물의 서식이 어려우며 지반침하地盤沈下가 우려될 뿐만 아니라 저수의 범람 시에는 토사가 산야를 뒤덮어 황폐화하고 유로流路까지도 변경시킬 가능성이 있다.

④ **생태계에 주는 영향** | 정상적인 수준보다 훨씬 모자라는 물의 공급과 비정상적인 기상변화로 내륙은 물론 동해안까지도 동식물과 어족의 서식

을 어렵게 하여 생태계의 조화와 균형을 파괴하고, 이는 다른 지역까지 파급되어 자연의 안정 상태를 교란시키게 될 것이다.

⑤ **댐의 파괴 시에 나타날 피해 |** 댐의 건설에 있어 기술적으로 불안전하여 만수 시 유실되거나 북한이 이를 군사적 목적으로 일시에 파괴하는 극단적 행위를 자행할 때 막대한 피해가 남쪽에 일어날 것인바, 9억 톤만을 저수한 다음에 초당 30만 톤만 일시에 방출한다 하더라도 서울, 강원, 경기의 3시, 10군, 31읍면이 수몰 내지 침수될 것이고, 만일 200억 톤 저수량을 초당 230만 톤 씩 방류한다면 한반도 중부 지역은 완전히 황폐화되고 말 것이다.

금강산댐은 처음의 계획보다는 그 규모가 작아졌고, 유역면적 중 담수면적은 외국에서 촬영한 위성영상으로 분석하면 51.24km²로 산정되나(양인태 교수), 그 지역이 정확히 어디인지는 알 수 없다. 댐 하류의 수공에 의한 홍수피해는 평화의 댐의 기능에 맡길 수밖에 없고, 단수斷水에 의한 다른 문제는 필자가 탐문한 범위 내에서는 전혀 대안이 없는 듯하다. 다만 수자원공사 측의 말로는 화천댐의 유역면적이 58.5%, 물의 유입량이 54%로 감소되었다고 하며, 강원대학교 김범철 교수(미발표 자료)에 의하면 금강산댐 건설로 춘천댐의 방류량이 1995~2001년의 연평균 87억 톤이었던 것이 2002~2004년에는 23억 톤으로 감소하여 북한강 수계 부영양화의 원인이 되고 있다고 한다.

금강산댐의 건설로 북한강 상류의 유로가 변경됨으로써, 수량이 감소하여 발생하는 여러 가지 피해의 실상은 국가적인 차원에서 장기적인 계획이 수립되어 조직적으로 대응해나가야 할 것이다. 그러기 위해서는 우선 직접 피해당사자인 지자체(화천군)나 환경부, 수자원공사 같은 곳에서 문제를 제기하는 것이 바람직하다.

9
평안 · 함경의 백두산 지역

백두산(2,744m)은 평안북도 초산楚山군(북한 행정구역은 양강도 삼지연군)과 중국 지린성吉林省의 경계에 위치하는 단군신화檀君神話가 서려 있는 우리민족의 영산靈山이며, 1980년에 유엔으로부터 국제생물권보존지역으로 지정, 보호되고 있다. 이곳은 백두산에서부터 지리산에 이르는 1,800km의 백두대간의 시발점이며 주봉인 장군봉(2,744m)을 위시하여 향도봉(2,712m), 쌍무지개봉(2,626m), 청석봉(2,662m), 백운봉(2,620m), 차일봉(2,596m) 등 2,500m 이상의 봉우리가 16개나 되는 대산괴大山塊로 중국에서는 창바이산長白山이라고 부른다. 백두산은 신생대 제3기부터 활발히 진행된 화산활동으로 현무암질 용암이 대량 유출되어 약 5,350km²의 넓은 백두용암대지가 만들어져 형성된 휴화산으로, 산 정상에는 칼데라호인 천지天池(사진 22)가 있는데 수면이 10km², 평균수심이 204m, 최대수심이 373m이고 저수량은 20억 톤으로 추정된다. 천지의 물은 높이 67m의 장백폭포長白瀑布로 흘러내려 서쪽(평안도 방향)으로 압

사진 22 | **백두산 천지**
1989년 필자가 중국 연변을 통해 가서 본 천지이다.

록강鴨綠江, 동쪽(함경도 방향)으로 두만강豆滿江을 만들어 만주와의 국경을 이루며 서해와 동해로 흐른다.

백두산은 중국의 『산해경山海經』에는 불함산不咸山이라 표기되어 있으며 우리나라에서는 단단대령, 개마대산, 도태산, 태백산, 백산 등의 이름으로 불려지다가 고려 성종 때부터 산 정상 일대에 하얗게 부석浮石이 덮여 있어 흰머리처럼 보인다고 하여 백두산으로 부르게 되었으며, 중국에서 부르는 장백산이라는 이름은 1년 내내 머리에 흰 눈이 쌓여있다는 뜻으로 붙여진 것이라고 한다(이영노 등, 1991; 유정열, 1998).

백두산의 식물이 최초로 학계에 소개된 것은 웹스터Webster의 채집품으로 영국왕립식물원의 헴슬리W. B. Hemsley(Linn. Soc., 1886)가 왕제비꽃(*Viola websteri*)을 발표한 것이며, 영국의 제임스H. E. M. James(1886) 일행이 5월 19일에서 7월 13일에 걸쳐 조사하여 『The long white mountain』(1888)이라는 제목으로 관속식물 542종류를 발표함으로써 그 윤곽이 밝혀졌다. 이 중에 주목되는 식물은 두메양귀비, 달구지풀, 린네풀, 가솔송, 개통발 등이었다. 그리고 이들의 채집품들은 헴슬리W. B. Hemsley에게 보내져서 연구되어 화살곰취, 비로용담, 개병풍 같은 신식물들이 발표되었다.

백두산에 자생하는 대표적인 식물의 표준 국명(이우철, 2005) 가운데 백두산, 백두 또는 장백이라는 접두사가 붙은 것은 백두산고사리삼, 백두산대극, 백두산떡쑥, 백두산바위취, 백두산자작나무, 백두사초, 백두실골풀, 장백제비꽃, 장백패랭이꽃 등의 9종류가 있다. 이들 또한 백두산 지역이 자기들의 고향이라는 것을 등판에 달고 다니는 애향족愛鄕族임에 틀림없다.

1. 식물의 개황

신백두산新白頭山이 형성될 때의 폭발은 역사상 아무런 기록이 없어 정확한 연대를 정할 수 없으나, 산록에 서 있는 정계비定界碑가 아무런 변동이 없는 것으로 미루어 그 이전 즉, 300년보다 이전임에 틀림없다. 백두산 폭발에 의한 부석은 합수촌合水村에서 허항령虛項嶺에 이르는 사이, 동쪽은 농사동農事洞에 이르기까지 부석 때문에 초목은 거의 절멸했으며 약간의 곳에 가문비나무, 분비나무, 잎갈나무가 남은 것 같다. 백두산 지방과 같이 부석원浮石原은 수목 발육에 부적당하므로 용이하게 삼림이 형성될 수 없다. 이와 같이 백두산 및 사방의 식물은 일단 거의 절멸되고 분화噴火가 끝남과 동시에, 사방의 숲에서 침입했을 것이다. 우선 자작나무류(예 : 자작나무, 좀고채목, 만주자작나무, 사스래나무)를 선두로, 잎갈나무로 이어져 가문비나무, 분비나무가 이 새로 형성된 부석원斧石原을 점령했다. 또 다행히 살아남은 것은 그곳에서 번식하여 백두산 아래 약 8km에서 시작하여 가까이는 20~30km, 멀리는 60~80km의 범위가 잎갈나무로 덮이게 되었다. 현재 소위 '백두산의 식물대'라고 하는 것은, 확연히 구분되는 잎갈나무의 수림과 그 이외의 초본대를 합치는 곳이다. 이와 같이하여 백두산 식물대가 형성되었을 것이다(T. Nakai, 1918b).

그 후 백두산으로 식물이 침입해 온 순서를 나카이T. Nakai(1918b)는 다음과 같이 설명하고 있다. 즉, 분화로 삼림 대부분이 고사해도 늘 여기저기에 약간의 수목이 남게 마련이다. 이는 신무성神武城에서 무두無頭에 이르는 동안 잎갈나무 사이에 가문비나무, 종비나무가 혼생하는 것 같은 것이다. 이 외에는 비산飛散하기 쉬운 종자를 가지고 있는 식물, 즉 초본으로서는 국화과식물, 벼과식물 등을 위시하여, 목본으로는 자작나무류, 버드나무류, 잎갈나무, 은물싸리 등이 있다. 현재 산불이 난 곳에 먼저 자작나무, 좀고채목 등이 번무하고, 다음으로 잎갈나무가 추가된다. 이 양자의 경쟁은 치열하나 잎갈나무가 자작나무를 제치고 크게 발달하며 자작나무는 점차 고사한다. 이런 현상에서 백두산 분화 후에도 마찬가지의 경쟁이 일어났을 것으로 추정된다. 자작나무가 번식할 즈음에는 종자가 새에 의해 비산하여 점차 증가된다. 월귤, 들쭉나무, 개들쭉, 가시까치밥나무 등은 아주 번성하기 시작했고, 기타 바람에 의해 또는 새의 깃털, 발에 부착하여 산포하는 식물도 점차 그 수가 늘어, 오늘에 이르러서는 산포력이 결핍한 초목도 순차로 사방에서 침입하고 있다. 예를 들면 잎갈나무의 치수稚樹가 신무성에서 소백산맥에 이르는 사이 또 허항령에 이르는 사이 등에 나는 것 같이, 부게꽃나무, 우단쥐손이, 인가목, 백작약, 홀아비꽃대 등과 같이 농사동農事洞에서 무봉茂峰에 이르는 방면, 또 합수촌合水村

에서 허항령에 이르는 사이에 잎갈나무림이 추가되는 것 같은 것이 그 예이다. 금후 만약 백두산 또는 그 사방이 화산으로 활동하는 일이 없다면, 이 광범한 잎갈나무의 수해樹海는 점차로 가문비나무, 분비나무, 잎갈나무, 종비나무와의 혼효림으로 될 것이다.

백두산 식물의 분포를 기타가와M. Kitagawa(北川政夫, 1941)는 하부침엽수림대(600~1,000m), 중부침엽수림대(1,000~1,500m), 상부침엽수림대(1,500~2,000m), 고산식물대(2,000~2,700m)로 구분하여 설명하고 있다. 그 내용을 요약하면 다음과 같다.

• 하부침엽수림대

백두산 산록의 수림대는 현무암상에 발달하고 침엽수림이라기보다는 혼효림이라고 볼 수 있다. 이 삼림대 하부는 만주 동부 산악지대 곳곳에서 보이는 것과 같으며, 이곳의 표식 침엽수종은 잣나무이다. 이에 수반해서 분비나무, 전나무, 주목나무 등 침엽수가 나고, 신갈나무, 황철나무, 만주자작나무, 고로쇠나무, 들메나무, 황경피나무, 느릅나무 등 교목이 혼생하며, 간혹 땅이 습한 곳에서는 만주잎갈나무가 순림을 이루고 건조하게 되면 만주자작나무로 교체된다. 이곳의 하부군락은 물개암나무, 백당나무, 고광나무, 개회나무, 털화살나무, 산괴불나무, 가시오갈피나무, 털긴잎조팝나무 등이 관목층을 이루고 그 밑에 당개지치, 참나물, 민박쥐나물, 지리산고사리, 털고사리, 가는잎쐐기풀, 벌깨덩굴 등이 보편적이나 습한 음지에는 흰그늘사초, 나도겨이삭, 처녀고사리가 난다. 그리고 벌채 후 양지바른 곳에는 버들류(육지꽃버들, 선버들 등), 골풀, 노루오줌, 물양지꽃, 갯보리 등이 군락을 이루며, 양지바른 하안습원河岸濕原에는 산새풀,

질경이택사, 골풀, 검은도루박이, 제비동자꽃, 가래고사리, 독미나리 등이 군락을 이룬다.

• **중부침엽수림대**

중간대는 경석輕石에 의해 비교적 건조하고 습기가 적은 곳으로 분비나무, 잣나무, 만주잎갈나무 외에 거제수나무, 피나무, 물황철, 만주자작나무 같은 활엽수가 섞이고, 그 밑에는 가문비나무의 어린나무가 숲 속에 나타나 위쪽에 이르면 대목으로 되며, 하목下木으로는 시닥나무, 산겨릅나무, 흰털마가목, 배암나무, 두메닥나무, 댕댕이나무, 메역순나무 등이 있고 나도옥잠화, 두루미꽃, 쥐털이슬, 린네풀, 참기생꽃 등의 하초가 있다. 이 지대에는 만주잎갈나무는 거의 나타나지 않는다.

• **상부침엽수림대**

이 지역은 화산분출물로 덮인 곳으로 가문비나무가 주요 침엽수를 이루고 그 밖에 종비나무, 분비나무, 사스래나무, 덤불오리나무 등이 있는 특징을 보이며, 하층수목으로는 댕댕이나무, 배암나무, 눈산버들, 생열귀나무 등의 관목이 있고, 그 밑에 두메갈퀴, 참기생꽃, 린네풀 등의 초본이 자란다. 그리고 계곡 물가의 풀밭에는 산새풀, 어리곤달비, 박새, 꿩의다리, 부채붓꽃, 수리취, 박쥐나물, 털쥐손이 등이 나고 부분적으로 어리곤달비가 군생하며, 숲 사이의 초원에는 붓꽃, 부채붓꽃, 손바닥난초, 긴잎여로, 제비난초, 아시아꿩의다리, 화살곰취, 껄껄이풀, 구름패랭이꽃, 참바위취 등이 군생하는 것이 보인다.

• **고산식물대**

이 지역은 삼림한계森林限界 이상의 곳이며 알칼리조면암으로 되며, 관목대, 초본대, 지의대地衣帶로 3분 되나 만주 쪽에서는 그 구별이 전혀 없다. 관목으로는 곱향나무, 노란만병초, 들쭉나무, 눈산버들, 콩버들 등이 있고, 초본으로는 화살곰취, 산매발톱꽃, 바위구절초, 두메분취, 부전바디, 비로용담, 흰범꼬리, 산쥐손이, 바위솜나물, 개회향, 담자리꽃나무, 두메자운, 구름국화, 좀꿩의밥, 산향모, 좀바늘사초, 감둥사초, 두메꿩의밥 등이 군생한다. 그리고 건조한 사면의 바위에는 좀참꽃, 돌꽃, 차일봉개미자리, 구름범의귀, 두메양귀비, 숙은꽃장포, 가솔송 등이 나며, 초원에서는 담자리꽃나무가 가장 우세하고, 고산대에 이르면 급히 생장이 저해되어 왜소화하게 되는 것으로는 산매발톱꽃, 산쥐손이, 등대시호, 들쭉나무, 두메분취, 애기금매화 등이 있다.

지역별 식생을 살펴보면 다음과 같다(T. Nakai, 1918b).

• 합수촌~허항령의 식생

합수촌合水村은 남포태산南胞胎山의 아래에 있는 마지막 마을로 보태동寶泰洞에서 약 16km 떨어져 있다. 산은 포태산, 장군봉將軍峰을 제외하면 경사는 비교적 완만하나, 대개 광대하여 한 고개를 넘는 데 대략 8~12km 이상 되어 대륙적인 기분이 든다. 이 큰 산을 덮는 것은 가문비나무, 분비나무, 잣나무, 잎갈나무가 혼생하는 침엽수림으로, 그 사이에 거제수나무, 꽃개회나무, 명자순, 산겨릅나무, 시닥나무, 당마가목, 인가목, 가시오갈피나무, 혹느릅나무, 까막까치밥나무, 산괴불나무, 멍덕딸기, 호랑버들, 유가래나무, 참조팝나무, 꼬리조팝나무, 귀룽나무, 고광나무, 다릅나무, 까치밥나무 등이 나고, 메역순나무, 쥐다래나무 등이 이에 감긴다. 이곳도 노봉산맥鷺峰山脈과 같이 참나무류가 없다. 산불이 난 곳이나 벌채를 한 곳에는 자작나무, 사시나무, 황철나무 등이 난다. 특히 산불이 난 곳에는 필히 분홍바늘꽃이 밀생한다. 초본류도 역시 고지성의 것인 민두메고사리, 관중, 두메개고사리, 겨이삭, 나도옥잠화, 삿갓나물, 대사초,

뚝새풀, 애기나리, 말나리, 좀솔방울고랭이, 큰두루미꽃, 비녀골풀, 연영초, 괭이사초, 부채붓꽃, 산새풀, 별꿩의밥, 촛대승마, 왕죽대아재비, 여뀌, 큰뱀무, 자주꿩의비름, 버들바늘꽃, 가는잎쐐기풀, 왜우산풀, 매발톱꽃, 가는바디, 흰줄바꽃, 전호, 분홍바늘꽃, 나도범의귀, 물싸리풀, 줄꽃주머니, 명아주, 미나리냉이, 백작약, 돌바늘꽃, 물양지꽃, 마디풀, 산꿩의다리, 개벼룩, 쥐손이풀, 애기괭이밥, 놋젓가락나물, 물매화풀, 질경이, 사철쑥, 박쥐나물, 들깨풀, 쥐털이슬, 금방망이, 참꽃마리, 조밥나물, 민망초, 과남풀, 송이풀, 닻꽃, 민박쥐나물, 물골취, 가는네잎갈퀴, 벌깨덩굴, 톱풀, 수리취, 덤불쑥, 미역취, 민들레, 모시대, 좀귀박쥐나물, 빗살서덜취, 애기봄맞이 등이다.

계곡에는 잎갈나무가 나고 소택지沼澤地가 많다. 개구릿대, 촛대승마, 산새풀, 분홍바늘꽃, 물골취, 금방망이, 모시대, 오이풀, 별꿩의밥, 큰엉겅퀴, 쇠뜨기, 과남풀, 외잎쑥, 흰오이풀, 발톱꿩의다리, 이삭송이풀, 꿩의다리, 쇠서나물, 부채붓꽃, 곰취, 물쇠뜨기 등이 뭉쳐 난다. 합수촌에서 허항령虛項嶺에 이르는 사이 약 20km, 그 반에 이르는 주변까지는 백두산의 화산재가 잎갈나무림으로 변해 있다. 이 삼림 사이에는 물개암나무, 회목나무, 고로쇠나무, 세잎종덩굴, 산개벗지나무, 석송 등이 있다. 이 삼림은 비교적 건조하여 골짜기와 산이 확연히 구별되지만, 일단 부석원浮石原으로 되는 잎갈나무림으로 들어가면, 파도 모양을 이루는 토지는 고저의 차이가 심하므로, 비교적 낮은 곳으로 흐르는 물은 사방을 넓은 소택지로 만든다. 이곳에는 토대황, 왕삿갓사초 같은 식물이 나고, 소택지에서 건지乾地로 옮겨가는 곳에는 흰오이풀, 동자꽃, 큰금매화, 개쇠뜨기, 천도딸기, 분홍바늘꽃 등이 있다. 건지에 이르러서도 진짜 건조한 곳은 적고 선태류가 잘 번식하며 그 사이에 처녀고사리, 꿩고비, 간도쥐손이,

꽃며느리밥풀, 자주꽃방망이, 넓은긴잎갈퀴, 잔대, 놋젓가락나물, 주걱노루발, 참기생꽃 등이 난다. 여기저기 자작나무가 있으나 잎갈나무에 눌려 도처에서 고사하고 있다. 이것은 백두산 분화 당시에 고사枯死를 면한 것으로, 그 크기는 합수촌 방면의 원시림 중에 있는 것과 일치한다. 오늘날 백두산의 큰 잎갈나무림은 잔존한 이들 어버이에서 나오기 시작했다.

허항령 가까이의 나무 밑에는 좁은백산차, 물싸리 등이 있고, 또 계류를 따라서는 반짝버들이 있다. 허항령은 부석으로 덮인 작은 현무암의 언덕으로 잎갈나무로 덮여 있다. 잎갈나무림 속에는 물싸리, 좀고채목, 귀룽나무, 자작나무, 종비나무, 가문비나무, 유가래나무, 홍괴불나무, 털야광나무, 개들쭉, 인가목, 들쭉나무 등의 수목이 난다. 특히 물싸리, 좀고채목, 개들쭉, 들쭉나무는 도처에 무성하다. 초본으로는 고산성의 것이 많아, 달구지풀, 흰오이풀, 산쥐손이, 넓은외잎쑥, 큰산좁쌀풀, 닷꽃, 큰금매화, 조밥나물, 산톱풀, 자주꽃방망이, 술패랭이꽃, 물매화, 꽃며느리밥풀, 미역취, 전호, 간도쥐손이풀, 분홍바늘꽃, 개시호, 넓은긴잎갈퀴, 흰잎엉겅퀴, 씨범꼬리, 각시취, 설앵초, 비로용담, 산제비란, 손바닥난초, 각시둥굴레, 너도개미자리, 수염풀 등이 있다.

• 허항령~삼지연~신무성의 식생

삼지연三池淵은 4개의 호수로 이루어져 있다. 못 둑에는 들쭉나무가 많고, 애기황새풀, 끈끈이주걱, 흰오이풀, 자주가는오이풀, 오이풀 등이 특히 무성하다. 못의 물은 미온탕微溫湯으로 다소 온기가 느껴지며 끊임없이 수증기가 올라가는 것이 보인다. 못 속 어디엔가 온천이 용출하는 곳이 있다. 이 못은 제2, 제3, 제4로 점차 작아지며, 이 물은 압록강으로 흘러간다. 제3의 못에서 우측으로 꺾으면 농사동으로 나가는 길이다. 못 둑에는 구름범의귀가 많다. 4km의 여정으로 못을 다 통과하면 오른쪽으로 북포태산北胞胎山의 위용이 보인다. 백두산 분화로 흰 부석浮石으로 덮였다. 개머위가 나는 숲으로 가려면 4km 정도 가야 한다. 잎갈나무의 치수가 나는 사이를 통과하면 구승포리로 가는 길과 합쳐지는 곳에 이른다. 이곳부터 산불의 흔적이 사라지고 잎갈나무 밑에는 좁은백산차, 왕백산차가 나타나고 이들을 건드리면 향기가 난다. 그 사이에 곱향나무가 혼생하고, 잔잎바디, 가는바디, 과남풀, 부채붓꽃, 꽃며느리밥풀, 주걱노루발, 새끼노루발, 오이풀, 술패랭이꽃, 패랭이꽃, 수염풀, 미역취, 꿩의다리, 나도냉이, 비로용담, 개쑥부쟁이, 좀개미취, 물매화, 흰잎엉겅퀴, 두매부추, 기름나물, 닷꽃, 조밥나물, 각시취, 달구지풀, 산쥐손이풀, 오이풀, 분홍바늘꽃 등이 일시에 꽃을 피운다. 이 언저리의 여름은 7월에 시작하여 8월 20일 전후에 끝나는 곳이므로 이곳의 초목은 다 이 기간에 일제히 개화결실開花結實한다. 고산에서의 꽃밭이란 다 이런 것인데, 백두산에서는 수십 리 사이가 다 꽃밭으로 진짜 천연의 낙원이다. 대략 허항령에서 신무성에 이르기까지 20km 정도인데 그 사이에 나는 수목은 잎갈나무, 가문비나무, 사시나무, 자작나무, 물싸리, 월귤, 개들쭉, 생열귀나무, 인가목, 들쭉나무 등이고 초본류로는 넓은외잎쑥, 손바닥난초, 부채붓꽃, 큰고랭이, 너도개미자리, 선백미꽃, 두메김의털, 설앵초, 산새풀, 양지꽃 등이 있다. 신무성을 중국 사람들은 신민둔新民屯이라고 한다.

• 신무성~무두봉의 식생

신무성神武城에서 점차 올라 무두봉無頭峰 밑의 천막캠프까지는 16km로 400m를 올라가기 때문에 식물도 역시 서서히 고산성高山性을 띠게 된다. 신무성 부근에서는 잎갈나무가 높이 20m 이상이지만, 무두봉 부근에 이르면 같은 연령의 수목도 높이가 15m 넘는 것이 드물다. 가문비나무, 종비나무, 자작나무가 잎갈나무와 섞이고 또 무두봉 가까이에는 사스래나무, 만주잎갈나무도 있다. 나무 밑에는 곱향나무, 물싸리, 왕백산차, 가는잎백산차, 인가목, 생열귀나무, 개들쭉, 노랑만병초, 가시까치밥나무, 들쭉나무, 월귤, 산종덩굴, 가솔송 등이 있다.

초본류도 역시 난쟁이패랭이꽃, 큰오이풀, 포태제비난, 숙은돌창포, 산조아재비, 두메분취 등과 같이 허항령, 신무성 방면에서 볼 수 있는 것이 많고, 특히 한 종류만 많이 나서 거의 다른 것을 압도하는 것 같다. 예를 들면 껄껄이풀, 도깨비엉겅퀴, 큰오이풀 등과 같이 어느 것이나 아름다운 꽃이 피기 때문에 특별히 만든 것 같다. 또 노랑만병초, 가솔송, 곱향나무, 월귤 등의 군락이 있다.

대략 무두봉에 이르기까지 볼 수 있는 것은 나도옥잠화, 도깨비엉겅퀴, 산쥐손이, 자주사철란, 분홍바늘꽃, 참바위취, 두메김의털, 물매화, 미역취, 꿩의다리, 껄껄이풀, 덤불취, 자주꽃방망이, 화살곰취, 큰산좁쌀풀, 달구지풀, 비로용담, 산미나리아재비, 큰톱풀, 감둥사초, 참졸방제비꽃, 술패랭이꽃, 톱풀, 꿀풀, 손바닥난초, 포태제비난, 쥐오줌풀, 등대시호, 붓꽃, 산조아재비, 두메분취 등이다.

• 무두봉 부근의 식생

신무성에서 무두봉無頭峰 사이의 개울물은 다 부석浮石 아래로 흐르나 무두봉 밑에는 작은 물줄기가 있다. 골짜기의 밑도 마찬가지로 현무암이고 부석의 층이 그 위를 덮어 구릉을 이룬다.

개울의 양쪽은 꽃이 핀 풀이 많고 흰오이풀은 대록황색帶綠黃色의 이삭을 드리우며 높이 90~120cm가 되는 것들이 모여 나서 단순한 무리를 이룬다. 또 풀이 낮은 곳에는 각씨투구꽃이 있어 한 줄기에 1~3개의 꽃이 달리며, 줄기에 비해 꽃이 큰 것이 현저하다. 1913년에 함경북도 지사 호아시Hoasi(帆足)씨가 백두산을 탐험할 때, 백두산 밑 정계비定界碑까지는 무사히 도착했으나 정상에는 오르지 못했고, 그때 동행한 모리T. Mori(森爲三) 일행이 채집한 표본은 나카이T. Nakai에게 보내져 연구재료로 사용되었으나, 애석하게도 지사는 산행으로 건강을 다쳐 돌아온 뒤 얼마 안 있다 사망했다고 한다. 그래서 나카이T. Nakai는 무두봉 밑에 나는 절굿대속의 1신종에 *Saussurea hoasii*(두메취*Saussurea triangulata*)라는 이름을 붙여 그를 기념했다. 이 식물은 이 계류溪流를 따라 삼림 속에 난다. 그 밖에 물싸리, 물매화, 가는대나물, 분홍바늘꽃, 자주꽃방망이, 술패랭이꽃 등이 특히 아름답다. 무두봉은 해발 1,878m로 현무암으로 되어 있으나, 백두산에 면한 쪽은 부석으로 덮여 희고 잎갈나무로 덮였으며 시로미는 큰 순군락을 이루어 마치 제주도의 한라산 위와 같다. 시로미의 열매는 백두산 지방에 나는 식용 과실 중에 가장 우등품이다. 잎갈나무 외에 노랑만병초, 단천향나무, 시로미, 가시까치밥나무, 담자리꽃나무, 백두산고사리삼, 메고사리삼, 자주사철란, 등대시호, 홍월귤, 딱지꽃, 두메양귀비, 나도여로, 바위구절초, 닻꽃, 가는대나물, 난쟁이패랭이꽃, 산용담, 물매화, 두메자운, 개회향, 두메분취, 은양지꽃, 구름꿩의밥, 껄껄이풀, 미역취 등의 초목이 난다.

무두봉부터는 물싸리와 들쭉나무가 나는 잎갈나무림이 백두산을 향해 이어지고, 그 이상은 순고산초본대純高山草本帶가 된다. 산의 지대가 높아짐에 따라 이 잎갈나무는 그 높이가 낮아져 60~90cm의 것으로 된 뒤 아주 그 자취가 사라지고, 나무 밑에는 참산부추가 밀생하는 곳이 있다.

• 백두산 고산대의 식생

1,900~2,000m 이상은 잎갈나무가 자취를 감추고 순고산초본대로 된다. 이 주변 일대는 서북의 바람이 강하여 부석은 다 동남 방향으로 흐트러져 있다. 바람에 반대되는 곳에만 식물이 나지만 동남에 면하는 산의

사면은 바람을 받기 때문에 일면에 융단을 깐 것 같다. 무두봉에서 백두산으로 향하는 사이는 산의 남쪽 면이기 때문에 식물은 파상波狀으로 분포한다. 초본대에 접하는 잎갈나무는 모두 가지가 동남으로 뻗었다. 대개 수목 가지의 방향은 일광과 그 생장시기에 있어 바람의 방향에 따라 좌우된다. 백두산의 나무가 이와 같이 동남으로 향한 것은 이 여름철에 서북바람이 가장 강하다는 것을 보여주는 증거이다. 파도의 그늘에는 높이가 낮은 식물이 나고 특히 수목류는 다 땅 위로 긴다. 그 종류는 담자리꽃나무, 담자리참꽃, 좀참꽃, 노란만병초, 들쭉나무, 가솔송, 홍월귤, 눈산버들, 콩버들 등이 있고, 초본으로는 두메김의털, 산잠자리피, 구름범의귀, 바위구절초, 난쟁이패랭이꽃, 나도개미자리, 개감채, 검정겨이삭, 산조아재비, 큰황새풀, 나도여로, 두메양귀비, 가는대나물, 산매발톱꽃, 둥근바위솔, 참졸방제비꽃, 고산봄맞이, 수염풀, 두메자운, 씨범꼬리, 두메분취, 은양지꽃, 너도개미자리, 구름국화, 좀새풀, 얼룩사초, 구름꿩의밥, 좁은잎돌꽃, 나도수영, 흰장구채, 산미나리아재비, 너도양지꽃, 애기바늘꽃, 두메투구꽃, 구름송이풀, 숙은돌창포, 산용담, 좀두메취, 차일봉개미자리, 능대시호, 흰범꼬리, 산석송, 좀바늘사초, 바위돌꽃, 오랑캐장구채, 개회향, 바위솜나물 등이다. 2,050m에 정계비定界碑가 있다.

• 신무성~무봉茂峰의 식생

신무성神武城을 나와서 동쪽으로 벗어나면 부석이 퇴적하여 낮은 구릉을 이룬다. 계류는 이곳에서 땅속으로 흘러 다시 나타나 개울을 이룬다. 이 일대의 잎갈나무림 밑에는 들쭉나무, 물싸리, 좁은백산차, 왕백산차 등이 더해지고 종종 자작나무가 혼생하는 곳이 있다. 각시취, 분홍바늘꽃, 큰용담, 달구지풀, 조밥나물, 껄껄이풀, 닻꽃, 묏황기, 넓은잎황기의 꽃이 아름답고, 길은 허항령과 농사동의 두 방면으로 갈라지는 곳이 나온다. 들쭉나무는 가는 곳마다 개들쭉과 더불어 검은 열매가 달린다. 해발 1,440m 부근에는 술패랭이꽃이 아름답게 피어 있다. 개울둑에는 산새풀, 감둥사초 같은 것이 있다. 남포분취는 건조한 곳에 난다. 잎갈나무림은 늘 연속되나 그 밑에 나는 관목으로는, 유가래나무, 홍괴불나무, 산괴불나무, 호랑버들, 다릅나무, 털야광나무, 회목나무, 쉬땅나무, 당마가목, 딱총나무, 개키버들, 사시나무, 털개회나무 등이 점차로 순북부한국삼림대純北部韓國森林帶의 분자가 추가된다.

2. 소산식물의 검토

백두산의 식물은 제임스H. E. M. James(1886)의 보고가 있은 뒤 원산군 용목재창의 이마가와 다다이치(今川唯市, 1905)와 함경북도 지사 호아시Hoasi(帆足, 1913)가 이끄는 백두산탐사대의 일행으로 참가한 모리T. Mori(森爲三)의 채집품들이 나카이T. Nakai에게 보내져 연구되어 많은 신식물이 발표되었다(T. Mori, 1926). 그 뒤 나카이T. Nakai와 정태현이 1914년 5월부터 9월까지 실시한 한만 국경 횡단여행 시에 이곳의 식물을 조사하여 소산의 관속식물을 307종 19변종으로 총 326종류로 집계하였고 이 중에는 30종류의 신식물이 포함되었다(T. Nakai, 1918b). 그 후 모리T. Mori(1926)는 66과 239속 490종 19변종으로 보고하였다. 그리고 종전 이후 북한학자들의 조사 여부는 알 수 없으며, 한국에서는 중국 연변 쪽인 장백산 쪽의 부분적인 조사가 있었다. 그중에 필자를 위시한 한국식물분류학회의 회원 9명이 주축이 된 장백산식물조사단이 1989년 8월 2일에서 6일까지의 조사결과를 바탕으로 『백두산의 꽃』(이영노 등, 1991)을 만들 때 필자가 한국 쪽(백두산)과 중국 쪽(장백산)의 조사 자료를 종합하여 이곳의 관속식물을 정리한 결과로는 118과 516속 1,413종 2아종 91변종 38품종으로 총 1,544종류로 집계되었다(이우철, 1989). 물론 한국 쪽의 자료와 필자가 도쿄대학, 교토대학, 일본국립과학관에 소장되어 있는 한국산식물표본의 자료를 추가한 관속식물은 78과 262속 1아종 25변종 12품종으로 총 594종류로 집계된다(이 · 임, 2002).

나카이T. Nakai(1918b)가 보고한 소산식물 326분류군을 현시점에서 재검토하여 보았을 때 학명의 통폐합이나 재조합에 의해서 학명의 변화가 생긴 것이 27%(88분류군)이고 잘못 동정된 것이 18.4%(60분류군)이며 오동정誤同定이나 통폐합으로 죽은 것이 6분류군이고, 우리나라에 나지 않거나 학명의 변천을 알 수 없는 미지종이 4.6%(15분류군)이다. 이 미지의 식물은 다음과 같다.

① *Athyrium melanolepis* (Fr. et Sav.) Christ., 일본에 분포한다.

② *Carex fulginosa* Schkuhr.

③ *Polygonum ochreatum* v. *nanum* Nakai, Fl. Mt. Paik-tu-san 57(1917), nom. nud.

④ *Polygonum ochreatum* v. *salignum*(Willd.)Nakai, Fl. Mt. Paik-tu-san 57(1917)

⑤ *Ranunculus acris* v. *borealis* Regel. 일명 두메미나리아재비이다.

⑥ *Ranunculus acris* v. *steveni* Regel. 정태현 등(1937)은 같은 일명日名에 *R. acris* v. *monticola* 산미나리아재비를 적용하고 있다.

⑦ *Chrysosplenium pilosum* v. *sphacrospermum* (Maxim.) Hara in J. Fac. Sci. Univ. Tokyo 3(1):50(1957) - *C. sphaerospermum* Maxim. Nakai, Fl. Mt. Paik-tu-san 65(1917), 박만규(1974)는 금괭이

눈이라는 이름을 주었으나 한국에는 없고 일본에 분포한다.

⑧ *Potentilla filipendula* Willd. 일명日名으로 개양지꽃이며 이는 개소랑개비의 이명으로 되어 있으나 학명의 변천이 미상이다.

⑨ *Sanguisorba tenuifolia* v. *intermedia* in Nakai, Fl. Mt. Paik-tu-san 58(1917), 일명日名으로는 살색오이풀이다.

⑩ *Hedysarum hedysaroides* (L.) Schinz et Thell. - *H. obscurum* L. in Nakai, Fl. Mt. Paik-tu-san 66(1917), 일본에 분포하고 구아대륙의 고산에 난다.

⑪ *Artemisia vulgaris* v. *minor* Kom.

⑫ *Artemisia japonica* v. *resedifolia* Takeda, 일명으로는 가는잎제비쑥이다.

⑬ *Aster altaicus* v. *alba* Nakai, Fl. Mt. Paik-tu-san 59(1917), 일명으로는 흰눈개쑥부쟁이이다.

⑭ *Erigeron alpicolus* v. *albus* Nakai, Fl. Mt. Paik-tu-san 59(1917), 일명으로는 흰구름국화이다.

한국 쪽(백두산)에 나는 594종류의 관속식물 중에 한국 특산은 풍산종비, 떡버들, 큰산버들, 부전자작나무, 백두산자작나무, 매화바람꽃, 웅달종덩굴, 고려종덩굴, 할미밀망, 바위미나리아재비, 참장대나물, 산꽃다지, 누른괭이눈, 긴생열귀나무, 산오이풀, 차빛마가목, 염주황기, 달구지풀, 흰큰등갈퀴, 체꽃, 흰가는잎잔대, 가는잎잔대, 흰자주꽃방망이, 솜분취, 포태사초, 털개불알풀 등 26분류군이 있다.

백두산의 넓은 면적에 수해樹海를 이루는 잎갈나무(*Larix olgensis* v. *coreana*)는 모종에 비해 구과毬果가 3~4cm로 크고 실편實片이 36~46개인 점이 다르고, 낙엽송(일본잎갈나무, *Larix leptolepis*)에 비해서는 잎의 기공조선氣孔條線이 뚜렷하지 않고, 실편의 수가 적으며(낙엽송은 50~60개) 끝이 젖혀지지 않고 곧추서는 것이 다르다. 만주잎갈나무(*Larix olgensis* v. *amurensis*)에 비해서는 구과가 크고 실편의 수가 많으며 어릴 때는 녹색이고 잎의 길이가 1~5cm로 짧은 점으로 구별되며(만주잎갈나무는 구과가 1.5~2cm, 실편의 수는 18~36개로 어릴 때는 농홍색을 띠고 잎은 길이 3~12cm 정도) 우리나라 북부에 나고 만주 아무르, 우수리에 분포한다.

백두산 지역에 나는 전체(1,544분류군)의 분포역을 조사, 분석한 결과(이우철, 1989; 이영노 등, 1991)에 의하면 이 지역의 식물은 캄차카, 사할린, 아무르, 우수리 지방에서 들어온 북동북부 요소가 31.16%로 주축을 이루며 이 중에도 아무르 요소가 12.18%, 우수리 요소가 11.79%로 나타난다. 그리고 북반구 전역에 널리 분포하는 북반구 요소가 23.58%로 그 다음으로 많고 시베리아, 몽고, 다후리아 지방에서 나온 북방계 요소가 20.14%이며 이 중에는 시베리아 요소가 13.08%로 제일 우세하고, 이 지역의 주인으로 볼 수 있는 고유요소가 10.43%이다. 이 중 백두산(장백산)에만 나는 백두산 요소가 36종류(2.33%)로 메고사리삼, 털새모래덩굴, 장백점나도나물, 흰분홍바늘꽃, 장백냉이, 두메냉이, 좀꽃다지, 털왜방풍, 가는잎왜방풍, 털잔잎바디, 가는잎독미나리, 좀가는바디, 흰털쥐손이, 간도쥐손이, 장백쥐손이, 백두산대극, 만주질경이, 흰터리풀, 털파리채, 좀연리갈퀴, 왕제비꽃, 백두산구슬붕이, 장백노루발풀, 왕백산차, 산들쭉나무, 만주고광나무, 백두산바위취, 털산괴불나무, 산소영도리나무, 흰가는잎잔대, 산사철쑥, 흰구름쑥, 세뿔곰취, 만주김의털, 만주포아풀, 흰얼레지 등이다. 그리고 백두산을 중심으로 함남북, 평북, 간도間島, 길림吉林에 퍼져 있는 준백두산 요소는 45종류(2.92%)로 개당버들, 음지까치밥나무,

털삼잎방망이, 엷은서덜취, 만주민들레, 장춘민들레는 만주 쪽에, 풍산종비, 큰미나리아재비, 각씨투구꽃, 선투구꽃, 매화바람꽃, 흰큰제비고깔, 음지쮱의다리, 눈산버들, 강계버들, 장군풀, 난쟁이패랭이꽃, 차일봉개미자리, 부전바디, 좁은잎돌꽃, 명천바늘꽃, 구름오이풀, 염주황기, 두메자운, 볼레괴불나무, 붉은톱풀, 두메분취, 좀두메취, 바위솜나물, 포태제비란은 한국 쪽으로 퍼져 있고 양쪽으로 나는 것은 반짝버들, 좁은어수리, 끈끈이딱지, 흰털당마가목, 흰큰등갈퀴, 민참대극, 간장풀, 산속단, 외잎쑥, 긴잎곰취, 화살곰취, 물곰취, 산민들레, 백두산나래새, 이삭비비추 등이 있다. 한편 백두산에서 한반도에 결쳐 나는 한국 요소는 36종류(2.33%)로 세잎종덩굴, 산종덩굴, 바위미나리아재비, 흰범꼬리, 좀고채목, 한계령풀, 능수버들, 큰산버들, 괴불주머니, 흰장구채, 꽃황새냉이, 애기단풍, 붉은고로쇠, 땃딸기, 이노리나무, 금강제비꽃, 숙은노루오줌, 개병풍, 짝자래나무, 흰비로용담, 두메닥나무, 좀꽃말이, 개현삼, 큰산꼬리풀, 그늘골무꽃, 흰괴불나무, 도라지모시대, 어리곤달비, 솜분취, 국화방망이, 두메김의털, 갯겨이삭, 한라사초, 왕죽대아재비, 털개불알꽃 등이 있고, 백두산에서 만주, 중국 쪽으로 나는 중국 요소는 24종류(1.55%)로 긴좀사위질빵, 깃참나물, 대동여뀌, 당말채나무, 좀정향나무, 검은파리풀, 실갈퀴, 적은갈퀴, 우이초, 만주털괭이눈, 만주용담, 만주쓴풀, 좀뚜껑덩굴, 가지외잎쑥, 갈래산쑥부쟁이, 만주곰취, 갈래개쑥배, 나도산민들레, 가는잎나도산민들레, 긴부리민들레, 톱니산비장이, 군생대새풀, 몽고포아풀, 나도산거울 등이 있으며, 만주와 한국에만 나는 한만 요소韓滿要素는 20종류(1.30%)로 족도리풀, 는쟁이냉이, 참당귀, 나도박달, 가침박달, 이스라지나무, 꽃싸리, 꽃나비나물, 꽃쥐손이, 털개회나무, 꽃개회나무, 암괴불나무, 구슬댕댕이나무, 돌단풍, 지리산바위떡풀, 칼잎용담, 병풍쌈, 버들겨이삭, 금강애기나리, 털중나리 같은 것이 있다. 그 밖에 한국, 일본, 만주, 중국에 걸쳐서 나는 남방계 요소가 9.42%, 유럽에서 뻗쳐 온 유럽 요소가 4.86%로 되어 있다.

백두산은 우리나라의 대표적인 자연자원 보고 중의 하나이다. 따라서 많은 약용식물들이 알려져 있다. 그 중에서도 성분이 산삼에 버금간다는 가시오갈피(*Acanthopanax senticosus*)는 산록인 이도백화에서부터 나타난다. 그리고 우리나라에서 산삼(*Panax ginseng*)의 진품이 남아 있을 가능성이 있는 곳은 이곳뿐일 것이다. 그 이유는 산삼은 하늘이 보이지 않는 우거진 원시림 속의 낙엽이 발목까지 빠지는 환경에서만 자라는 것으로 이 같은 원시림이 남아 있을 수 있는 곳은 백두산뿐이기 때문이다. 야생하는 산삼의 씨를 받아서 재배한 것을 장뇌삼이라고 하나 산삼의 진품을 얻을 수 없다면 그 씨앗을 어디에서 구할 수 있겠는가? 그렇다면 현재 산지에 많이 식재되어 장뇌삼이라고 팔리는 것도 믿기 어렵다. 인삼 역시 야생하는 산삼에서 유래한 것으로 학명이 같다고 한다면 장뇌삼과 구별할 수 없을 것이다. 단, 인삼은 아무리 조건을 잘 갖추어주어도 5년 근이 되면 뿌리가 썩기 시작하므로 캐서 가공하여야 한다. 5년 근 중에 좋은 것은 9증구포하여 홍삼을 만들고 홍삼이 될 수 없는 것은 백삼으로 만드는 것이다. 그러나 산삼은 위와 같은 천혜적인 조건에서 나서 5년 이상 오래 자란 것을 말한다.

그렇다면 산삼과 인삼은 어떻게 구별하느냐가 문제인데, 5년생 이하의 것은 구별이 불가능하다. 일반적으로 심마니나 상인들이 말하는 것은 일종의 개체변이에 불과하므로 믿을 수 없다. 단지 과학적으로 판별하는 방법은 뇌두뿐인데, 산삼이나 인삼 할 것 없이 뇌두에서 새싹이 나올 때 해마다 그 방향이 좌우로 엇갈려 나므로 좌우에 생기는 흔적(틈서리)을 세어 보면 나이를 알 수 있고, 그 수가 5개 이상이어야 산삼이라고 할 수 있다. 이 같은 산삼이 오래되어 그 뇌두에 흔적이 많이 중첩되어 생겨 그 수를 헤아릴 수 없게 되면 부르는 것이 나이가 되는 것이다.

필자가 1960년대 초에 모교에서 정태현 교수와 같이 근무할 때의 일이다. 하루는 경북 일월산의 주지 스님이라는 사람에게서 장문의 편지를 한 통 받은 일이 있다. 그 내용은 백일기도를 하고 산삼을 캤는데 그 정확한 나이를 알고 싶다는 것이었다. 정 교수님이 보시더니 중들의 장난임에 틀림없으니 답신할 것이 없다고 하시어 회신을 하지 않았더니, 얼마 후 스님이 삼을 와이셔츠 통에 넣고 이끼로 포장하여 영현과 같이 모시고, 그것을 사려는 듯한 귀부인과 같이 우리 연구실에 나타났다. 삼은 짜리몽땅한 몸통에 밑에 잔뿌리가 많이 난 상당히 큰 것이었다. 선생님이 삼을 살펴보신 뒤, 스님에게 시중에서 얼마 준다고 하더냐고 물으니, 최고로 많이 준다는 데가 70만원이라는 것이었다. 선생이 설명 대신 70만원 준다는 곳에 가져다 파시라고 말하니, 스님은 자꾸 과학적으로 나이를 계산하는 법을 가르쳐달라고 간청을 했다. 선생은 거북한 듯이 스님과 여자 손님을 번갈아 훑어보시더니 위와 같은 설명을 하시면서 "이 삼은 4년 근이요."라고 하니 스님의 얼굴이 백지장같이 하얘지는 것을 본 일이 있다. 스님 일행이 간 뒤 선생님이 말씀하시기를 그 삼은 외모로 보아 산에서 자란 것임에는 틀림없으나 토심이 좋은 곳에 파종하여 굵게 자랐으나 밑에 돌이 받쳐 사람인(人)자 모습이 되지를 못하고 잔뿌리가 많이 난 것이라고 설명해주셨다. 아마도 스님은 유명한 교수님의 감정을 받아 100만원을 채워 받고 싶은 심산이었는지도 알 수 없다. 이와 같이 산삼은 정력에 좋은 보양재이고 희귀한 것이기 때문에 진품은 거의 없고 가짜가 횡행하여 온갖 잡음이 끊이지 않는다.

3. 내가 본 장백산(백두산)

필자는 1989년 7월 27일에서 8월 10일에 걸쳐 한국식물분류학회 회원으로 구성된 백두산 식물조사단의 일원으로 참가하여 홍콩-남경-북경-연길을 거쳐 장백산의 식물을 답사할 수 있었다. 우리는 가는 길에 남경식물원에서 개최되는 'The Landscape Resource Survey in China'에 참석할 예정으로 모든 일정을 잡아 출국하는데 갑자기 남경식물원으로부터 중국의 국내 사정(천안문사태) 때문에 북경 당국에서 입국 비자를 내주지 않으니 기다리라는 전문이 날아들었다. 그러나 우리 일행은 예정대로 홍콩으로 가서 특별교섭을 하여 입국하였으나 이미 모든 일정이 취소되어 부득이 새로 일정을 잡아 8월 3일 오후 7시 20분에 연길延吉 공항에 도착하였다. 그러고 보니 우리들의 실제적인 백두산 식물탐사는 8월 4일에서 7일에 걸친 짧은 기간이었다.

우리는 4일 현지 여행사가 마련해준 마이크로버스로 연길을 출발하여 약 30분간 달려 TV연속극 '토지土地'의 배경도시인 용정에 닿았다. 이곳은 인구 20만의 도시로 그 중앙에 지명 용정龍井을 기념하는 비석이 서 있었다. 백두산으로 들어가는 연도에 곱게 피어 있는 분홍바늘꽃(*Epilobium amurense*) 군락이 우리 일행을 반겨주었고, 우리들은 중간중간에 차를 세우고 아름다운 꽃들에 매혹되어 카메라 셔터를 요란스럽게 눌러댔다. 갖가지 식물에 이끌려 활동 중 이영노 단장이 그만 수렁을 잘못 디뎌 풍덩 빠지니 호위대장을 자칭 하는 김태욱 교수가 헌신적으로 구출작전에 나섰고, 이 모습을 보고 재치 있는 유머로 위로하는 임한수 교수 때문에 우리는 즐거운 비명을 지르며 끼니도 잊은 채 장장 250km를 달려 오후 6시가 돼서야 해발 1,100m에 위치한 천지여관에 도착했다. 이 나라는 통제사회인지라 사전에 예약이 되지 않으면 식사를 할 수가 없다. 우리는 도중에 점심을 예약한 식당이 있었는데 약속 시간에 도착하지 못해 주방장이 이미 퇴근한지라 다시 불러서 식사를 시켜먹을 수밖에 없었다. 이때 접시에 둥글넓적한 밀가루전이 수북이 나왔는데 이것을 물수건으로 착각한 일행 중 한 사람이 집어서 얼굴을 닦아 폭소를 자아냈다. 또 그곳에서 일하는 조선족 여인 한 사람이 최근에 북한을 다녀온 경험담을 말하며 그곳의 참상을 설명하고 자기네들은 참으로 행복하다고 말하여 우리들의 심금을 울리기도 하였다. 장백산 바로 밑에 있는 천지여관은 8월 2일에 개관하여 우리가 세 번째 손님이라고 했다. 새로 지은 집이라 깨끗하나 온수가 잘 안 나와 냉수로 목욕을 해야 하는 불편이 있었다. 우리는 다음 날 날씨를 걱정하며 도착을 기념하는 맥주파티를 하였고, 김윤식 교수는 교민 아가씨들에게 애국가와 아리랑을 가르치느라 열심이었다.

5일, 아침 날씨는 화창하였다. 우리들이 울창한 자작나무숲 사이를 20km 달려 장백온천에 닿으니, 멀리 높이 68m의 웅장한 장백폭포의 모습이 숲 사이로 보였다. 그 모습도 장관이려니와 큰오이풀, 나도수영, 바위구절초, 두메양귀비, 흰범꼬리, 염주황기, 껄껄이풀 등 고산식물 군락들은 우리의 시선을 온통 사로잡았으며, 앞 다투어 누르는 카메라 소리와 함께 폭포 옆의 긴 돌서덜을 기어오르니 개회향, 산매발톱꽃, 구름송이풀, 흰바위취, 흰장구채, 오랑캐장구채, 두메자운 바위돌꽃, 구름국화 등 원색의 꽃물결들 사이로 천지의 수면이 그 모습을 나타내기 시작했다. 이것이야말로 아름다운 한 폭의 그림이었다. 천지변에 당도한 일행은 병풍처럼 펼쳐진 백두산의 절경과 바다와 같이 넓은 영지靈池를 바라보면서 목멘 소리로 애국가를 부르며 눈시울을 붉혔다. 긴 여정 끝에 여기에 섰기 때문이었다. 오르내리는 길에서 만난 대부분의 관광객들이 조선족임을 알고 우리는 또 한 번 놀랐다. 우리들은 앞 다투어 천지 물을 퍼마셨으며, 성급한 어느 관광객은 천지에 뛰어들어 수영을 하는 것이 아닌가. 안내자의 설명에 의하면 천지 수면은 해발 2,194m이고 둘레는 14km이며 수량은 20억 톤이고 수면은 10km²이며 동서의 길이는 3.35km, 남북의 길이는 4.85km이고 최대 수심은 373m, 평균 수심은 204m라고 하며 남서쪽으로 압록강, 동남쪽으로 두만강, 북쪽으로 송화강의 발원지가 되고 수면 중앙에 국경선이 있는데 중국 쪽이 좀 넓다고 했다. 우리 일행은 귀로에 장백온천에서 피로를 풀고 내려오다 우리보다 앞서 들어온 동아일보팀의 서울사대 장남기 교수를 만났다. 어제는 지리학회팀, 오늘은 제지학회팀, 곧 임학회팀이 들어 온다는 소문이다.

일정 관계로 상봉 코스는 지프로 정상까지 오른 뒤 내려오면서 조사하기로 하여 6일은 새벽 4시에 기상하여 6시까지 장백온천의 약속 지점까지 가야만 했다. 백두산의 정상은 장군봉이지만 이는 북한에 있으므로 중국 쪽에서 제일 높은 백운봉(2,620m)을 오르는 것이다. 정상까지의 도로는 1990년까지를 목표로 포장공사가 진행되고 있어 길가에 비닐 천막을 치고 인부들이 작업을 하는 모습이 여기저기에서 목격되었다. 해발 2,000m에 오르니 칼로 끊은 듯한 수목한계선樹木限界線이 나타났고, 그 위쪽으로 펼쳐지는 고산대야말로 참으로 장관이었다. 수목한계선의 수종은 만주자작나무(*Betula platyphylla*)가 우점을 이루고 그 밑에는 노란만병초가 죽 깔려 있으며 가는오이풀, 곰취, 박새, 미역취, 박쥐나물, 각시투구꽃, 꽃쥐손이, 애기금매화, 석송, 산석송, 린네풀 등이 자라고 있었다. 경계선으로부터는 들쭉나무, 곱향나무, 담자리꽃나무, 노랑만병초 등 소

사진 23 | **고산초원**
노란만병초를 위시한 백두산(장백산) 백운봉의 고산식물이다.

관목에 의해 위로 이어진다. 우리는 7시에 백운봉 정상에 올랐다. 초본대가 끝나는 백운봉 바로 아래에 1959년에 세웠다는 기상관측소가 있고 앞으로 이곳까지 도로가 포장된다고 한다. 북녘땅으로는 이미 오래전에 장군봉까지 길이 뚫렸다고 조선족 운전사는 귀띔해주었다. 백운산 정상에서 바라보는 아침 햇살에 펼쳐진 백운영봉은 천지 수면과 어울려 또 다른 한 폭의 그림을 만들어 보였으나 이를 바라보는 우리의 심정은 착잡하기만 하였다. 필자는 백두산 위에서 '한라산'이라는 담배를 피우면서 씁쓸한 미소를 지었다. 얼마 전 서울에서 온 손님들은 세 번째 올라와서야 겨우 천지를 볼 수가 있었다는 안내인의 말을 듣고 우리는 행운에 감사하지 않을 수 없었다. 우리는 또 다시 고산초원(그림 23)을 누비며 새로운 식물을 찾았다. 가솔송, 너도개미자리, 산용담, 콩버들, 돌꽃, 두메분취, 속은

꽃장포, 애기괭이눈, 들쭉나무, 눈산버들, 개감채, 감둥사초, 두메투구꽃, 좀싱아, 산좁쌀풀, 화살곰취, 어리곤달비, 산조아재비, 둥근바위솔, 검정겨이삭, 돌바늘꽃, 산장대, 좀꿩의다리, 참황새풀, 구름골풀 등등 신기하기만 했다. 우리는 시간에 쫓겨 상부침엽수림대를 자세히 보지 못한 아쉬움을 남긴 채 백운봉을 뒤로 하고 내려오면서 길가 숲 속을 기웃거리며 발걸음을 재촉하여 14시경에 장백온천으로 되돌아왔다. 이어서 우리는 소천지 주변을 돌며 설앵초, 애기사철란, 콩팥노루발, 분홍노루발, 물매화풀 같은 것을 보았고, 귀로에 중부침엽수림을 드문드문 들여다보며 돌아오니 숙소 근처에서 활짝 핀 닷꽃(*Halenia corniculata*)이 우리를 반겨주었다. 이번 채집에서 김윤식 교수는 일명 불로초라고 하는 초종용(*Orobanch coerulescens*)을 얻었다고 좋아했다. 뒤에 들으니 이것으로 술을 빚어 혼자 먹을 수 없어 학교로 가지고 가다 차에서 내리면서 부주의로 떨어뜨려 공염불이 되었다고 한다.

7일에는 하부침엽수림대를 훑어보았다. 이곳 숲 속에서부터 이도백화에 이르기까지 숲 속에 가시오갈피가 많이 자라는 것을 보고, 이도백화(해발 750m)에 있는 장백산 자연사박물관 견학을 끝으로 백두산을 뒤로 하고 우리는 귀로에 올랐다. 오다가 도문에 들려 두만강과 북한으로 연결된 다리를 바라보니 백두산 천지 물로 확 뚫린 듯하던 가슴이 다시 답답해지는 기분을 느꼈다. 그리고 도문시장에 나와 있는 북한의 여러 가지 조잡한 물자들을 만져보니 그네들의 생활상을 엿볼 수가 있었다. 끝으로 이번 짧은 백두산 탐사에서 느낀 감격과 소감을 필자는 다음과 같이 한 수의 시로 요약해 보았다.

백두산

백두산 !
아, 네 모습은 웅장하구나
검푸른 영지는 바다와도 같고
힘차게 내리쏟는 장백폭포 소리
우레와 같네
내 땅 내 길 두고
이역만리 타국 돌아 이곳에 왔소
애국가 부르며 만세 외치는
대원들의 눈시울은 붉어지고
정신없이 영수 퍼마시니
백년 묵은 체증이 풀리는 듯하오

백운봉 마루턱에 올라
천지를 굽어보고 장군봉을 바라보니
그 경색 일품이로세
넓은 고산초원에 널린
원색의 꽃물결 또한 장관이로다
반도에 그어진 38선이
우리를 울렸는데
천지수면에 국경선이 웬 말이오
그대는 말하여다오
언제나 3국*을 통일하여
상상봉에 태극기를 걸 거냐
긴 한숨은
천지 물로 뚫린 가슴
되메이게 하노라

* 3국이란 남한, 북한, 연변자치주를 의미함.

참고문헌

안덕균, 1998, 『원색한국본초도감』, 교학사, pp.854.

백원기, 1994, 「한국특산식물의 실체와 분포조사」『한국자연보존협회 연구보고서』, 13:5~84.

정영호, 1958, 「19세기 한국식물연구의 회고」『서울대 문리학보』, 6:99~108.

정영호 등, 1986, 『한국식물분류학사개설』, 아카데미서적, pp.404.

정태현, 1942, 『조선삼림식물도설』, 조선박물연구회, pp.638.

정태현, 1957~1958, 『한국식물도감』 상 · 하, 신자사, pp.507+1025.

정태현, 1965, 『한국동식물도감 제5권』(식물편), 문교부, pp.1824.

정태현, 1970, 『한국동식물도감 제5권』(식물보유편), 문교부, pp.232.

정태현 등, 1933, 『조선식물향명집』, 조선박물연구회, pp.169.

정태현 · 이우철, 1961, 「충북식물조사연구」『성균관대논문집』, 6:229~289.

정태현 · 이우철, 1963, 「설악산 식물조사연구」『성균관대논문집』, 8:231~269.

정태현 · 이우철, 1965,「한국삼림식물대 및 적지적수론」『성균관대논문집』, 10:329~435.

정태현 · 이일구, 1959, 「설악산의 식물상 제1보」『신흥대학논문집』, 2:289~353.

R. Good, 1947, *The Geography of Flowering Plants*, Longman Green.

H. Hayashi(林泰治)·정태현, 1936, 「조선야생약용식물」『임업시험장보고』, 22:1~288.

H. Hayashi(林泰治)·정태현, 1939,『만선실용임업편람조선』, 조선총독부임업시험장, pp.368.

H. Hayashi(林泰治)·정태현, 1942, 「조선야생식용식물」『임업시험장보고』, 33:1~239.

한국양치식물연구회, 2005, 『한국 양치식물 도감』, 지오북, pp.399.

H. Hara(原 寬), 1942, 「이학박사 T. Nakai교수약력」,『일본식물학회지』, 57:137~139.

H. Hara, 1953, Takenoshin Nakai 1882~1952, Bot. Mag. Tokyo 66:1~4.

강원도, 1984, 『설악산학술조사보고서』, 한국자연보존협회, pp.457.

강원도교육청, 1991, 『강원의 자연』(식물편), 강원일보사, pp.443.

임양재·백순달, 1985, 『설악산의 식생』, 중앙대학교, pp.199.

T. Ishidoya(石戸谷勉), 1928, 「울릉도의 구계구분에 관한 고찰(I)」『조선박물학회지』, 7:21~25.

T.Ishidoya(石戸谷勉)·정태현, 1923, 『조선삼림수목감요』, 조선총독부임업시험장, pp. 129+60.

김안제, 1986, 「북한 금강산댐 건설의 영향평가 및 그 대책에 관한 학술세미나의 종합 및 건의」『대한국토계획학회지』, 21:280~283.

김문기, 1994, 「설악산 신갈나무림의 식물사회학적 연구」(강원대학교 교육대학원 석사학위논문)

M. Kitagawa, 1937, *Miscellaneous Notes on Apiaeae(Umbelliferae) of Japan and Manchurica*, Bot. Mag. Tokyo 51:805~812.

M. Kitagawa(北川政夫), 1941, 「장백산식물조사보고서」『대륙과학원연구보고』, 5:117~168.

M. Kitagawa, 1979, *Neo-Lineamenta Florae Manshurica*, J. Cramer, pp.714.

S. Kitamura ect. (北村四郎), 1984, 『원색일본식물도감 초본편(I)』(합판화류), 보육사, pp.297.

E. Koehne, 1912, *Repertorium Specierum Novarum Regni Vegetablis*

10:507.

G. Koidzumi, 1913, Bot. Mag. Tokyo 27:395.

G. Koidzumi, 1932, *Prunus yedoensis* Matsum. is a native of Quelpaert !, Act. Phytotax. Geobot. 1:177～179 (in Japan).

고석진, 1986, 「설악산 솜다리속(*Leontopodium*)에 관한 연구」(강원대학교 교육대학원 석사논문)

이덕봉, 1959, 「속리산식물지」『문리논집』, 고려대학교, 4:203～253.

이덕봉 · 주상우, 1958, 「울릉도식물상의 재검토」『문리논집』, 고려대학교, 3:123～296.

Leveille, 1902, Bull. Acad. Geogr. Bot. 11:197.

이창복, 1966, 『한국수목도감』, 임업시험장, pp.248+42.

이창복, 1976, 「미선나무의 신품종」『식물분류학회지』, 7:21～22.

이창복, 1980, 『대한식물도감』, 향문사, pp.990.

이희승 편, 1961, 『국어대사전』, 민중서관, pp.3330.

이상태 등, 1986, 「금강초롱꽃(*Hanabusaya asiatica Nakai*)의 초롱꽃과내 화분학적 유연관계」『식물분류학회지』, 16:25～37.

이상태 등, 1988, 「한국산 초롱꽃과의 화분분류학적 연구」『한국식물분류학회지』 18:115～131.

Y, N, Lee, 1966, Taxonomic studies on the *Fagus multinervis, Fagus japonicus* and *Fagus crenata* in Journ. K. R. I. B. L. 10:373～377.

이영노, 1996, 『원색한국식물도감』, 교학사, pp.1237.

이영노 · 이명보, 1958, 「한라산 화구내 식물과 토끼섬 식물」『약학회지』, 4:21～34.

이영노 등, 1991, 『백두산의 꽃』, 한길사, pp.317.

이우철, 1954, 「제주도 식물 채집기」『성균』, 성균관대학교 학예부, 5:127～134.

이우철, 1957, 「도봉산식물조사연구」『성균생물』, 1:55～89.

이우철, 1962, 「설악산 채집기」『향상』, 동명여자중 · 고등학교, 14:84～90.

이우철, 1979, 「한국산 오갈피나무속 식물의 분포에 관한 연구」『한국생약회지』, 10:103～107.

이우철, 1982, 「정태현 박사의 신종 및 미기록 식물에 대한 고찰」『한국식물분류학회지』, 12:79~91.

이우철, 1985, 「일본 소장 북한산 유관속식물 자료의 조사연구」『한국식물분류학회지』, 15:175~185.

이우철, 1987, 「북한강 상류지역의 식생」『휴전선일대의 자연연구』, pp.267~332.

이우철, 1989, 「백두산 식물상의 재검토」『한국식물분류학회지』, 19:241~248.

이우철, 1994,「하은정태현박사 전기」『하은생물학상 25주년』, 하은생물학상이사회, p.55~100.

이우철, 1996, 『한국식물명고』, 아카데미서적, pp.2383.

이우철, 2001, 「야책을 메고 50년」, 『이우철 교수 정년퇴임기념집』, 정년퇴임출판위원회, pp.385.

이우철, 2005, 『한국 식물명의 유래』, 일조각, pp.726.

이우철 · 백원기, 1991, 「속리산의 식물상」『한국자연보존협회 조사보고서』, 29:39~64.

이우철 · 백원기, 1999,「Kondo의 금강산식물 채집품목록」『한국식물분류학회지』, 29:183~192.

이우철 · 양인석, 1981, 「울릉도와 독도의 식물상」『한국자연보존협회 조사보고서』, 19:61~95.

이우철 · 이기의, 1980, 「개느삼에 관한 연구」『김창환 교수 회갑기념 논문집』, p. 313~324.

이우철 · 이기의, 1985, 「한국산 에델바이스속 식물에 관한 연구」『한국원예학회지』, 26:59~65.

이우철 · 임양재, 1978, 「한반도 관속식물의 분포에 관한 연구」『한국식물분류학회지』 8:(부록) 1~33.

이우철 · 임양재, 2002, 『식물지리』, 강원대학교 출판부, p.412.

이우철 · 길봉섭, 1991, 「미선나무(*Abeliophyllum distichum Nakai*)의 자생지 조사」『한국식물분류학회지』, 21:1~8.

이우철 · 이철환, 1989, 「한국산 소나무림의 식물사회학적 연구」『한국생태학회지』, 12:257~284.

W. K. Lee ect., 2004, Molecular evidence for the inclusion of the Korean endemic genus "*Echinosophora*" in *Sophora* (Fabaceae) and embryological features of the genus, J. Plant. Res. 117:209~217.

J. Matsumura(松本任三), 1886, 『제국대학 이과대학 식물표품목록』, 동경제국대학, pp. 287.

J. Matsumura, 1920, Icon. Pl. Koisikav. 4-4:75, pl. 250.

문화재관리국, 1967, 『설악산 학술조사 보고서』, 문교부, p.230.

T. Mori(森爲三), 1926, 『백두산 소산식물분포에 대하여』, 문교조선, p.96~160.

T. Nakai, 1909, *Flora Koreana, Pars prima*, Journ. Coll. Sci. Univ. Tokyo 26:1~304.

T. Nakai, 1911, *Flora Koreana, Pars secunda*, Journ. Coll. Sci. Univ. Tokyo 31:1~573.

T. Nakai, 1912, Notulae ad Plantas Japoniae et Koreae VIII in Bot. Mag. Tokyo 26:321~328.

T. Nakai(中井猛之進), 1914, 『제주도 및 완도식물 조사보고서』, 조선총독부, pp.149.

T. Nakai(中井猛之進), 1914b, 『조선식물』상, 성미당, pp.431.

T. Nakai(中井猛之進), 1915, 『지리산식물조사보고서』, 조선총독부, pp.98.

T. Nakai(中井猛之進), 1915~1939, 『조선삼림식물편』1~22집, 조선총독부임업시험장.

T. Nakai(中井猛之進), 1916, 『노봉의 식물조사서』, 조선총독부, pp.39.

T. Nakai, 1917, Notulae ad Plantas Japoniae et Koreae XIV in Bot. Mag. Tokyo 31:97~112.

T. Nakai(中井猛之進), 1918, 『금강산식물조사서』, 조선총독부, pp.204.

T. Nakai(中井猛之進), 1918b, 『백두산식물조사서』, 조선총독부, pp.77.

T. Nakai, 1918c, Notulae ad Plantas Japoniae et Koreae XVII in Bot. Mag. Tokyo 32:103~110.

T. Nakai(中井猛之進), 1919, 『울릉도식물조사서』, 조선총독부, pp.87.

T. Nakai, 1919b, Notulae ad Plantas Japoniae et Koreae XXVI in Bot. Mag. Tokyo 36:20~26.

T. Nakai, 1919c, Notulae ad Plantas Japoniae et Koreae XIX in Bot. Mag.

Tokyo 33:1～11.

T. Nakai(中井猛之進), 1927, 「조선반도의 동서에 고립하는 울릉도와 대흑산도」『동양학예잡지』, 528:43～227.

T. Nakai(中井猛之進), 1930, 「식물지리」『일본지리대계』(조선편), 12:280～288.

T. Nakai(中井猛之進), 1932, 『광릉실험림의 일반』, 조선총독부임업시험장, pp.171.

T. Nakai(中井猛之進), 1935, 「동아식물」『암파전서(岩波全書)』, 52:pp.283.

T. Nakai, 1935b, Some Noticeable Japanese Plants *(I)*, Journ. Jap. Bot. 11:147～156.

T. Nakai, 1936, Fl. Sylv. Kor. 21:69.

T. Nakai, 1939, Notulae ad Plantas Asiae Orientalis X in Journ. Jap. Bot. 15:672～692.

T. Nakai, 1952, A Synoptical Sketch of Korean Flora, Bull. Nat. Sci. Mus. Tokyo 31:1～152.

T. Nakai 박사 공적기념사업회편, 1943, 『T. Nakai 교수 저작논문 및 신식물총목록』, pp. 256.

J. Ohwi, 1953, New Names and New Combinations adopted in my "Flora of Japan", Bull. Nat. Sci. Mus. Tokyo 33:66～90.

오수영, 1976, 「Emile J. Taquet에 관한 일고」『생물과 자연』, 6:97～99.

오수영, 1977, 「한국유관속식물의 후로라와 분포에 관한 연구」『생물과 자연』, 7(1):12～38.

W. J. Palibin, 1898, 1900, 1901, Conspetus florae Koreae, I～III, Act. Hort. Petrop. 17:1～123, 18:147～198, 19:149～198.

송창길 · 안영환, 2005, 『제주도의 귀화식물』, 남제주군, pp.205.

P. J. Schmithusen, 1961, *Allgemine Vegetationsgeographie*, Walt de Gruyter & Co. Berin.

J. F. Schouw, 1822, Grundtrag tilen almindelig Plantegeografie, Kopenhagen, Dazu Atlas 1824, Dt. Ausg. Berlin 1823, Dazu Atlas 1823.

B-Y. Sun ect., 2001, *Mankyua* (Ophioglossaceae) : a new fern genus from

Cheju Island, Korea, Taxon 50:1019~1024.
Y. Takenaka(竹中 要), 1934, 『사적명승천연기념물』, 11:1.
Y. Takenaka(竹中 要), 1962, 「벗나무의 연구 (제1보) : 왕벗나무의 기원」『일본식물학회지』, 75:278~287.
安田喜憲 등, 1980, 「한국에 있어 환경변천사와 농경의 기원」『해외학술조사 중간보고』, 1~19.
H. Uyeki, 1925, Some new varieties of Chosen Ligneous plant and their values from the Standponit of Arboriculture, Bull. Agr. & For. Coll. Suwon 1:1~23.
유기억 · 이우철, 1996, 「한국산 초롱꽃과(Campanulaceae)의 외부형태」『한국식물분류학회지』, 26:77~104.
유기억 등, 1995, 「금강초롱꽃과 근연분류군의 비교연구 1. 외부형태 및 해부학적 형질」『한국자원식물학회지』, 8:223~236.
유기억 등, 1995, 「금강초롱꽃과 근연분류군의 비교연구 2. 표피의 미세구조, 화분학적 형질 및 동위효소분석」『한국자원식물학회지』, 8:303~318.
유기억 등, 1996, 「RAPD 방법에 의한 금강초롱꽃과 근연분류군의 비교연구」『한국원예학회지』, 37:324~328.
유기억 등, 1999, 「보네비풀의 자생지별 외부형테 및 식생」『한국자원식물학회지』, 12:312~323.
유기억 등, 2000, 「자생지별 금강초롱꽃의 외부형태 및 수리분류」『한국자원식물학회지』, 13:80~88.
유정열, 1998, 『우리산 길잡이』, 성지문화사.

부록 나의 발자취

필자는 평생 연구자료를 수집하기 위하여 많은 곳을 다녔으나, 이것을 체계적으로 기록해 둔 것이 없어 지금에 와서는 몹시 아쉽다. 그래서 그간 사용한 수십 권의 야장들과 발표한 논문들을 근거로 연구활동에 대한 개략적인 발자취를 정리하였다. 조사지의 위치는 필자와 임양재의 공저인 『식물지리』(2002)의 부록을 참조하면 된다.

광릉 : 1954～1972년 12회
소요산 : 1955～1978년 9회
제주도 : 1954년 8월 18～27일
도봉산 : 1955년 4월 27일, 5월 15일, 6월 5일, 6월 19일, 7월 24일, 8월 20일, 9월 26일, 10월 20일
오동도 : 1955년 8월 10일
남해도 : 1955년 8월 11～14일
강화도 : 1956～1958년 7회
도봉산 : 1956년 5월 27일, 10월 6～7일
진도 : 1956년 8월 1～9일
가야산(충남) : 1956년 8월 20～24일
작약도 : 1958년 7월 31일

덕적도 : 1958년 8월 1~4일
비안도 : 1958년 10월 23일
속리산 : 1959년 5월 22~24일, 8월 6~11일
관악산 : 1959년 7월 14일
덕유산 : 1959년 8월 1~5일
속리산 : 1959년 8월 6~9일
군자산 : 1959년 8월 15~21일
동구릉 : 1959년 9월 22일
두악산 : 1959년 10월 10~13일
의성(경북) : 1960년 4월 29~5월 1일
제주도 : 1960년 8월 1~7일
완도 : 1960년 8월 7~9일
진천-괴산 : 1960년 8월 10~16일
용문산 : 1961년 7월 17~18일
울릉도 : 1961년 7월 24~30일
북한산 : 1961년 9월 10일, 9월 17일, 9월 24일, 10일 1일, 10월 15일
일월산 : 1961년 10월 21~24일
북한산 : 1962년 5월 6일, 5월 13일, 5월 27일, 6월 10일
용화산 : 1962년 7월 30일~8월 5일
설악산 : 1962년 7월 30일~8월 5일
덕적도 : 1963년 5월 22~25일
변산 : 1963년 7월 30일~8월 1일
위도 : 1963년 8월 2~5일
안면도 : 1964년 5월 12~14일
덕유산 : 1964년 5월 14~17일
제주도 : 1964년 11월 7~14일
난지도 : 1965년 5월 16~19일
천마산 : 1965년 6월 11일
오동도 : 1965년 8월 5일
거문도 : 1965년 8월 5~13일
안면도 : 1965년 8월 19~22일
덕적도 : 1966년 6월 13~16일
돌산도 : 1967년 5월 20~22일
팔공산 : 1967년 10월 7~8일
추자도 : 1968년 7월 28일~8월 3일
민주지산 : 1968년 9월 11~12일

덕유산 : 1968년 9월 13~15일
도담삼봉 : 1969년 6월 6~7일
무등산 : 1969년 6월 8일
설악산 : 1969년 7월 28일~8월 2일
거제도 : 1969년 8월 10~14일
울릉도 : 1969년 9월 23~27일
장자못 : 1970년 4월 19일~11월 22일 사이에 10여 회
계룡산 : 1970년 8월 10일
가야산 : 1971년 8월 26~27일
수락산 : 1972년 10월 28일
유달산 : 1973년 4월 29일
제주도 : 1973년 4월 30일~5월 4일(동국대, 수학여행)
명지산 : 1973년 5월 13일
광릉 : 1973년 5월 26일
치악산 : 1973년 6월 3일
천마산 : 1973년 6월 3일, 7월 13일, 9월 30일, 10월 20일
삼악산 : 1973년 7월 1일, 9월 9일
울릉도 : 1973년 7월 21~29일
두타산 : 1973년 8월 1~3일
치악산 : 1974년 4월 14일
청계산 : 1974년 7월 7일
명지산 : 1974년 4월 17일
지리산 : 1974년 4월 19~21일
죽도 : 1974년 7월 28~29일
임원 : 1974년 8월 10일
대룡산 : 1975년 4월 20일, 5월 6일, 5월 25일, 8월 10일, 8월 12~13일, 10월 8일, 9월 25일
중도 : 1975년 5월 5일, 9월 28일
삼악산 : 1975년 5월 10일, 8월 6~7일, 10월 12일
화악산 : 1975년 6월 5~6일
치악산 : 1975년 7월 28일~8월 3일
주도 : 1975년 8월 17~19일
까막섬 : 1975년 8월 20일
영종도 : 1975년 10월 3~4일
북배산 : 1976년 4월 11일
가리산 : 1976년 4월 18일, 7월 7~8일, 9월 26~27일
오봉산 : 1976년 5월 2일, 6월 19일, 7월 13일

중도 : 1976년 5월 4일
치악산 : 1976년 5월 9일, 10월 16~17일
삼악산 : 1976년 5월 16일
사명산 : 1976년 5월 22~23일, 7월 1~2일
태기산 : 1976년 7월 27~29일
태백산 : 1976년 8월 1~2일
덕유산 : 1976년 8월 9~10일
민주지봉 : 1976년 8월 10~11일
운장산 : 1976년 8월 12~14일
지리산 : 1976년 8월 15~17일
팔령산 : 1976년 8월 18~20일
월출산 : 1976년 8월 20~21일
목포(유달산) : 1976년 8월 21일
도초도 : 1976년 8월 22~23일
우이도 : 1976년 8월 23~24일
임자도 : 1976년 8월 25~27일
치악산 : 1976년 5월 9일(성황림), 9월 19일(성황림), 10월 16~17일
여주 : 1976년 10월 2~3일
산정호수 : 1976년 10월 8~10일
화악산 : 1977년 5월 1일
부여 : 1977년 5월 10일
용화산 : 1977년 6월 12일
장군대산 : 1977년 7월 6일
불모산 : 1977년 7월 8~10일
욕지도 : 1977년 7월 9~10일
속초(동해안) : 1977년 7월 18~19일
옥계 : 1977년 7월 20~21일
임원 : 1977년 7월 22~23일
진천(충북) : 1977년 7월 29일
만뢰산 : 1977년 7월 29~30일
백화산 : 1977년 7월 30~8월 1일
태안(충남) : 1977년 7월 31일
외연도 : 1977년 8월 2~4일
장군대산 : 1977년 8월 5~6일
불모산 : 1977년 8월 7~8일
신불산 : 1977년 8월 11~13일

대관령 : 1977년 8월 20일
사명산 : 1977년 9월 10일
수락산 : 1977년 9월 11일
청계산 : 1977년 9월 17~18일
금병산 : 1977년 9월 25일
가리산 : 1977년 10월 2~3일
거진(해안) : 1977년 10월 8~10일
양구(개느삼) : 1979년 3월 5일, 5월 3일, 5월 5일, 5월 13일, 5월 20일, 6월 1일, 6월 17일, 8월 1~3일
공작산 : 1979년 4월 15일, 5월 14일, 6월 3일, 9월 4일
대룡산 : 1979년 4월 16일, 6월 6일, 9월 16일
오대산 : 1979년 6월 11일, 10월 13~15일
오봉산 : 1979년 6월 25일, 7월 7일, 8월 14~15일
송지호 : 1979년 7월 4일
칠갑산 : 1979년 7월 26~27일
계룡산 : 1979년 7월 28~30일
삼악산 : 1979년 8월 8일
금병산 : 1979년 8월 10~11일
북배산 : 1979년 8월 12~13일
용화산 : 1979년 8월 19~20일
가리산 : 1979년 8월 25~27일
봉의산 : 1979년 8월 28일
화악산 : 1979년 9월 1~3일
팔봉산 : 1979년 9월 9일, 9월 25일
우두산 : 1979년 9월 18일
설악산 : 1979년 9월 29일~10월 1일
대덕산 : 1980년 4월 4일, 5월 3일, 7월 12일, 10월 17~19일
송지호 : 1980년 7월 3~5일
치악산 : 1980년 7월 10일
청옥산 : 1980년 10월 1~2일
대덕산 : 1981년 4월 3일~5월 1일
삼악산 : 1981년 4월 18일
공작산 : 1981년 5월 24일, 8월 28~29일
사명산 : 1981년 6월 10~11일, 7월 14일
강릉대학 부지 : 1981년 6월 14일
사명산 : 1981년 7월 14일

봉의산 : 1981년 7월 15일
오봉산 : 1981년 7월 17일
계방산 : 1981년 7월 21일
소계방산 : 1981년 7월 22~23일
가칠봉(홍천 내면) : 1981년 7월 24일
거진 화진포 : 1981년 8월 6일
오호리 : 1981년 8월 7일
옥계 : 1981년 8월 8일
평해 : 1981년 8월 9일, 9월 26일
의창 : 1981년 8월 10일
울진 : 1981년 9월 25일
울릉도 : 1981년 9월 28~29일, 10월 1~3일
독도 : 1981년 9월 30일
위도 : 1982년 4월 15일
우명도 : 1982년 4월 18일
중도 : 1982년 5월 15일
소요산 : 1982년 7월 25~26일
중항리 : 1982년 8월 9일
덕적도 : 1982년 9월 19일
양구(개느삼) : 1983년 4월 30일, 5월 3일
대덕산 : 1983년 5월 19~22일, 8월 25일
백덕산 : 1983년 9월 17~19일
영종도 : 1983년 10월 1~2일
청평댐 : 1984년 5월 26일
무등산 : 1984년 6월 1일
병풍산 : 1984년 6월 14일
금당산 : 1984년 6월 15일
영종도 : 1984년 6월 22일
대성산 : 1984년 5월 2일
신두사장 : 1984년 7월 18~20일
일본 : 1984년 9월 1일~1985년 8월 31일
    도쿄대학 부속식물원(小石川植物園) : 1984년 9월 1일~11월 30일
    닛코Nitko(日光) : 1984년 9월 15~16일
    도쿄 니시타마 군Tokyo Nishitama-gun 大岳山 : 1984년 9월 26일
    하고네Hagone(神山) : 1984년 10월 23일
    도쿄대학 본교 : 1984년 12월 1일~1985년 2월 28일

일본국립과학박물관 : 1985년 3월 1일~4월 30일
다카오산Dagaosan(高尾山) : 1985년 4월 25일
교토대학 : 1985년 5월 1일~8월 31일
교토Kyoto(日山) : 1985년 5월 19일
교토Kyoto(船井郡) : 1985년 5월 29일
다이히산Daihisan(大悲山) : 1985년 6월 16일
히로시마Hiroshima(廣島) : 1985년 7월 22~23일
교토 히에잔Kyoto Hieizan : 1985년 7월 13일
도토리Tottori(鳥取) : 1985년 7월 25일
다테야마Tadeyama(立山, 기다알프스) : 1985년 8월 26~28일
백덕산 : 1986년 5월 2일, 6월 7일, 9월 14일
문암산 : 1987년 7월 29일
DMZ : 1987년 6월 10~20일
건봉산 : 1987년 6월 11일, 8월 5일
향노봉 : 1987년 6월 12일
명파리 : 1987년 6월 13일, 8월 3~9일
대암산 : 1987년 6월 14일, 8월 6일
가칠봉 : 1987년 6월 15일
두타연 : 1987년 6월 19일
수상리 : 1987년 6월 17일, 8월 8일
대마리 : 1987년 6월 18일
계웅산 : 1987년 6월 19일
천미리 : 1987년 8월 7일
김화 : 1987년 8월 10일
가칠봉(인제 기린) : 1987년 7월 23~30일, 9월 27~29일
정족산 : 1987년 7월 25일
광원리 : 1987년 7월 27일
문암산 : 1987년 7월 29일, 9월 29일
소금강 : 1988년 5월 7~8일, 7월 3~4일, 9월 10~12일
대룡산 : 1988년 5월 15일
무제봉(진천) : 1988년 5월 25일, 7월 13일
태백산 : 1988년 6월 20일, 6월 22~24일
함백산 : 1988년 6월 21일
백화산, 박달산 : 1988년 7월 10일
군자산(괴산) : 1988년 7월 11일
두타산(진천) : 1988년 7월 12일

대둔산 : 1988년 7월 14~16일
지리산 : 1988년 7월 16~17일
속리산 : 1988년 7월 19일
백악산 : 1988년 7월 19일
태백산 : 1988년 7월 22~24일
대암산(용늪) : 1988년 7월 26일
장백산(백두산) : 1988년 7월 27일~8월 10일(8월 3~6일, 채집)
설악산 : 1988년 8월 17~18일
곰봉(영월) : 1989년 5월 21~26일
명성산 : 1989년 6월 10일
점봉산(설피밭) : 1989년 4월 15일, 7월 15일, 8월 22~23일
오봉산 : 1989년 6월 28일
삼태산(형제봉) : 1989년 8월 15일
청옥산 : 1989년 8월 18일
횡악산 : 1989년 8월 19일
백운산(백용굴) : 1989년 8월 20일
석용산 : 1989년 9월 9~10일
풍호 : 1989년 12월 21일
키나바루 산Mt. Kinabalu : 1990년 1월 30일 ~2월 8일
부안(변산반도) : 1990년 4월 1일, 6월 1~2일
천마산 : 1990년 4월 14일, 7월 4일
태기산 : 1990년 4월 15일, 5월 13일, 6월 16일
수락산 : 1990년 4월 22일
두타산 : 1990년 5월 3일
용문산 : 1990년 5월 4일, 7월 7일
운악산 : 1990년 5월 5일, 6월 23일
광덕산 : 1990년 5월 6일, 6월 28~29일
화악산 : 1990년 6월 30일
대성산 : 1990년 8월 14일
점봉산 : 1990년 5월 20일, 9월 8일
명지산 : 1990년 7월 1일
속리산 : 1990년 8월 7~10일
대암산 : 1990년 8월 14일
삼척 : 1991년 4월 5일
가야산 : 1991년 4월 29~30일, 9월 1~4일
오대산 : 1991년 5월 9일

화악산(촛대봉) : 1991년 4월 20일, 5월 24일
발왕산 : 1991년 6월 9일, 7월 30일
미시령 : 1991년 6월 25일
운악산 : 1991년 4월 28일, 6월 6일, 7월 9일, 9월 9일
팔봉산 : 1991년 9월 15일
문막 : 1991년 9월 16일
민통선 조사 : 1991년 8월 6~17일(강원 지역), 9월 27~30일(경기 지역)
도솔산 : 1991년 8월 6일
대우산 : 1991년 8월 6일
가칠봉 : 1991년 8월 6일
두타연 : 1991년 8월 8일
사당골 : 1991년 8월 8일
흰바우산 : 1991년 8월 9일
적근산 : 1991년 8월 10일
안암산 : 1991년 8월 11일
학저수지 : 1991년 8월 12일
후덕리 : 1991년 8월 14일
향노봉 : 1991년 8월 15일
건봉산 : 1991년 8월 16일
명파리 : 1991년 8월 17일
천덕산 : 1991년 9월 27일
파평산 : 1991년 9월 28일
교동도 : 1991년 9월 29일
봉천산 : 1991년 9월 30일
소백산 : 1992년 5월 7일
둔내 : 1992년 5월 23일
민주지산 : 1968년 9월 11~12일, 1976년 8월 10~11일, 1992년 6월 16~17일
점봉산 : 1992년 6월 20~22일
두타-청옥산 : 1992년 6월 26~28일
백운산(함양) : 1985년 7월 22~27일, 1992년 7월 21일
동두천(조성) : 1992년 9월 4일, 10월 4일
계방산 : 1993년 6월 16~18일
한계령 : 1993년 7월 15일
함백산 : 1993년 10월 3일
광덕산 : 1994년 4월 26일, 6월 24~26일
횡성(댐) : 1994년 7월 20일

오대산 : 1994년 7월 25~26일
소백산(연화봉) : 1994년 8월 2~5일
건봉산 : 1995년 7월 5일
향노봉 : 1995년 7월 6일
대암산 : 1995년 7월 7일
도솔산 : 1995년 7월 7일
가칠봉 : 1995년 7월 8일
두타연 : 1995년 7월 8일
광주(전남) : 1995년 8월 5일
한석산 : 1995년 8월 10~11일, 9월 20일
방태산 : 1995년 8월 14~19일, 9월 20~21일
한석산 : 1996년 4월 20일
방태산 : 1996년 4월 21일, 6월 23~26일, 8월 16~17일, 9월 21일
점봉산 : 1996년 4월 22일
만덕봉 : 1996년 4월 23일, 9월 1일
연엽산(대룡산) : 1997년 5월 3일, 7월 22일
구절산(대룡산) : 1997년 5월 4일, 7월 23일, 9월 6일
대룡산 : 1997년 5월 5일, 5월 30일
오대산 : 1997년 5월 16일
두타-청옥산 : 1996년 5월 24일, 8월 23~25일
현리(수련원) : 1996년 6월 27일
강릉 : 1996년 8월 8일
가리왕산 : 1996년 10월 16일
두타-청옥산 : 1997년 4월 5일
가리왕산 : 1997년 4월 19일, 6월 15일
청옥산 : 1997년 4월 21일
제천 : 1997년 4월 22일
홍천(가마봉) : 1997년 4월 24일, 8월 17일
대룡산(연엽산) : 1997년 5월 3일, 5월 31일, 7월 20일, 9월 6일
오대산 : 1997년 6월 30일, 8월 12일
대룡산(삼걸리) : 1997년 10월 7일
원주 : 1997년 10월 18일
회령봉 : 1998년 4월 19일, 6월 20일, 8월 16일
홍정산 : 1998년 4월 19일, 6월 21일
태기산 : 1998년 4월 20일, 8월 17일
덕우산 : 1998년 4월 20일

봉복산 : 1998년 4월 21일
아미산 : 1998년 4월 21일
맹현봉 : 1998년 4월 22일, 8월 14일
사북 : 1998년 5월 2일, 7월 12일
함백산 : 1999년 5월 4일, 6월 21일, 8월 12일, 10월 3일
　1234고지 : 1999년 5월 5일, 6월 22일
　고양산 : 1999년 5월 6일, 6월 23일
기우산(감태봉) : 1999년 5월 6일, 8월 12일
지억봉 : 1999년 5월 7일, 8월 11일
백운산(강원) : 1999년 6월 20일, 10월 2일
평해(원전) : 1999년 8월 10일
근덕(원전) : 1999년 8월 11일
팔령산 : 1999년 8월 16일
첨찰산(진도) : 1999년 8월 17일
불갑산(함평) : 1999년 8월 18일
내장산 : 1999년 8월 19일
미륵봉(익산) : 1999년 8월 20일
태백산 : 2000년 5월 5~9일, 6월 25~26일, 8월 10~11일, 9월 23일(응봉산, 통고산휴양림, 청옥산휴양림)
완택산(영월) : 2000년 5월 11일, 6월 14일
만경대산 : 2000년 6월 15일
두위봉 : 2000년 5월 12일, 6월 16일, 8월 12일, 9월 24일
곰봉 : 2000년 6월 15일
면산 : 2000년 8월 10일
통고산 : 2000년 8월 11일
근덕(골프장) : 2001년 1월 29~30일
삼방산(평창) : 2001년 5월 4~5일, 6월 14~15일, 8월 9일
소양호변 조사
　마적산 : 2001년 6월 2일, 9월 12일
　오항리 : 2001년 6월 3일
　물로리 : 2001년 6월 23일
강무봉(인제 남면) : 2001년 6월 22일
기로리(인제 남면) : 2001년 8월 16일
두방산(쌍계사) : 2001년 10월 15~20일
대룡산 : 2002년 4월 7일, 4월 13일, 7월 12일, 9월 13일
사명산 : 2003년 4월 20일, 7월 24일

복계산 : 2003년 5월 8일, 7월 24일
대덕산 : 2003년 5월 17일, 8월 14일
대암산 : 2003년 5월 22일, 7월 7~8일, 8월 27일
대우산 : 2003년 5월 24일, 7월 10일
도솔산 : 2003년 5월 24일, 7월 9~11일
부용산 : 2003년 7월 25일
용화산 : 2003년 7월 25일
복계산(철원) : 2003년 10월 1일
대성산 : 2004년 4월 29일
복계산(철원) : 2004년 5월 5일, 7월 8일, 9월 9일
울릉도 : 2004년 5월 19~22일
오대산 : 2004년 6월 14~15일
방태산 : 2004년 8월 4~6일
제주도 : 2005년 4월 28~5월 1일
대룡산(구절산, 강원생태공원) : 2005년 5월 26일, 6월 21일, 9월 30일
복계산(철원) : 2005년 6월 6일
삼악산 : 2005년 8월 6일
금병산 : 2005년 8월 13일
대룡산 : 2005년 8월 29일
건봉산 : 2005년 9월 4일
봉의산 : 2005년 9월 11일
고군산열도(선유도, 장자도, 방축도, 말도, 야미도) : 2005년 8월 8~12일
백운산(평창) : 2006년 5월 12~13일, 7월 29~31일, 9월 30일
대룡산 : 2006년 5월 14일, 6월 4일, 6월 18일, 7월 22일, 9월 17일, 10월 25일
백령도 : 2006년 6월 20~22일

찾아보기

학명

A

B

C

P

Q

R

국명

ㅊ

ㅋ

ㅌ

ㅍ

ㅎ

한국식물의 고향

1판 1쇄 펴낸날 2008년 1월 18일

지은이 | 이우철
펴낸이 | 김시연

펴낸곳 | (주)일조각
등록 | 1953년 9월 3일 제300-1953-1호(구 : 제1-298호)
주소 | 110-062 서울시 종로구 신문로 2가 1-335
전화 | 734-3545 / 733-8811(편집부)
733-5430 / 733-5431(영업부)
팩스 | 735-9994(편집부) / 738-5857(영업부)
이메일 | ilchokak@hanmail.net
홈페이지 | www.ilchokak.co.kr

ISBN 978-89-337-0532-2 93480
값 15,000원

* 지은이와 협의하여 인지를 생략합니다.

* 이 도서의 국립중앙도서관 출판시도서목록(CIP)은 e-CIP 홈페이지 (http://www.nl.go.kr/cip.php)에서 이용하실 수 있습니다.
(CIP제어번호 : CIP2008000010)